《마이크로코스모스》는…

생물진화사의 논의를 다윈의 《종의 기원》보다 40억 년 전까지 앞당긴 화제작이다. 린 마굴리스와 도리언 세이건은 인간 중심의 진화사에서 주연의 위치를 자연에 넘겨줌으로써, 생명과 자연 앞에 겸손할 줄 아는 인간 그리고 과학의 필요성과 당위성을 강조한다. 《마이크로코스모스》는 단순한 생물학 서적을 넘어서, 위대한 자연철학사상서로 자리매김하여 지금까지 사랑받고 있다. 또 정치·군사적 경쟁에서 우위를 점하기 위한 핵무기 개발이나 인류 수명연장을 위한 유전공학 연구가 생명윤리를 도외시하고 있는 오늘날 이 책의 메시지는 더욱 강력하다. 1986년 발간 당시에도 우리를 생명에 대한 새로운 인식의 세계로 안내했고, 21세기에도 여전히 가치 있는 이 책은 현대의 고전이 되기에 손색이 없다.

더불어 홍욱희 소장은 생물학에 대한 전문적인 지식과 환경연구소에서의 열정적이고 다양한 경험을 바탕으로, 현대의 고전이라는 이 책의 명성에 걸맞게 원서 행간에 숨은 의미를 우리 말로 완벽하게 살려내는 친절하고 깊이 있는 번역으로 독자들에게 감동을 준다.

모던&클래식은
시대와 분야를 초월해 인류 지성사를 빛낸 위대한 저서를 엄선하여
출간하는 김영사의 명품 교양 시리즈입니다.

마이크로코스모스
40억 년에 걸친 미생물의 진화사

MICROCOSMOS
by Lynn Margulis and Dorion Sagan
Copyright ⓒ Lynn Margulis and Dorion Sagan

All rights reserved.
Korean translation rights ⓒ 2011 Gimmyoung Publishers, Inc.
Korean translation rights are arranged with Lynn Margulis through Amo Agency, Korea.

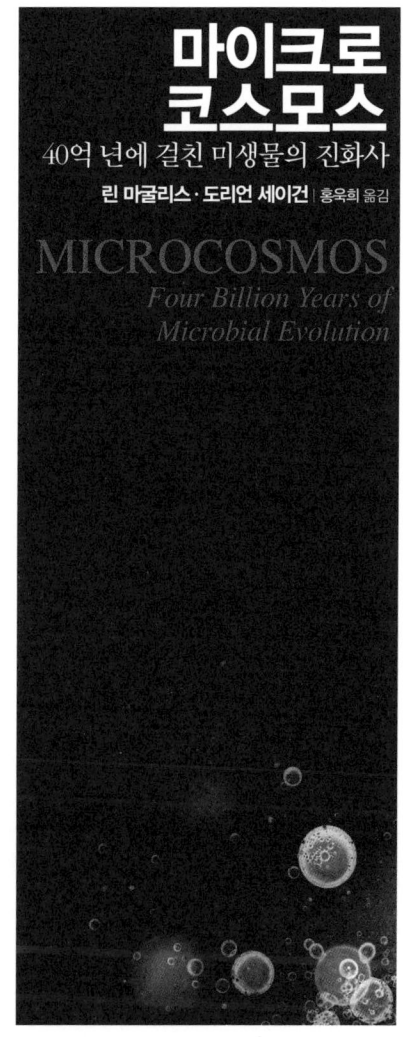

마이크로 코스모스
40억 년에 걸친 미생물의 진화사

린 마굴리스·도리언 세이건 | 홍욱희 옮김

MICROCOSMOS
Four Billion Years of Microbial Evolution

김영사

마이크로코스모스

저자_ 린 마굴리스, 도리언 세이건
역자_ 홍욱희

1판 1쇄 발행_ 2011. 4. 25.
1판 5쇄 발행_ 2024. 4. 26.

발행처_ 김영사
발행인_ 박강휘
기획_ 이인식 과학문화연구소장

등록번호_ 제406-2003-036호
등록일자_ 1979. 5. 17.

경기도 파주시 문발로 197(문발동) 우편번호 10881
마케팅부 031)955-3100, 편집부 031)955-3200, 팩스 031)955-3111

이 책의 한국어판 저작권은 아모 에이전시를 통해 저작권자와 독점 계약한 김영사에 있습니다.
신 저작권법에 의해 한국 내에서 보호를 받는 저작물이므로 무단전재와 복제를 금합니다.

값은 뒤표지에 있습니다.
ISBN 978-89-349-5065-3 04470

홈페이지_ www.gimmyoung.com   블로그_ blog.naver.com/gybook
인스타그램_ instagram.com/gimmyoung   이메일_ bestbook@gimmyoung.com

좋은 독자가 좋은 책을 만듭니다.
김영사는 독자 여러분의 의견에 항상 귀 기울이고 있습니다.

Contents

추천의 글 · 6
저자 서문 · 12

개론	미생물우주란 무엇인가? ···································· 29
1	지구의 탄생 ···································· 45
2	생명의 기원 ···································· 57
3	자연의 언어 ···································· 73
4	미생물우주 ···································· 87
5	범지구적인 유전자의 교환 ···································· 109
6	산소의 대재앙 ···································· 129
7	새로운 세포의 출현 ···································· 151
8	상생을 위한 세포간 협력 ···································· 169
9	공생하는 두뇌 ···································· 185
10	성의 수수께끼 ···································· 211
11	동식물의 뒤늦은 번성 ···································· 231
12	이기적인 인간 ···································· 267
13	미래의 초우주 ···································· 325

옮긴이의 글 · 382
용어해설 · 389
주 · 398
찾아보기 · 409

추천의 글

다시 그리는 지구 생물 조감도

루이스 토머스 – 슬론-케터링 암센터 명예회장

추천의 글의 목적은 독자에게 앞으로 무엇을 읽게 될 것인가에 대해 미리 어느 정도의 정보를 제공하는 것이다. 그런데 만약 독자 여러분이 미생물학, 고생물학, 진화생물학 등의 분야에서 나타난 최근의 발전상을 잘 모른다면 이 책을 읽어나가는 동안 끊임없이 놀라고, 어쩌면 충격에 빠질지도 모르겠다. 이 책은 지구의 모든 생물, 현재 생존하거나 또는 전에 생존했던 무수한 종류들에 뒤얽힌 매우 복잡한 연결의 끈을 풀어 보이고자 한다. 저자 린 마굴리스와 도리언 세이건은 이 책에서 지난 수십 년간 우리 대다수가 알고 있었던 관점과는 전혀 다른, 새로운 차원에서 지구의 생물을 조망하고 있다. 그들의 독특한 관점은 많은 과학자들이 그동안 여러 다른 목적을 위해서 전 세계 실험실에서 수행했던 연구 업적에 근거한 확고한 것이다. 저자들은 이제까지의 연구 결과를 분석하고 종합한 결과, 자연계에서는 격리란 사실상 존재하지 않는다고 결론 내렸다. 생물권biosphere은 모든 생물의 총합으로 이루어진, 살아 있는 거대한 시스템이라는 것이다.

나는 오래전 어느 대학에서 "자연에서 인간의 위치Man's Place in Nature"라는 제목으로 개최한 한 세미나에 참석한 적이 있다. 거기서 다루었던 대부분의 의제들은, 어떻게 하면 우리가 자연을 좀 더 잘 가꾸어서 우리 인류가 안고 있는 많은 문제들을 해결하는 데 좀 더 유용하게 사용할 수 있을까 하는 것이었다. 더 나아가 어떻게 해야 지구의 에너지 자원을 더 많이 추출하고, 인류의 관광자원으로 미개발 지역의 일부를 보전할 수 있는지, 어떻게 해야 수로를 오염시키지 않고 이용할 수 있고, 인구를 적당한 수준에서 조절할 수 있을까 하는 것들이었다. 참석자들의 일반적인 인식은, 자연은 인류의 소유물이자 인간이 경영하는 유산이며, 동물원과 텃밭이 공존하는 일종의 대공원 같은 존재라는 데까지 이르렀다.

깊이 생각하지 않고 싶다면, 이런 생각이야말로 자연을 바라보는 가장 손쉬운 방법이라고 할 수 있다. 인류는 모든 생물 가운데 우점종優占種의 위치를 차지하고 있으며, 일단 문명이 발전한 후부터는 거의 모든 기간 동안 자연을 경영해왔다. 인류가 처음 출현했을 때는 분명 연약하고 우둔한 존재에 지나지 않았을 것이다. 자랑할 만한 것이라고는 엄지손가락이 다른 손가락들과 마주해 있다는 것과, 대뇌의 크기가 상당히 컸다는 점뿐, 이것을 제외하면 거의 가진 것이 없는 채로 나무에서 내려와서 동굴 속에 몸을 감추고 불을 연구하기 시작했다. 하지만 이내 인간은 지상의 모든 것을 차지하여 지구의 북극에서 남극까지, 고산의 정상에서부터 심해의 바닥까지 모든 것을 관찰할 수 있게 되었고, 지구를 벗어나서 달을 식민지로 하고 다시 태양계의 다른 행성들까지 넘보게 되었다. 인간은 지구의 두뇌라고 할 수 있다. 생물학적 성공의 가장 놀라운 예라 할 수 있는 진화의 정점, 즉 인간 두뇌의 발달은 어쩌면 지상에서 영원히 지속될지도 모르겠다.

그렇지만 우리 자신을 살펴보는 다른 방법이 하나 있다. 만약 우리가 새로운 관점에서 우리 자신을 살펴보려 한다면 이 책은 좋은 지침서가 될 수 있으리라. 진화학적인 용어로 표현하자면 우리 인류는 이제 막 지상에 도착했다고 말할 수 있다. 우리보다 더 젊은 종들이 이곳저곳에 존재할지도 모른다. 물론 아직은 그들 중 누구도 우리만큼의 규모를 갖지는 못했고 또 발전 과정에서도 그렇게 일찍 번성하지도 못했다. 그런데 인간이 말을 하고 노래를 부르고 도구를 만들고 불을 피워 몸을 따뜻하게 하며 심지어 같은 종들끼리 전쟁을 벌일 수도 있는 존재로서 인간 스스로를 돌아볼 수 있게 된 기간은 겨우 수천 년 전에 불과하다. 그 전에는 우리가 과연 어떤 존재였는지 알 길이 막연한 것 또한 사실이다. 한 생물종으로서 우리 인류는 매우 어린, 분명 이제 막 성장을 시작해서 아직도 인간이 되기를 배워나가는 아직 미성숙한 아이나 다름없는 존재일 것이다. 인간은 매사에 취약하고 실수를 잘 저지르는 존재로 어느 날 갑자기 멸망해서 지극히 얇은 화석층을 남긴 채 사라져버릴 수 있는 생물종인지도 모른다.

우리의 관점을 바로 정립하는 데 도움이 될 수 있는 하나의 자료는 우리 자신의 계통도이다. 오랫동안 인간은 신의 섭리에 의해 탄생한 예정물로 설령 최초의 인류가 옷을 입지는 않았더라도 모든 동물의 이름을 알고 있었을 거라고 믿어왔다. 그런데 다윈 이후 우리는 원숭이를 우리 계통도의 어느 한 곳에 포함시키고 침팬지를 우리의 사촌으로 간주해야 하는 어쩔 수 없는 상황에 부딪히게 되었다.

많은 어린이가 사춘기 초기에 고통스러운 심리적 갈등을 체험한다. 그들은 특히 자기 부모를 다른 집의 부모들과 곧잘 비교하며 뚜렷한 이유 없이 친부모를 경원하고 자기 부모가 남의 집 부모들처럼 되어주었으면 하고 바란다. 이런 점을 고려한다면 우리가 기묘하게 생긴 원숭이들을 우리 선조로 간주한다고 해도 전혀 부끄러울 것이 없겠다. 그런데도 대부분의 사람들은, 만약 선택할 수만 있다면 역사를 거슬러 올라가서 옛날의 왕과 여왕을 우리의 선조로 하고 그 전의 역사는 아예 땅속에 묻어버렸으면 하고 바랄지도 모르겠다.

이제 우리 자신의 딜레마를 살펴보자. 인류 최초의 선조, 즉 인간에까지 이르는 진화 계통에서 처음으로 나타나는 생물은 하나의 박테리아 세포였다. 박테리아는 지금으로부터 약 35억 년 전에 처음 지상에 출현해서 이후에 나타나는 모든 생물의 궁극적인 조상이 되었던 생명체다. 우리가 우리 자신을 알기 위해서는 무엇보다도 먼저 박테리아로 되돌아가서 그들을 살펴보아야 할 것이다.

우리는 여러 모로 뛰어난 유일한 생물종으로서 스스로를 과신한다. 하지만 우리의 우아한 행동과 세련된 언어, 대단한 크기의 대뇌 전엽, 수준 높은 음악성 등은 우리가 미생물 조상들과 아무 관계 없이 완전히 독자적으로 발전시킨 것이 아니다. 미생물은 여전히 우리와 함께 있으며 우리의 일부분으로 존재한다. 다른 말로 표현하자면, 우리가 그들의 한 부분이라고 말할 수도 있다.

일단 미생물 세계를 인정하면 생물권의 장엄한 이야기를 비교적 쉽게 꺼낼 수 있다. 미생물에서 시작하는 놀라운 서사시는 인간의 현재에서 그치지 않고 앞으로 무한정 계속될 수 있다. 그것은 지구에서의 생명의 역사 바로 그것이다.

이 책의 저자 린 마굴리스는 지금까지 그녀의 온 생애를 진화의 역사를 연구하는 데 바쳐왔다. 그녀의 연구는 진화 과정의 문제점을 파헤치는 데 뚜렷한 업적을 남겼다. 이제 린 마굴리스와 도리언 세이건은 문자 그대로 그 모든 것을 이 한 권의 책에 담았다. 이 책은 일반 독자를 대상으로 해서 생물 진화를 다루었던, 이제까지 내가 본 여느 책들과는 다르다. 지구 생물권 진화에서 지금까지 가장 길었던 단계는 우리 미생물 조상들이 주도했던 약 25억 년에 이르는 기간이었다. 그동안 미생물은 서로 상호작용하고 공존할 수 있도록 스스로 규칙과 규범을 만들었는데, 이후에 출현한 모든 생물이 그 규약에 따라서 생존하게 되었다는 사실은 매우 놀라운 일이다. 우리 인간도 예외일 수 없으므로, 생존을 위해서는 미생물 세계를 더 많이 연구해서 미래를 위한 실마리를 찾아야 할 것이다.

진화와 그에 따르는 문제들을 다루는 책들은 대부분 첫머리를 수억 년 전에서 시작해서 다세포생물의 초기 형태를 간략하게 설명하고, 이어서 곧 척추동물의 성공적인 발전으로 비약하는 것이 보통이다. 그들은 다세포생물 출현 이전의 기간은 '원시적'이며 '단순한' 세포들이 아무것도 하지 않은 채 단지 본 공연이 시작되기만을 기다리면서 허비했던 시간으로 간주한다. 그렇지만 마굴리스와 세이건은 미생물에 대한 그런 그릇된 이해를 바로잡고 미생물의 실상을 상세히 밝혔다. 저자들은 원시 박테리아가 지구 시스템 속에서 생물이 생존하는 데 필요한 모든 것을 준비했다는 사실을 분명히 입증했다. 진실로 미생물은 오늘날 우리가 알고 있는 생물의 모든 것이다.

어쩌면 우리는 인류의 진정한 기원이 우리가 생각하는 것보다 더 오래 되었을 것이라는 예감을 완전히 떨쳐버리지 못하고 있는지도 모르겠다. 그 예감은 마치 언어의 화석처럼 오래되었다. 한 생물종으로서 우리 자신의 이름은 이미 묻혀진 태곳적 언어에서 기원한다. (아무도 정확히 그 시기를 꼬집어 말할 수는 없지만) 수천 년 전 인도-유럽어가 만들어지기 시작했을 때 흙earth을 의미하는 단어는 'dhghem'이었다. 이 단어에서 humus(부식질)가 파생했는데 부식질은 토양 미생물의 작품이라 할 수 있다(부식질은 토양 미생물이 동식물의 사체를 분해해서 형성한 지표면의 유기물을 말한다-옮긴이). 또 지구로부터 인간이 기원했다는 사실을 주지시키기라도 하듯이 humble(겸손한), human(인간의) 그리고 humane(인정 있는) 등의 단어가 humus에서 만들어졌다. 미생물에서 비롯하여 인류에까지 이르는 과정을 언어학적으로 더듬어볼 수 있는 실마리가 이것이다. 이런 진화의 과정을 과학적으로 설명하고자 하는 노력이 바로 이 책에 담겨 있다.

저자 서문

진정한 인간의 길

인간과 자연은 과연 어떤 관계일까? 인간의 과학적 명칭, 즉 린네식 학명은 호모 사피엔스 사피엔스Home sapience sapience, 다시 말해서 "인간, 현명하고 또 현명한"이다. 그렇지만 더 겸손한 명칭 또는 신랄한 명칭을 붙인다면 우리는 인류에게 호모 인사피엔스Home insapience, 즉 "인간, 현명함과는 거리가 멀고 멋도 없는"이 적격이겠다. 우리는 스스로 자연의 지배자라고 생각한다. 지금으로부터 2400년 전 프로타고라스는 "인간은 모든 것의 척도이다"라고 이미 선언했다. 하지만 우리가 그렇게 당당할 수만은 없는 것 아닌가. 이 책 《마이크로코스모스: 40억 년에 걸친 미생물의 진화Microcosmos: Four Billion Years of Evolution from Our Microbial Ancestors》(1986)는 우리 스스로 강화했던 그런 허상에서 과감히 탈피해 인간은 지구 행성의 한 바보에 지나지 않는다는 사실을 여실히 보여준다.

인류는 오랫동안 프로이트식 자만감에 빠져서 자신을 지구 행성의, 또는 지구 생물권의 주인이라고 믿어왔다. 마치 "무대 위의 모든 변화를 자신의 손짓 하나로 통제할 수 있다고 청중이 믿도록 온갖 웃기는 행동조차 마다하지 않는" 곡마단 어릿광대처럼 말이다. 사실 우리는 단 한 가지 점만 빼고 그 어릿광대와 꼭 닮았다. "자연은 종종 하찮기까지 하다"라고 말하면서 인간 중심주의에 집착하는 지독한 에고(자아)는 어릿광대에게서조차 찾아볼 수 없다. 프로이트는 이렇게 지적했다. "하지만 청중들 중에서 오직 어린아이들만 그 어릿광대에게 속아 넘어간다."[1] 아마도 행성생태학Planetary ecology과 관련해서 인간이 지닌 멍청함 역시 우리가 아직 소년기 티를 벗어나지 못했기 때문일 것이다. 이 지구를 공유하는 여러 생물종의 하나로서 우리는 총체적으로 여전히 미성숙한 존재이다. 설령 우리가 자연이 낳은 멋진 자녀가 틀림없다 해도 "가장 진화된 생물종"이라는 과학적 자만만큼은 결코 용납될 수 없다. 미생물우주라는 새로운 관점에서 바라본다면 우리 인간 "임금님"은 더 이상 임금이 아니며, 더 이상 걸칠 수 있는 옷도 없다.

한때 〈하퍼스 매거진Harper's Magazine〉이 개최했던 "오직 인류만이 자연을 구할 수 있다Only Man's Presence Can Save Nature"라는 주제의 포럼에서는 그 제목 자체에서 우리가 자신을 얼마나 당당하고 자기 중심적으로 생각하는지를 엿볼 수 있다.[2] 대기화학자 제임스 러브록은 인간과 자연의 관계를 바야흐로 "전쟁"이 임박한 관계로 설명했으며, 근본생태주의자 데이브 포먼은 우리가 자연의 중추신경이자 가이아Gaia의 두뇌라는 관점과는 동떨어지게 자연을 탐식하는 암세포라고 선언했다. 텍사스 대학교 인문학 교수인 프레드릭 터너는 인간은 수십억 년 동안 자연이 희구해왔던 것을 마침내 구현한 살아 있는 성체라고 자못 초월적인 주장을 펴기도 했다. 이 책에서 우리는 이런 모든 주장에 도전장을 던지는 바이다.

한때 소크라테스는 플라톤의 입을 빌려서 한 사람의 의견을 기록으로 남긴다는 것이 얼마나 어리석은 일인지를 설파한 적이 있다. 설령 당신의 관점은 변할지라도 종이에 남긴 당신의 말은 남을지니라. 적어도 소크라테스는 글을 남기지 않았다. 하지만 그는 자신이 알지 못한다는 사실만큼은 알고 있었는데 바로 그 점이야말로 가장 심오하고 가장 중요한 것이었다. 그러나 우리는 기록으로 남긴다. 인간에 대한 한껏 부풀려진 관점을 뒤엎는다고 해도 우리는 호모 사피엔스를 가장 미소한 존재이자 가장 오래된 존재, 또한 화학적으로 가장 다재다능한 지구의 거주자, 곧 박테리아의 진화로 가장 최근에 등장한 일종의 대체자로 보는 것이 고작이다. 우리는 지구의 생리학적 시스템, 즉 가이아는 인류가 멸망해도 쉽게 생존을 이어갈 수 있다고 썼다. 반면에 인간은 가이아와는 분리해서 생존할 수 없는 것이 당연하겠다.

이 책은 대체로 호의적인 평가를 받았다. 하지만 몇몇 부분은 비판을 받았는데 가장 강력한 비난은 우리 인간 종족을 시골신사 정도로 취급하는 데 집중되었다. 우리는 심지어 핵폭발조차도 지구멸망이라는 대참사를 불러오지 못할 것이라고 지적해서 일부 독자들을 격분하게 만들었다. 우리는 범지구적인 관점에서 모든 생물의 근간이 되는 박테리아가 그런 참화에서도 굳건히 지탱할 수 있을 것이라는 데 의문의 여지가 없다고 생각한다. 줏대 없는 말들의 홍

수 속에 떠다니는 그렇고 그런 의견들과는 달리 여기 종이 위에 적었던 우리의 주장, 이제 문고판으로 다시 내놓는 바로 그 제안은, 우리로 하여금 과거의 도그마와 교훈에 완강히 맞서게 한다. 만약 그 주장이 단지 지엽적인 견해에 그쳤더라면 분명히 그런 비난과 비판을 겪지 않아도 되었을 텐데도 말이다. 책을 새로 쓰거나 크게 수정하지는 않았지만 이 책의 문고판을 발행하면서 그래도 적어도 이 책에 대해, 그리고 그 내용에 대해서 다시 한번 음미해볼 시간을 가지게 되었다. 저자로서 크게 즐거운 일이 아닐 수 없다(이 책의 초판은 1986년에 양장본이, 1991년에 문고판이 출간되었다. 이 저자 서문은 문고판에 처음 실렸다-옮긴이).

이 책의 초판본이 출간된 이후 지난 5년여 동안 과학계와 세상사에 많은 일들이 일어났다. 9장 '공생하는 두뇌'에서 우리는 남성의 정자가 여성의 난자를 향해 갈 때 사용하는 정자 꼬리가 공생의 산물일 수 있다는 견해를 상세히 설명했다. 우리는 (다른 여러 예들과 함께) 정자 꼬리와 여성 생식기의 나팔관 파상족이 과거 태고시대 세포 '채찍' 역할을 했던 스피로헤타 박테리아에서 유래했다고 주장했다. 그런데 1989년 록펠러 대학의 과학자들이 한 새로운 세포 DNA에 관해서 불가사의한 보고를 했다. 비록 아직 확정적인 것은 아니지만,[3] 자신의 고유한 염색체를 가지면서 각각의 세포 채찍(파상족) 기단부에 밀집한 덩어리 모양을 한 "중심체-키네토솜centriole-kinetosome DNA"의 발견은 1953년 DNA 발견 이후 세포진화학 공생 이론에서 밝혀진 단일 사건으로는 가장 중요한 발견이다. 이 책은 오직 강자만이 살아남게 된다는 완벽한 투쟁론에 근거한 신다윈주의 진화사관과는 크게 대조적으로, 이제까지 그 어떤 책에서보다 더 원초적인 대안을 강조하고 있다. 즉 공생symbiosis을 내세워서 지구 생물의 역사를 상호 의존적인 관점에서 파악하고 있는 것이다. 한정된 공간과 자원을 두고 투쟁하는 경쟁이 진화에 아무런 역할도 하지 못했다고 말한다면 그건 분명히 어리석은 일이다. 그렇다면 진화의 신비함을 보여주는 중요한 근원으로 생물종 사이의 물리적 연관성, 다시 말해서 공생의 중요성 역시 간과하지 말아야 한다. 지난 5년여 동안 나타났던 이러저러한 사건과 분위기 역시 단지 미생물 세계에서뿐만 아니라 그 윗단계에서도 공생과 연합의 중요성을 강조하는 방향으로 나아가고 있다.

 베를린 장벽이 무너지고 냉전체제가 종식되는 사건이 극적으로 보여주듯이, 진화학과 생태학에서 얻을 수 있는 교훈을 인간과 정치 영역까지 연장해서 생각해보지 않는다면 그것이야말로 어리석은 일일 것이다. 생명 현상을 단순히 깡패 유전자를 다음 세대에 전달하기 위해서 서로 속고 죽이는 그런 피 튀기는 전쟁으로만 이해해서는 곤란하다. 오히려 생명 현상은 모든 참여자가 협력과 공생을 통해서 서로 승리를 나누어 가지는 벤처기업의 활동이라고 할 수 있다. 실제로 지난 수십억 년 동안 범지구적으로 진행된 세포 진화에서 '호모 사피엔스 사피엔스'의 존재감이 사실은 얼마나 왜소한지 충분히 깨달을 수 있었다. 그런데도 우리가 스스로를 정복자가 아닌 동반자로 분명히 인식한다면, 바로 우리 인간 종족이 진화적으로 위대한 성취의 산물이라는 점에서 크게 자랑스러워해도 좋을 것이다. 우리는 자신에게 식량과 산소를 공급하는 광합성 생물들과 우리의 노폐물을 처리해주는 먹성 좋은 박테리아와 곰팡이에 이르기까지 온갖 주변 생물들과 무언의 협력관계를 맺고 있음이 분명하다. 그 어떤 정치적 의지나 기술적 진보도 이런 긴밀한 파트너십을 없애지는 못할 것이다.

  이런 인간의 위대성을 엿볼 수 있는 한 징후는, 우리 종족의 시대를 넘어서서까지 진행될 프로젝트에 인간이 참여한다는 것이다. 우리는 지구 생물권[4]이 다른 행성과 외계로 뻗어나갈 것이라고 믿는다. 이런 생물권 연장 활동은 범지구적 생물 시스템을 그대로 빼닮았다고 할 수 있다. 바로 생리학적으로 서로 완벽하게 연계되어 행동하는 지구의 생명 집단이 그대로 옮겨져야 한다는 의미이다. 달, 화성, 그리고 그 이상을 넘어서는 외계로 생물권을 연장하고 또 그것을 재생산하는 일, 다시 말해서 물질적으로 폐쇄되어 있으면서 에너지 측면에서는 열려 있는 그런 생태계를 창출하는 데는 어떤 의미에서도 인간의 관여가 필수적이다. 뉴욕 주립대학 스토니부룩 캠퍼스의 철학자 데이비드 에이브럼은 인간은 기술을 "양육하는 incubating" 존재라고 지적했다. 우리 자신의 중요성을 과대평가하는 이런 이기적인 태도가 다른 생물의 희생을 담보 삼아서 기술개발을 부추기고 인구를 늘리고 했던 것이 사실이다. 그런데 이제 우리는 그런 "양육" 단계를 지나서 가이아의 관점에서 기술의 의미를 다시 되짚어볼 필요가 있다. 다시 말해서, 인간이라는 일개 종족으로서가 아니라 지상의 모든 생물과 함께 나아가기 위해 인간이 기술로서 이바지하자는 말이다.

이 책에서 우리는 박테리아의 관점에서 생물진화의 역사를 새로 조망하고자 한다. 단세포적이기도 하고 다세포적이기도 하면서, 비록 그 크기는 작지만 환경에 미치는 영향은 그야말로 엄청난 박테리아는 지금으로부터 약 40억 년 전에 처음 탄생한 이래 약 20억 년 전 세포핵을 가진 진핵세포가 진화할 때까지 그야말로 지구의 유일한 생명체였다. 최초의 박테리아는 혐기성이었다. 그들은 자신의 일부 종류가 노폐물로 생산했던 바로 그 산소의 유독성에 피해를 입었다. 그들은 황화수소와 메탄가스 같은 역동성이 큰 기체들이 듬뿍 포함된 공기를 호흡했다. 미생물우주의 입장에서 본다면, 우리 인간을 포함한 동물과 식물이라는 존재는 그보다 훨씬 역사가 오래되고 기능과 역할이라는 모든 측면에서 훨씬 근원적인 미생물 세계와 비교하면, 그야말로 가장 늦게 나타나서 스쳐 지나가는 손님 정도에 불과하다. 먹이를 섭취하고, 이동하고, 교배하고, 성적 재조합을 수행하고, 광합성을 하고, 번식하고, 과대 성장하고, 포식성에, 에너지를 낭비하기도 하는 미생물이라는 존재는 동식물에 비해서 적어도 20억 년이라는 세월을 앞서 있다.

그러면 인간성humanity이란 무엇인가? 지구를 의미하는가? 만약 인간과 지구가 정말로 별개의 존재라면 그 둘 사이의 관계는 무엇일까? 이 책은 이 거대한 질문에 답하기 위해 특히 지구적 관점에서 접근한다. 지난 40억 년 동안 박테리아 활동으로 이룩된 지구의 입장에서 말이다. 우리는 지금까지 무시했던 이런 검토 방식이, 경솔하고 부적절한 방식으로 인간성 찬양에 치우쳤던 전통적인 인간 중심적인 관점을 균형 잡는 데 매우 유용하고 필수적이라고 생각한다. 결론적으로 말한다면, 어쩌면 이 책에서 우리는 그런 균형에서 지나치게 벗어났을지도 모른다. 해체론deconstruction이라는 철학의 한 방식에서는 위계적으로 대단히 견고한 철학적 이론을 공격하려 할 때 자크 데리다식 풍자, 또는 '전도와 제거reversal and displacement'라는 이중 과정을 동원한다. 바로 이런 작업이 이 책의 집필에도 사용되었다. 이 책에서 전통적인 최고 위상의 존재로서 인간 또는 인간성은 해체되고 전도된다. 말하자면 최근에 진화된 인간을 가장 위에 두고, 그보다 역사가 오랜 생물을 그 '아래에 두는' 전통적인 견해가 역전되는 것이다. 이 책은 인간을 정상의 위치에서 끌어내린다. 동시에 가장 아래에 자리잡고 있던 미소한 생물, 즉 박테리아가 생태학적으로 진화학적으로 얼마나 중요한지를 보여준다. 하지만 해체론의 입장에서 본다면 이 책이 비록 종래의 견고한 위계를 뒤집고는 있지만 그렇다고 해서 제거의 단계까지 나아가는 것은 아니다. 인간man을 바닥의 위치로 옮겨놓기 위해서 자연Nature의 정점에서 끌어내린 것에 불과하다. 여기에서 우리가 궁극적으로 던져야 할 질문은 인간/자연이라는 대치 구도에서 인간의 지위란 무엇인가가 아니다. 정작 중요한 질문은 그런 위계 설정이 불러오는 대치 왜곡에 대한 것이다(이보다 지엽적이기는 하지만 해체론에서 정작 데리다 자신도 분명히 관심을 가졌던 문제를 꼽는다면 인간성/동물성humanity/animality의 문제이다). 만약 우리 저자들이 이 책을 완전히 새로 쓴다면 우리는 지금까지의 관행에서 벗어나는 역전과 같은 순진한 발상을(마치 《벌거벗은 임금님》에서 임금이 졸지에 바보가 되는 것과 같은) 시정하려고 들지도 모르겠다. 아주 완전한 해체까지는 못하고 약간의 시도에 그치겠지만 말이다. 지금까지 이전의 저자들은 모두 물질적으로나 영적으로 인간이 가장 중요하다고 여겼다. 그러나 우리는 인간 또는 인간성을 여러 미생물적 현상의 하나로 간주한다. 그래서 인간이 가이아를 지배한다는 (또는 지배할 수 있다는) 변하지 않는 환상에서 우리가 벗어날 수 있도록 깨우쳐준다는 의미에서 우리 자신에게 "호모 인사피엔스"라는 명칭을 부여하고자 한다. 이런 미생물 위주의 사고가 정녕 일시적인 것이어야 한다는 점 만큼은 분명하다. 인간과 자연 사이에 절대적인 이분법이란 존재할 수 없기 때문이다. 이 겸손한 이름, '현명하지 못한 인간'이 어쩌면 우리 자신에게 더 합당한지도 모르겠다. 훨씬 '소크라테스적'으로 보이기도 하지 않은가. 그가 말했듯이, 적어도 우리는 우리가 알지 못한다는 것을 알고 있지 않은가.

앞의 〈하퍼스 매거진〉 논쟁에서는 '인간'과 '자연' 사이의 관계에 대해서 갖가지 다양한 의견들이 제시되었다. 그리고 "오직 인류만이 자연을 구할 수 있다"라는 제목에도 불구하고 발표 논문집 편집자들은 인간의 지위에 대한 이 논쟁이 기여한 가장 중요한 것 중 하나가 "이제 자연은 종말을 고했다Nature has ended"라는 것을 충직하게 일러주었다. 이 책에서 우리는 인간을 '자연'의 나머지 부분과 떼어놓고자 하는 시도에 반대한다. 인간은 범지구적인 생태계와 근본적으로 투쟁 관계에 있지도 않고, 그렇다고 해서 생태계에 없어서는 안 되는 필수적인 부분도 아니다. 설령 우리가 생명을 외계 행성으로 연장시키는 데 일정 부분 성공했다고 해도 그것을 꼭 우리 인간만의 성취로 말하기도 곤란하다. 그보다는 차라리 공생진화하면서 범지구적으로 긴밀하게 연결되어 있고 기술적으로 크게 증진 되었지만 여전히 미생물이 근간이 되고 있는 전체 생명 시스템에 그 공을 돌려야 하지 않을까? 기회가 있다면 오소리나 너구리조차도 로켓을 개발해서 자신의 우주 생물권을 개척할 수 있을지 모른다. 가이아의 씨앗을 가득 품은 선발대로서 다른 행성에 그 교활한 얼굴을 내밀게 되지 않을까. 굳이 오소리나 너구리가 아니어도 괜찮다. 인류의 두뇌신경 시스템 연장물 조각이라면 어떨까? 인류가 자가번식하는 유기체 부분을 가진 기계로 살아남아서 태양 폭발과 소멸 이후까지 생존할 수 있다고 생각해보자. 미생물우주의 관점에서 일종의 영광스러운 찌꺼기로 우리 호모 사피엔스 사피엔스의 자화상을 그려본다면, 우리 자신의 박테리아 조상을 좀 더 선명하게 인식함은 물론, 우리가 여전히 거대한 박테리아 생물권에 깊이 연관되어 있음을 느낄 수 있을 것이다.

역사적으로 아주 오랜 형이상학적 편견으로 서양철학에 척박하게 위장되어 있는 논리의 하나는 인간이 다른 모든 생물과 완전히 분리되어 있다는 생각이다. 데카르트는 인간이 아닌 다른 모든 동물은 영혼이 없다는 주장을 굽히지 않았다. 지난 수세기 동안 과학자들은 사고 능력, 언어 사용 능력, 도구 사용, 문화의 진화, 문자 사용, 기술개발 등이 모두 인간을 '하등'의 여타 생물들과 구별짓게 한다고 이구동성으로 주장해왔다. 심지어 최근까지도 그런 주장이 펼쳐지고 있는데, 1990년에 작가 윌리엄 매키븐은 다음과 같이 썼다. "오늘날 우리는 자연과 인간 사회는 별개라고 생각한다. (……) 이처럼 자연을 떼어놓는 일이 (……) 사실은 무척 현실적이라고 하겠다. 물론 일부 시인들과 생물학자들이 그러하듯이 우리 인류가 자연과 조화하는 법을 배우고 그 자연의 한 종족에 지나지 않는다는 것을 깨달아야 한다는 주장도 틀린 것은 아니다. (……) 하지만 우리 중 그 누구도 진심으로 그런 주장을 믿지는 않을 것이다."[5] 아마도 이런 인간 중심적이고 자화자찬격인 생각이 우리 조상들을 부추겨서 "생육하고 번성하라fruitful and multiply"(창세기 1장 28절에서 인용-옮긴이)는 확신을 심어주었고, 급기야는 오늘날 우리로 하여금 범지구적으로 전례 없는 기후변화라는 위기를 불러온 것이리라. 생물종 대량멸종 사태와 가이아 "지구생리학"의 격변도 동반해서 말이다.

    사람들은 보통 다윈이 자연선택에 의한 진화이론을 제시함으로써 인간의 발 아래 놓였던 굳건한 초석을 단번에 빼내버렸다고 생각한다. 신의 위상을 급격히 격하하고 그동안 꼭꼭 감추어두었던 원숭이 조상의 비밀을 널리 전파함으로써 인간이 다른 동물과 대등한 위치에 있다는 불편함을 애써 드러내면서까지 말이다. 이런 다윈 혁명은 종종 코페르니쿠스의 업적에 비유되곤 하는데, 그는 지구가 우주의 중심이 아니며 단지 은하계의 한 구석에 있는 일개 먼지 조각에 불과하다고 지적했다. 철학적인 입장에서 본다면, 한 특별한 생물종으로서의 위상, 그리고 하나님 모습을 닮았으면서 성자와 천사와 함께하는 그런 선택받은 존재로서 인간의 고귀함을 한순간에 무너뜨린 다윈 혁명과 코페르니쿠스 혁명의 관점은 별개라고 볼 수도 있다. 그런데 다윈 혁명은 그 여명기부터 우리 호모 사피엔스 사피엔스가(현명하고 또 현명한 인간이) 신을 대체한다는 관점을 분명히 했다. 우리는 더 이상 신의 서열 낮은 동업자가 아니며 신의 명령에 따라야만 하는 하급자도 아니라는 것이다. 어쩌면 다윈주의는 전통적인 종교에서 의인화된 신의 존재를 일시에 무너뜨렸다고도 할 수 있다. 한편 우리가 온갖 원생생물들과 온갖 형제 생명체들(식물, 곰팡이, 박테리아, 기타 동물 등)을 겸손하게 바라보게 하기보다는 신의 자리를 넘보도록 한 것도 사실이다. 우리는 이제 스스로 지구의 모든 생물을 지배하는 신의 위치에 있다고 자만하고 있지 않은가. 그래서 범지구적인 규모의 기술개발을 도모하고 또한 이 세상을 요리하고 있지 않은가.

  피드백적인 사고방식에 익숙하지 않은 사람들에게는 다소 놀랍겠지만 인간의 영광을 위해서 다른 생물들의 희생을 유발하는 그런 자원봉사식 태도가 우리에게 도움이 되는 것은 결코 아니다. 우리 인간의 극단적인 자기 중심적 사고와 과도한 인구 증가는 전 세계적인 생태계 재난을 불러왔고 이것은 현재 우리 인간에게 최대의 위협이다. 전통적인 종교적 관점은(지금까지 살펴본 것처럼 우리는 살아남아야만 하고 심지어 성스러운 다윈주의 내부에도 그런 의식이 배어 있다) 인간이 여전히 격리된, 특별한, 더 우월한 존재라는 것이다. 이런 관점이야말로 다름아닌 생태학적 오만이다. 이 책의 관점은 '녹색' 사고의 한 특별한 변종, 즉 심층생태학이라는 점에서 종래의 사고와 전혀 다르다. 앞의 '추천의 글'에서 루이스 토머스 교수가 human이라는 용어가 만들어지기까지의 자취를 언급했듯이, 이 책에서 저자들은 바로 생태학적인 겸손함 humility을 전파하고자 노력했다. 미생물 위주의 입장에서 생명에 대한 이야기를 다시 시작하면서 이 책은 종래의 위계를 정반대로 역전시킨다. 다시 말해서, 범지구적인 생명 시스템의 운영에 인간이 꼭 필요한 존재는 아니라는 점을 강조하고, 또한 인간이 태고시대 재복제 미생물들이 만들어낸 일시적인 부산물이라고 주장한다. 물론 어쩌면 지나치게 과장한 건지도 모른다. 미생물을 정점에 두고 인간을 그 하부에 두는 역전 문제 역시 일종의 이분법을 벗어나지 못했다고 할 수도 있으리라. 중요한 것과 그렇지 않은 것, 필수적인 것과 그렇지 않은 것 이렇게 굳이 구분할 때 따르는 문제점 말이다. 영화배우 우디 앨런은 언젠가 자기는 늘 자기 마누라를 내려다본다고 말했다. 우리의 고질적인 생태학적 오만에 정면으로 맞선다고 해서 그것이 위계문제를 다 해결해주는 것은 물론 아니다. 우리는 여전히 어떤 생물이 다른 생물보다 더 우월하고, 더 고등하며, 또 "더 진화되었다"라고 말하고 있지 않은가. 그런 생태학적 오만을, 백해무익한 태도를 해체하려면 먼저 우리 자신이 스스로 내려앉아야 한다. 일단 우리가 다른 생물종과 역동적으로 관련되어 있음을 깊이 인식하고 또한 그들과의 연결이 필수불가결한 요건이라는 것을 깨닫게 되면 우리가 깔고 앉은 모든 받침대를 다 제거하는 일이 반드시 불가능한 일만은 아닐 것이다.

'코페르니쿠스적' 다윈 혁명의 한계까지 추구하는 일과 병행해서 이 책은 주로 공생적 생물 역사에 중점을 두고 있다. 이 책의 양장본이 처음 출판된 이후 공생, 즉 생물의 협력적 생활과 때로는 전혀 다른 생물종들이 서로 합쳐져서 새로운 생물종이 만들어지는 현상이 지구의 생물진화에 대단히 중요했다는 것을 보여주는 놀라운 증거들이 점점 더 많이 쌓이고 있다. 그런 공생에서 가장 중요한 두 사례가 있다. 그것은 (모든 식물에 존재하는) 엽록체와 (모든 동식물에 존재하는) 미토콘드리아라는 두 세포소기관이다. 이 책에는 이 두 가지가 자세히 소개되었다. 하지만 이제 공생은 생태적으로 엄청나게 중요한, 진화에서의 '도약현상jumps'을 설명하는 데 특별히 유용한 것으로 밝혀지고 있다. 바다 밑바닥 암흑 세상에서 생존하는 심해어가 형광빛을 내는 것은 눈 주위에, 입가에, 또는 항문 부위에 자체 발광하는 수많은 공생 박테리아가 집단생활을 하기 때문인데, 이 박테리아들은 무수히 많은 종류로 진화되었다.[6] 어류와 벌레류에서는 어둠 속에서 빛을 내는 박테리아와의 다양한 공생관계가 발견되었다.

   최근의 공생 연구의 한 사례를 보면, 녹색 조류에서 육상식물로 진화한 것은 곰팡이 한 종의 게놈(유전물질)이 일부 녹조류 조상들과 서로 합병하는 과정에서 얻은 결과임을 알 수 있다. 지의류가 그런 공생의 산물이라는 것은 진작부터 널리 알려져 있었다. 모든 지의류는 시안박테리아와 공생하는 곰팡이거나 녹조류와 공생하는 곰팡이다. 완전히 이질적인 두 생물종이(하나는 광합성이 가능한 종이고, 다른 하나는 그 산물을 소비하는 종이다) 한데 합쳐져서 땅바닥에 깔린 식물체 형상의 녹색 식물로 다시 탄생했는데(수명이 놀랄 만큼 연장되었다) 그것이 바로 지의류이다. 지의류가 아무것도 없는 단단한 바위 표면에 붙어서 그렇게 오래 번성할 수 있는 것은 바로 그것의 실체인 곰팡이와 광합성 식물이라는 두 공생자의 동등한 협력관계 때문이다. 가장 최근에 알려진 놀라운 사실은 관속식물이(초본류, 관목류, 교목류를 포함한 거의 대부분의 식물종) 원래는 "녹조류가 바깥에 자리잡은 지의류"로부터 진화했을 거라는 점이다. 그런 식의 진화는 전혀 다른 생물계에 속해 있던 매우 다른 두 생물종이 새로운 협력관계를 구축함으로써 진행될 수 있었음을 말한다. 만약 피터 아사트 교수의 이론이 옳다면[7] 곰팡이와 원생생물 녹조류라는 완전히 이질적인 두 생물종이 공동으로 벤처기업을 설립한 결과, 별로 눈에 띄지 않는 진화의 곁가지 어느 한 부분을 형성하는 정도가 아니라 전 세계 모든 나무를 대표하는 식물계의 탄생이라는 놀라운 성과를 낼 수 있었다는 것이 된다.

인간이 자연과 떨어진 독립된 존재라는 환상은 자연을 무시하는 위험한 태도이다. 생명은 처음 탄생한 이후 현재까지 (40억 년이라는) 다원주의에서 바라보는 시간대와 (지표면에서부터 대기권 상층부까지 상공으로 15킬로미터, 그리고 심해의 바닥까지 10킬로미터에 이르는) 베르나드스키[8]의 공간대를 점유하면서 여전히 그 존재를 과시하고 있다. 우리 인간은 그 생물권에 파묻혀 사는 존재로 그 속에서 탈출한다는 것은 곧 죽음에 이르는 길이다. 에밀리 디킨슨은 〈한 우물에 스며 있는 신비로움What mystery pervades a well〉이라는 시를 노래하면서 우리와 자연의 관계를 매력적으로 설파했다. 이제 마이크로코스모스의 세계를 본격적으로 탐구하기 전에 먼저 그녀의 시를 인용해보는 것도 좋겠다.

하지만 자연은 여전히 낯설다.

자연을 가장 많이 인용하는 자조차도

결코 그녀의 도깨비집을 지나치지는 않을 터이니

어찌 유령을 쉽게 받아들이겠는가.

그녀를 알지 못하는 자를 동정하라.

오직 후회만이 도움이 될지니

그녀를 아는 자 또는 잘 모르는 자에게도 동정을 베풀라

그녀에게 가까이 다가설수록

얻는 것 또한 풍족해지리라[9]

MICROCOSMOS
*Four Billion Years of
Microbial Evolution*

개론

미생물우주란 무엇인가?

The
Microcosm

미생물우주란 무엇인가?

인간은 세상의 모든 생물 가운데 자신이 최고의 존재라고 쉽게 인정해버린다. 인간의 의식, 그리고 인간이 발전시킨 사회와 기술개발 능력 등에 의해 우리는 인간만이 지구에서 가장 진보한 생물이라고 과신하게 되었다. 심지어 광막한 대우주의 암흑도 인간을 겸손하게 만들지 못하는 것 같다. 인간은 우주를 아무도 살지 않는 처녀지로 생각한다. 마치 인간이 지구를 정복했다고 믿고 있듯이, 우주도 언젠가는 정복할 거라고 기꺼이 믿는다.

지구 생물의 진화는 인간의 출현을 위한 서곡이라는 것이 전통적인 생각이었고, 지금까지 이러한 전제 아래 연구가 진행되어왔다. 지성을 갖추지 못한 '하등'의 생물이 인간보다 먼저 나타났고 인간이야말로 진화의 정점에 있다고 쉽게 착각한다. 인간은 스스로를 마치 신으로 간주하여 마음대로 생물의 본질인 DNA를 조작함으로써 진화를 주도할 수 있다고 생각한다. 또한 미생물우주, 즉 지구의 생물 중에서 가장 역사가 오래된 미생물의 세계를 연구하여 비밀의 메커니즘을 찾아내고자 노력한다. 그럼으로써 아마도 인간 자신과 지구의 다른 생물들을 통제할 수 있다고, 어쩌면 '완벽하게' 조정할 수 있을 거라고 욕심을 부리고 있는지도 모른다.

그런데 지난 20여 년 사이 생명과학에서는 하나의 커다란 변혁이 일어났다. 태고시대의 미생물상을 보여주는 화석 증거들, DNA 암호의 해독, 세포의 구성에 관한 새로운 발견 등으로 지상에서 생물의 기원과 진화의 원동력에 대한 새로운 개념들이 확립된 것이다.

이러한 연구들은 무엇보다 인간을 정상에 있는 특별한 존재로 간주하려는 우리의 생각이 얼마나 어리석은지를 여실히 보여주었다. 현미경 덕분에 미생물 세계의 광대함이 점차 밝혀지면서 우리는 자연에서 우리의 진정한 위치에 대해 놀라운 사실들을 깨닫게 되었다. 이제 미생물(상황에 따라서 미소생물microorganisms, 병원균germs, 벌레bugs, 원생생물protozoans, 박테리아bacteria 등으로 불리는 생물군)은 생물세계의 기본적인 구성원일 뿐만 아니라 현재 지구에 있는 모든 생물을 점유하고 있으며 그것들을 형성하는 필수 요소라는 사실이 명백해졌다. 짚신벌레에서부터 인류에 이르기까지 모든 생물은 진화를 계속하는 미생물이 교묘하게 조직화된 정교한 집합체라고 할 수 있다. 미생물은 진화의 사다리에서 가장 아랫부분을 차지하고 있지 않다. 미생물은 우리와 함께 있으며 우리는 그들에게 둘러싸여 있다. 처음 생물이 탄생하여 현재에 이르기까지 단 한 번도 단절된 적이 없는 진화의 역사는 오늘날의 모든 생물이 동등하게 진화되었음을 분명히 보여준다.

이런 인식은 생물이 단순한(하등의) 구조에서부터 훨씬 복잡한 구조로 점점 발전했다는 사고(인간을 사다리의 꼭대기에 놓고는 최고의 '고등생물'로 간주하는 것)가 얼마나 엉터리인지를 단적으로 보여준다. 앞으로 차차 살펴보겠지만, 가장 단순하고 가장 오래된 생물이 그저 현대 생물의 조상에 불과한 것이 아니며, 또 현재의 생물이 그 자리를 차지하도록 그들이 적당한 시기에 사라져버린 것도 아니다. 아니, 그들은 오히려 언제든지 번성할 준비가 되어 있고, 끊임없이 자신을 변화시키는 존재이며 또한 우리가 '고등생물'이라 일컫는 다른 생물들까지도 변화시키는 막강한 생명체라고 할 수 있다. 따라서 그들을 절멸시킨다는 것은 곧 우리 자신이 멸망한다는 것을 의미한다.

또한 새로운 진화 개념은 진화를 개체와 종들 사이에서 벌어지는 혈투라고 보는, 널리 알려진 다윈의 '적자생존' 이론은 완전히 왜곡된 것임을 확실히 보여준다. 새로운 개념은 진화를 생물 사이의 계속적인 협동과 상호 의존의 관점에서 파악하려고 노력한다. 생물은 서로 싸워 지구를 차지했던 것이 아니라 서로 연계함으로써 지구의 주인이 되었다. 생물은 다른 생물을 죽여서가 아니라 서로를 선택함으로써 함께 번성하고 복잡해질 수 있었던 것이다.

우리는 눈으로 직접 미생물우주를 들여다볼 수 없다는 이유로 그들의 중요성을 과소평가하는 경향이 있다. 지상에 생물이 생존한 약 35억 년의 역사 가운데, 인류가 동굴에서 살았던 때부터 오늘날 아파트에서 생활한 시기는 전체 생물 역사의 1퍼센트도 되지 않는다. 행성으로서 지구의 역사를 고려한다면, 원시 생물체는 매우 일찍 지상에 나타났으며 더욱이 처음 약 20억 년 동안은 완전히 박테리아의 시대였다고 말할 수 있다.

사실상 박테리아는 구조가 특이하고 그들의 진화 과정은 유별나다. 때문에 지상의 생물은 보통 사람들이 생각하듯이 그렇게 식물과 동물로 나누어지는 것이 아니라 원핵생물(세포 속에 핵이 없는 생물, 즉 박테리아)과 진핵생물(박테리아를 제외한 모든 다른 생물)로 크게 구분된다.[10] 박테리아는 처음 출현한 이후 초기 20억 년 동안 지구의 표면과 대기를 끊임없이 변화시켰다. 그들은 생물체에 필수적인 모든 화학 시스템을 발명했다. 그들의 업적에 비한다면 지금까지 인간이 쌓아올린 과학의 업적은 아무것도 아니다. 미생물에 의한 태고시대의 첨단 생물공학은 발효, 광합성, 산소호흡, 대기로부터 질소기체 제거 등의 메커니즘을 발전시켰다. 다른 한편으로 미생물은 고등생물이 출현하기 훨씬 이전에 전 세계적인 기아, 오염, 생물 대멸종 등의 위기를 초래하기도 했다.

생물 역사의 초기에 나타났던 그런 놀라운 사건들은 적어도 세 가지 진화의 원동력들이 서로 영향을 미쳐 일어날 수 있었는데 그 모두가 최근에야 발견되었다. 그 첫 번째 원동력은 DNA의 놀라운 정보 보전 능력이다. DNA가 유전을 주도하는 물질이라는 것은 1944년 오스왈드 에이버리, 콜린 맥레오드, 매클린 매카티가 처음 발견했고, 1953년 DNA의 복제 메커니즘이 제임스 왓슨과 프랜시스 크릭에 의해 밝혀진 이래 1960년대부터 DNA 암호가 본격적으로 해독되기 시작했다. 살아 있는 세포는 DNA 복제로 자신의 복사체를 만들 수 있으며, 이 방법으로 세포는 비록 죽더라도 생식 수단을 이용해서 자신의 본질을 유지할 수 있다. DNA는 돌연변이에 취약하다. 그러나 세포는 DNA 손상을 수선·복구할 수 있으므로 환경이 바뀌더라도 생존할 수 있는 잠재력이 있다.

진화의 두 번째 원동력은 일종의 자연의 유전공학이라고 할 수 있다. 이 증거는 세균학 분야에서 오래전부터 축적되어왔다. 과거 50년 또는 그 이상의 세월 동안 과학자들은 원핵생물이 주기적으로 유전물질의 일부를 다른 세포들에게 신속하게 전달하는 현상을 관찰했다. 각각의 박테리아는 일정한 시간에 보조 유전자를 다른 종류의 박테리아에게 전해줄 수 있다. 이렇게 전해진 유전자는 그것을 수용한 박테리아에게는 없는 유전 특성을 발현한다. 어떤 보조 유전자는 세포 본래의 유전자와 결합하기도 하고 또 어떤 보조 유전자는 다시 다른 세포로 전달되기도 한다. 다른 세포 속으로 쉽게 전달될 수 있는 보조 유전자의 일부는 박테리아뿐 아니라 우리 같은 진핵생물의 세포 속에서도 유전 메커니즘에 쉽게 동화될 수 있다.

유전자 교환은 원핵생물의 여러 기능 중에서 가장 일상적인 것이다. 그러나 심지어 오늘날에도 많은 생물학자들은 그 기능의 중차대함을 충분히 인식하지 못하고 있는 것 같다. 유전자를 교환할 수 있게 된 결과, 전 세계의 모든 박테리아는 필연적으로 오직 하나의 유전자 풀genepool을 구성하게 되었고, 전체 박테리아의 적용 메커니즘을 공동으로 소유할 수 있게 되었다. 유전자 재조합의 속도는 돌연변이의 발생 속도보다 훨씬 빠르다. 만약 진핵세포로만 만들어진 생물체가 전 세계적으로 발생하는 어떤 환경변화에 적응하기 위하여 100만 년의 세월이 필요하다면, 박테리아는 겨우 수 년이라는 극히 짧은 기간에 동등한 적응성을 가졌고 전체 생물계에 그 적응성을 확산시켰다. 박테리아 세계의 범지구적 유전자 교환 네트워크는 궁극적으로 현존하는 모든 동식물에 영향을 미친다. 인류는 지금에야 비로소 그런 기술을 배우게 되었을 따름이다. 유전공학에서는 외부의 유전자를 번식이 진행되고 있는 미생물 세포 속에 집어넣어 인간에게 유용한 바이오 물질을 그들이 직접 생산하도록 한다. 그러나 원핵생물은 그런 '신기술'을 이미 수십억 년 동안 사용해왔던 것이다. 상호 교신하고 협동하는 범세계적 박테리아 초생물체superorganism에 의해서 행성 지구는 그들보다 훨씬 커다란 생물체들도 생활할 수 있는 비옥하고 풍요로운 곳이 되었다고 할 수 있다.

돌연변이와 박테리아 유전자 교환이 진화에 중대한 역할을 담당했던 것은 분명하지만 그것만으로 오늘날 지구상의 모든 생물이 진화될 수 있었다고 설명하기는 어렵다. 현대 미생물학에서 가장 획기적인 발견 중의 하나는 미토콘드리아를 관찰함으로써 진화의 세 번째 원동력에 대한 실마리를 얻은 것이다. 미토콘드리아는 동물, 식물, 균류, 원생생물의 모든 세포 속에 포함되어 있는 막membrane에 둘러싸인 미소한 입자로, 현대 세포에서는 핵의 외부에 있지만 DNA로 구성된 자신의 유전자를 따로 가진다. 미토콘드리아는 자기들이 소속되어 있는 세포와는 달리 단순분열로 번식한다. 미토콘드리아의 번식 시기는 세포의 다른 부분들과 상관이 없다. 미토콘드리아가 존재하지 않으면 유핵세포, 즉 동물과 식물들은 산소를 사용할 수 없으며 따라서 생존할 수 없다.

과학자들은 미토콘드리아를 다양하게 관찰하여 놀라운 시나리오를 발전시켰다. 그들은 약 30억 년 전, 산소를 호흡하면서 원시 바다를 유영하던 박테리아의 한 무리가 오늘날 미토콘드리아로서 우리 몸속에 자리하게 되었다고 생각한다. 과거 한때 박테리아가 다른 미생물과 결합했을 것이다. 그들은 진핵세포의 내부에서 생활하면서 부산물을 처리하고 동시에 산소에서 끄집어낸 에너지를 제공하면서 대신 먹이와 서식처를 제공받았을 것이다. 두 세포가 합해져서 만들어진 새로운 세포는 계속 진화를 거듭하여 점점 더 많은 산소를 호흡하는 복잡한 생물체로 변화했다. 이런 진화 메커니즘은 돌연변이보다 훨씬 갑자기 일어날 수 있다. 또 그런 공생적 연합은 영구적인 것이었다. 단순히 공생적 부분들의 합체로서가 아니라, 공생적 부분들의 모든 가능한 조합으로 만들어질 수 있는 합체를 훨씬 넘어서는 새로운 공생적 연합의 존재 가치가 얻어졌던 것이다. 공생, 즉 새로운 집합체 속으로 세포가 유입되는 메커니즘은 지구에서 생물 변화의 주요한 원동력이 되었다.[11]

우리가 10억 년 이상 걸쳐서 형성된 공생의 산물임을 주지하면서 자신을 살펴본다면, 우리 조상이 미생물적 다세포체임을 뒷받침할 수 있는 명백한 증거들을 여기저기서 발견할 수 있다. 우리 몸은 지구에서의 생물 역사를 그대로 반영한다. 우리 세포는 탄소와 수소가 풍부한 화합물들로 이루어져 있는데 그것은 생명체가 처음 출현했을 때의 지구 환경과 비슷하다. 세포들은 물과 염류 조성이 원시 해양과 비슷한 용액 속에서 생활한다. 인간은 물속 환경에서 두 박테리아적 배우자(난자와 정자)가 서로 만남으로써 지금의 모습으로 성장할 수 있었다. DNA, 유전자 교환, 공생의 세 원동력이 진화를 주도했다는 이론은 1882년 찰스 다윈의 사망 후 거의 1세기가 지나서야 비로소 발전했다. 그러나 현명하게도 다윈은 "우리는 유기체의 놀라운 복잡성을 측량할 길이 없다. 그러나 내가 여기에서 제안한 이론에 따른다면 그런 복잡성은 점점 더 커지고 있다. 개개의 생물은 하나의 미생물우주(믿을 수 없을 정도로 작고 마치 하늘의 별처럼 무수하면서 스스로 번식할 수 있는 생물체들이 모여서 형성된 소우주)로 간주되어야만 할 것이다"라고 기록했다.[12] 이 작은 우주의 신비로운 속성, 이것이 바로 이 책이 다루려는 대상이다.

우리 몸의 세포를 엄밀히 조사하면 그 조상의 비밀들을 풀어헤칠 수 있다. 모든 동물의 신경세포를 전자현미경으로 관찰하면 그것들이 무수히 많은 '미세소관microtubules'들로 이루어졌음을 알 수 있다. 들숨과 날숨이 드나드는 기도의 표면에 덮여 있는, 물결운동을 하는 섬모세포와 정자세포에 나타나는 채찍 모양의 꼬리는 모두 미세소관이 '전화기 다이얼'처럼 배열된 기이한 형태이다. 이런 형태는 8,000여 종에 이르는, 진화학적으로 잘 발달된 섬모충류의 섬모에서도 그대로 나타난다. 이와 똑같은 미세소관들은 식물, 동물, 균류의 모든 세포가 분열할 때도 관찰된다. 불가사의하게도 세포분열 시에 나타나는 미세소관은 우리 두뇌에서 발견되는 것과 똑같은 단백질들로 이루어져 있다. 또 그 단백질들은 마치 코르크 마개 따개처럼 나선형으로 생겨서 민첩한 동작을 하는 박테리아들에서 발견되는 단백질들과 매우 비슷하다.

한때는 독립적인 생물체였다가 이제는 진핵세포의 내부에서 미세소관이나 기타 다른 부분으로 남게 된 그런 살아 있는 유물들은 현존하는 모든 생물이 공생의 과정을 통해서 진화했다는 이론을 강력히 뒷받침한다. 공생은 두 생물체가 합쳐져서 세포와 생물 몸체를 영원히 공유하면서 서로 이익을 얻는 메커니즘이다. 때로는 미세소관, 미토콘드리아, 기타 세포의 여러 구성원들이 박테리아에서 기원했다는 이론을 상세히 설명하기 곤란한 경우도 있다. 그러나 앞으로 살펴보게 되겠지만, 공생 과정을 통해서 진화가 이루어졌다는 이론의 개략적인 윤곽은 미생물우주의 생활형을 잘 아는 학자들 사이에서 이미 널리 인정되었다.

공생적 과정은 끊임없이 진행되고 있다. 거대생물우주macrocosm의 생물은 그들 서로뿐만 아니라 미생물우주와도 상호 작용하고 또 그들에 의존해서 생활한다. 어떤 식물 집단(콩, 완두콩, 클로버, 살갈퀴 등을 포함한 콩과식물)들은 자신의 뿌리에 질소 고정 박테리아를 갖지 않으면 질소가 부족한 토양에서 생존할 수 없으며 우리는 그런 식물들에서 얻는 질소 없이는 생활이 불가능하다. 소와 흰개미는 내장 속의 미생물군에 의해 풀과 나무의 셀룰로스를 소화할 수 있다. 수분을 제외한 우리 몸무게의 10퍼센트 이상은 살아 있는 박테리아로 이루어져 있다. 그들의 일부는 비록 우리 몸의 직접적인 구성원이 아니라고 해도 그들 없이는 우리도 존재할 수 없다. 진실로 그런 공존은 진화 그 자체라고 할 수도 있다. 진화가 지금부터 수백만 년 동안 더 지속된다고 가정하자. 그러면 우리 내장 속에서 비타민 B_{12}를 생산하던 미생물은 궁극적으로 우리 자신의 세포 한 부분으로 변화할 것이다. 전문화한 세포들로 구성되었던 집합체는 세포소기관으로 변화할지도 모른다. 아메바에게 잡아먹혔던 박테리아가 시간이 지남에 따라 그들과 결합해서 혼성 합체hybrid의 새로운 종으로 바뀐 예가 실험실에서 관찰되기도 했다.

　미생물우주에 대한 연구에서 얻은 이런 대발견들은 우리 눈앞에 깜짝 놀랄 만한 광경을 선사한다. 우리로 하여금 자신의 세포 기능을 밝힐 수 있도록 하는 바로 그 의식이, 공생적 진화에 의해 인간의 두뇌세포로 변화한 무수한 미생물이 잘 조화된 기능 속에서 태어난 것임을 입증하는 일은 결코 앞뒤가 뒤바뀐 이야기가 아니다. 발전된 과학기술과 지성 덕분에 우리는 이제 DNA를 어설프게나마 조작할 수 있게 되었고, 태곳적 박테리아의 유전자 교환도 알아챌 수 있게 되었다. 새로운 종류의 생물을 탄생시킬 수 있는 우리 인간의 능력은 생물권이 유기물 기억력organic memory, 다시 말해 생물이 현재 속에서 과거를 회상하고 발현시키는 기능을 더욱 예리하게 발달시켰다. 한 거대한 자가인용적 순환체계 속에서 변화무쌍한 DNA는 이제 인간이 그 DNA를 변화시킬 수 있을 정도로 인류의 의식을 발전시켰다. 우리의 왕성한 호기심, 지식을 얻고자 하는 갈망, 탐사선을 다른 행성들과 그 너머에까지 보내서 우주로 진출하려는 열성적 시도 등은 다름아닌 이미 35억 년 전 미생물우주에서 시작된 생물권 확장 전략의 하나이다. 우리는 고대로부터 내려오는 생물권의 경향을 그대로 반영하고 있을 따름이다.

　태곳적 최초의 박테리아에서부터 현대의 인간에 이르기까지 무수히 많은 공생적 생물체들이 지상에 나타났다가 사라졌다. 그러나 미생물우주의 공통 요소는 언제나 변함없이 그대로 존속한다. 우리 몸속의 DNA는 최초의 바닷속 따뜻하고 얕은 물에서 형성되었던 원시세포들의 DNA 분자가 단절되지 않은 채 전해진 것이다. 우리 몸은 다른 모든 생물과 마찬가지로 원시 지구의 환경을 그대로 보전하고 있다. 우리는 현존하는 미생물들과 공존하며 우리 세포 속에 유입되어서 공생하게 된 과거 박테리아들의 유물을 몸속에 포함하고 있다. 미생물우주는 바로 이런 방식으로 우리 속에서 존재하며 또 우리는 그 속에서 생존한다.

어떤 사람들은 이런 생각을 불온하다고 여길지 모른다. 그런 새로운 사고는 인간이 자연의 다른 부분들을 통치하는 것이 당연하다는 우리의 시건방진 통념을 여지없이 무너뜨릴 뿐 아니라 인간의 개성, 특이성, 독립성 등에 대한 기존 개념들을 의심하게 만들기 때문이다. 그런 사고는 심지어 우리 자신을 자연의 나머지 부분들과는 뚜렷이 격리된 물리적 존재로 간주하려는 시각 자체가 잘못된 거라고 인정하게 한다. 우리 자신과 우리 환경이 현미경적 생물체들로 구성된 진화적 모자이크라고 전제한다면, 우리가 생물권에 점유되어 있으며 그 속에 녹아 있다는 사실을 새롭게 인식할 수 있다. 이때 우리를 곤란하게 하는 한 가지 사실은 우리가 차차 밝혀나갈 하나의 철학적 결론, 즉 비지성적 생물에 의해 지표면의 환경이 통제될 수 있다는 사실 때문에 인간의 지성적 자의식이 일정 부분 손상될 수도 있다는 것이다.

우리의 기원을 밝히기 위해 미생물우주를 자세히 관찰하면 할수록 우리는 미생물 개체의 위업과 그 하찮음을 동시에 인식하게 된다. 생물의 가장 작은 단위(한 개의 박테리아 세포)는 알다시피 사실상 이 우주에서 비견할 상대가 없는 독특한 형태와 기능을 가진 기념비적인 존재이다. 각각의 미생물 개체는 성장해서 자신의 몸체를 두 배로 증진시키고 분열하여 두 개의 세포가 되는데, 그 하나하나가 대단한 성공담이라 할 수 있다. 미생물 개체의 성공은 생물종의 성공에 포함되고 종의 성공은 모든 생물의 범지구적 네트워크 속에 포함되어 웅대한 규모의 생물권 성공담을 이룬다.

일반인들은 물론 심지어 과학자들마저도 성공담에 이끌려 그릇된 길을 가는 경우가 종종 있다. 다윈의 제자들부터 현대의 유전공학자들에 이르기까지, 과학은 인류가 진화의 사다리의 맨 위칸에 있으며 인류는 기술문명에 힘입어 그 사다리의 더 위쪽으로 올라설 수 있다는 사고를 널리 알렸다. 탁월한 일부 과학자들도 그런 견해를 지지했다. 그 예로 프랜시스 크릭은 저서 《생명 그 자체 Life Itself》에서 생물 일반, 그리고 특별히 인간의 의식은 너무나 신비스러워 도저히 지구에서 탄생할 수 없었을 것이고 분명히 우주의 어느 곳에서부터 전해졌을 것이라고 주장했다.[13] 또 어떤 과학자들은 인간은 자애롭고 '고귀한 영혼'의 산물, 즉 하나님의 자손으로 믿기도 한다.

이 책은 이런 견해들이 지구와 자연의 법칙들을 과소평가한 결과 나타났다는 것을 보여주기 위해 썼다. 인간 종족이 지구의 생물을 관할하는 지존의 생물체라거나 또는 외계 초지성적 존재의 열등한 자손이라고 제안하는 주장에는 어떤 증거도 없다. 그러나 인간이 수십억 년에 걸쳐 형성된 강력한 박테리아 집단에서 나온 재조합적 존재라는 주장에는 명백한 증거들이 있다. 인간은 지구를 점유했던 박테리아들에서 연유하는 매우 복잡한 네트워크의 한 부분을 차지하고 있다. 우리의 지성과 기술 능력은 특별히 인간에게만 있는 게 아니라 모든 생물에게 다 있는 것이다. 자연에 유용한 속성은 진화 과정에서 무시되어버리는 일이 별로 없기 때문에 미생물우주에서 기원하는 인류의 모든 능력도 미생물우주 속에 그대로 유지될 수 있는 것이리라. 지성과 기술은 인간에 의해 발전했지만 실제로는 미생물우주의 소유물이라고 말할 수 있다. 그것들은 우리의 제한된 상상력을 초월하는 미래형으로 우리를 개조해서 생물권의 존속과 함께 인류의 생존을 지속하는 밑거름이 될 것이다.

MICROCOSMOS
*Four Billion Years of
Microbial Evolution*

1

지구의 탄생

40억 년 전 하데스대
초신성 폭발의 파편들로부터 미생물우주가 시작되다.

OUT
of the
COSMOS

1
지구의 탄생

전 우주적 규모에서 만물의 근원을 생각할 때 인간이 우주의 한 부분, 그것도 지극히 미미한 한 존재에 불과하다는 견해는 매우 설득력이 있다. 우리 몸을 구성하는 원자들은 우리가 생명을 받고 태어날 때 창조된 것이 아니다. 그것들은 우주가 탄생된 직후에 형성되었다.

하늘의 별들이 대부분 매우 빠른 속도로 팽창하고 있다는 것은 천체물리학에서 익히 알려져 있는 사실이다. 이에 근거하여 제안된 소위 '빅뱅Big Bang'은 현존하는 모든 에너지, 물질, 반물질의 탄생을 상징하는 우주 역사의 시작이었다. 셰익스피어가 썼던 "희미한 과거, 시간의 심연the dim backward and abysm of time"과 같은 문학적 표현은 다양하게 해석할 수 있지만, 과학적 탐구에서는 그렇지 못하다. 우리는 구구한 억측을 감행하거나 현재의 조건을 그대로 적용해서 과

[표 1] 지질학적 시대 구분도

(단위 : 100만 년)

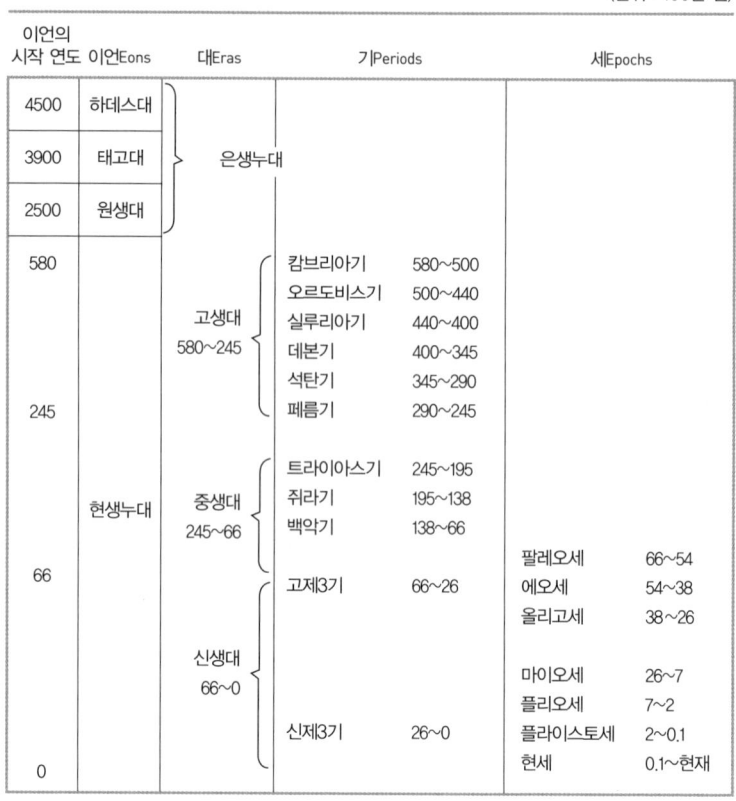

거 역사를 쉽게 유추하는 등의 실수를 저질러서는 안 된다. 우주 역사가 약 150억 년이라는 점을 인정한다면 어느 한 시점에서의 지극히 사소한 가정상의 오류가 얼마나 막대한 진실의 왜곡을 불러올 수 있을지를 알아야 한다. 그렇지만 이러한 어려움에도 우리는 현재 사실에 근거하여 과거를 추리할 수밖에 없다. 오직 이 방법에 의해서만 생명이 나타나기 이전의 우주, 이후의 우주, 그리고 현재 팽창하고 있는 우주에 대해 가장 명확한 사실을 밝혀낼 수 있기 때문이다.

대폭발이 일어난 직후 처음 100만 년 동안 우주의 온도는 물리학자 스티븐 와인버그가 추정했듯이 1,000억 도(100billion degrees kelvin으로, 캘빈 온도는 섭씨 온도에 273을 더하여 구한다-옮긴이)에서 3,000도 정도로 낮아졌다. 이 온도에서는 한 개의 전자와 한 개의 양자가 결합하여 우주에서 가장 간단하며 가장 풍부한 원소인 수소의 형성이 가능했다.[14] 그런데 거대한 수소 덩어리가 수십억 년 동안 응축하면서 그 밀도를 한없이 증가시키면 결국 초신성이 만들어진다. 엄청난 고밀도에서 초신성의 핵은 온도가 한없이 증가하다가 마침내 열 핵반응을 일으켜서 수소와 여러 가지 아원자들로부터 현재 우리가 우주의 구성 물질로 인정하는 더욱 무거운 여러 가지 원소들을 만들 수 있었다. 오늘날 우리 몸속에는 수소가 상당히 많은데(수소 원자는 우리 몸의 구성 물질 중 가장 많은 원소이다) 주로 수분 상태로 존재한다. 우리 몸의 수소는 말하자면 우주의 가장 풍부했던 수소 원소를 반영하는 것이다.

초신성에서 탄생한 새로운 원소들은 먼지와 기체 형태로 우주로 퍼져나가서 여러 성운을 이루게 되었다. 이 성운의 내부에서 많은 별과 행성이 탄생했는데, 이는 중력에 의해 먼지와 기체 덩어리들이 뭉쳐져서 결국 또 핵반응이 일어나게 된 결과이다. 은하계의 바깥쪽으로 비켜서 있는 태양계 안에서 소위 지구라고 불리는 형태가 나타나기 시작한 것은 약 50억~150억 년 동안 수많은 별들이 형성되고 난 후의 일이겠다.

 지구가 될 운명인 기체구름 속에는 수소, 헬륨, 탄소, 질소, 산소, 철, 알루미늄, 금, 우라늄, 황, 인, 규소 등이 포함되어 있었다. 태양계의 다른 행성들도 비슷한 성분의 기체구름에서 형성되었다. 이즈음에 태양계의 중심에서 거대한 별이 생성되었다. 만약 이 태양이 존재하지 않아서 그때까지 아직 소규모였던 형성 초기 단계의 행성들을 궤도에 진입시키고 그들에게 끊임없이 빛과 에너지를 공급하지 않았더라면 지구를 비롯한 모든 행성은 차츰 식어서 오늘날 모두 무생물 상태로 남게 되었을 것이다.

 약 46억 년 전 비로소 지구는 생명을 탄생시킬 수 있는 조건을 서서히 갖추게 되었다. 첫째, 지구는 에너지원, 즉 태양에 비교적 가까이 있었다. 둘째, 지구는 태양계의 아홉 행성 중에서 유일하게 너무 태양에 근접하여 그 원소가 기체 형태로 사라져버리거나 또는 용해된 암석처럼 액화되지도 않았으며, 또한 태양에서 너무 멀리 떨어져서 기체가 얼음, 암모니아, 메탄 기체 등의 형태로 얼어버리지 않는 유일한 행성이 되는 행운을 가졌다. 수분은 지구에서는 액체 상태로 존재할 수 있지만 수성에서는 대기 중에 기체로서만 존재하고 목성에서는 얼음 상태로만 존재한다. 셋째, 지구는 대기를 잡아둘 수 있을 만큼 충분히 커서 원소의 유동순환을 쉽게 했다. 만약 지구 크기가 현재보다 더 컸더라면 중력이 더 커지고, 따라서 대기권 밀도가 증가하여 태양빛을 충분히 통과시킬 수 없었을 것이다.

 태양이 빛을 내기 시작할 즈음 그 폭발적인 방사열이 아직 미완성 상태인 태양계 내의 모든 행성을 강타했을 텐데, 그 강도는 지구의 대기를 격동시키기에 충분했다. 수소는 너무 가벼워서 지구 중력으로는 대기권에 잡아두기가 어려웠으므로 우주 속으로 사라져 버렸거나 또는 다른 원소와 결합해서만 존재하게 되었다. 이렇게 지구에 남게 된 수소는 탄소와 결합하여 메탄CH_4을, 산소와 결합하여 물H_2O을, 그리고 질소와 결합하여 암모니아NH_3를, 또는 황과 결합하여 황화수소H_2S를 형성했다.

이런 기체들은 재조합과 재결합의 오랜 과정을 거치면서 긴 사슬 모양의 화합물로 변환되었는데, 이것들은 실제로 현재의 우리 인간을 이루는 구성 물질이다. 태양계의 바깥쪽에 있는 목성, 토성, 천왕성, 해왕성 등의 행성에서는 이 기체들이 지금도 대기 중에 그대로 존재하거나 또는 얼어서 지각에 고체 상태로 남아 있다. 이 행성들보다 크기가 작았던 신생 지구에서는 중력 작용 외에도 여러 복잡한 현상들이 함께 따름으로써 그 기체들을 변환할 수 있었다. 그 결과 오늘날의 지구가 만들어졌다.

지구의 탄생은 하데스대Hadean라 불리는, 지금으로부터 약 45억~39억 년 전에 이루어졌다. 그즈음은 지각 폭발과 고열의 시대로 대양이나 호수는 물론 존재하지 않았고 눈이나 진눈깨비 같은 기상 현상도 없었다. 행성 지구는 마치 용암의 불덩어리 같았고 내부에서는 방사능 물질인 우라늄, 토륨, 칼륨 등이 분해되면서 고열을 방출했다. 지구상에 존재하는 물은 지구 내부에서 지표로 마치 간헐 온천의 수증기처럼 방출되었다. 온도가 너무 높아서 비의 형태로 지표에 떨어지지 못하고 대기 중에 수증기로 남을 수밖에 없었던 것이다. 대기는 유독성의 시안화물과 포름알데히드를 다량 포함했다. 물론 산소는 전혀 없었고 어떤 생물체도 호흡할 수 없었다.

지상의 어떤 암석도 그 시기의 고열에서는 형체를 보전할 수 없었다. 따라서 하데스대의 연대 측정은 아폴로 우주인들이 달에서 채취했던 운석과 암석을 이용해 이루어졌다. 달은 지구가 아직 용암 상태였던 약 46억 년 전 즈음에 이미 식기 시작했고, 이후에는 줄곧 대기가 존재할 수 없었으므로 그 암석으로 연대 측정이 가능하다. 약 39억 년 전부터 지구 표면은 점차 식기 시작하여 비로소 지각이라 불릴 수 있는 표층이 나타나게 되었는데, 아직은 용암 상태인 하부층의 표면에 얹혀진 불안정한 형태에 불과했다. 따라서 지각은 안팎으로 시련을 받게 되었는데, 지구 내부에서는 화산 폭발에 의한 용암의 방출이 극심했고 지구 외부에서는 운석 낙하가 빈번했다. 특히 운석은 때로는 태산처럼 거대하여 현재 두 초강대국이 가진 모든 핵폭탄을 합친 것보다 훨씬 큰 폭발력으로 지표를 강타했다. 이런 운석 낙하 때문에 지표 윤곽에는 커다란 변화가 생겼고, 이때 발생한 먼지기둥들 때문에 대기 중에 외계물질들이 들어왔다. 먼지들은 왕성한 대기권 활동에 의해 몇 개월씩 지구를 선회하면서 대기 중에 머물렀다. 또 이 기간에는 대기권의 빈번한 마찰활동으로 천둥과 번개가 끊이지 않았다.

약 39억 년 전쯤에 비로소 태고대Archean Eon 시대가 열렸다. 이 시대는 약 13억 년 동안 지속되었는데 원시생명체가 탄생하여 박테리아 형태로 번성했던 시기이다. 이 시대에 형성된 지각 일부가 30억 년이 지난 현재까지 아메리카, 아프리카, 유라시아 대륙의 일부를 구성하고 있다. 그러나 현재 우리가 볼 수 있는 이 대륙들의 형태는 지구 역사에서 마지막 0.1퍼센트 기간 동안에 완성된 것으로, 과거 당시의 대륙 형태와는 근본적으로 다르다.

태고대에는 지구 내부가 아직도 고열과 방사능으로 뒤끓고 있었고, 간신히 식은 지각의 열린 틈으로 끊임없이 용암을 방출했다. 이 때 많은 용암들에 자철이 포함되어 있었는데, 용암이 식을 때 그 분자가 지구의 자극 방향으로 배열되었다. 1960년대 초기에 활발했던 고자기학 연구 덕분에 원시 지구에서의 대륙의 윤곽을 알 수 있었고, 화석이 발견되는 지층의 연대도 측정할 수 있었다. 이 시대에 지표층은 분열에 의해 몇 개의 '대륙판plates'으로 나뉘었는데, 그 판들은 용액 상태의 불안정한 맨틀에 얹혀서 서서히 이동하면서 이합집산했다. 이때 대륙이 매년 수밀리미터에서 수 센티미터씩 이동했다고 가정하면 100만 년 동안 무려 수백 마일의 거리를 이동하는 것이 된다. 한 예로, 약 2억 년 전에는 인도가 남극 대륙에 붙어 있었는데 매년 약 5센티미터씩 움직인 결과, 약 600만 년 전까지 북쪽으로 4,000마일을 이동해서 아시아 대륙의 일부가 되었다.

대륙판들이 접하는 장소에서는 급격한 지각활동이 있었다. 두 대륙판이 갈라지는 곳에서는 용암이 분출하여 그 갈라진 틈을 채우면서 새로운 대지나 대양을 생성했다. 대륙이 부딪치는 장소에서는 지진과 화산활동이 빈번했고 그 결과 산맥이 형성되었다. 인도 대륙과 아시아 대륙은 서서히 맞붙었지만 그동안의 격렬했던 지각활동은 에베레스트 산을 만들고 히말라야 산맥을 세계의 정상이 되게 하기에 충분했다.

 오늘날 캘리포니아의 산안드레아 단층 주변에서 발생하는 잦은 지진은 거대한 태평양판이 북서쪽으로 이동하면서 역시 북쪽으로 이동 중인 북아메리카 대륙 본체의 판과 충돌하면서 생기는 결과이다. 또 다른 한 예로, 북아프리카에서는 모잠비크의 잠베지 강이 지각의 벌어진 틈으로 아프리카 대륙을 절단하는 역할을 하고 있다. 이 강의 남쪽 지역에서는 지각 균열이 생기자마자 막대한 양의 물이 그 균열을 채우면서 암석들을 함몰시키고 있다. 한편, 그 북쪽 지역, 즉 에티오피아의 아파르 지방에서는 그런 물의 장관은 볼 수 없지만 그 대신 용암이 지표를 뚫고 나와 식으면서 '현무암의 대지'를 형성했다. 이런 현상은 머지않은 미래에 범아프리카 대양의 바닥을 형성하게 될 것이다. 아파르 계곡 지역은 장차 대서양의 물이 흘러들어서 그 지역을 채울 때 웅장한 모습을 드러낼 것이다. 산안드레아 단층, 아프리카의 균열, 대서양 중앙의 균열, 태평양 동부 지역의 융기, 하와이 열도의 화산활동 등은 오늘날 안정된 지구에서 볼 수 있는 다소 희귀한 지각활동의 일부이다. 그러나 태고대 기간에는 그런 지각활동이 너무나도 빈번했다. 막대한 양의 수증기가 지각 아래에서부터 분출하면서 지표에 구멍을 남기고 땅 표면은 탄소를 포함한 기체들과 황화물질의 연기로 두껍게 덮인 상태였다. 얼음을 많이 포함한 혜성과 주로 탄소 물질의 운석이 끊임없이 지구를 강타했는데 그것들의 연약한 표면부는 대기권을 통과하면서 대부분 타 없어졌지만 그 잔해는 지표에 도달해서 여기저기에 흔적을 남겼다. 탄소와 물은 이렇게 해서 외계로부터 지구로 상당한 양이 유입되었는데 그것이 본래부터 지구에 존재했던 양과 합해져서 생명체의 기본 구성 물질을 만들었다.

이어 지구 표면이 점차 식어감에 따라서 대기 중에 포함되었던 수증기가 응결되어 물방울이 되었다. 그리하여 억수 같은 비가 한없이 쏟아져 마침내 얕은 대양을 이루기까지 아마도 수십만 년의 세월이 걸렸을 것이다. 하지만 바다가 여전히 고온을 유지하면서 물에 잠기기 시작했던 대륙판 가장자리 부분들에서 여러 종류의 원소와 기체가 바닷속으로 방출되었다. 이 기체에는 대부분 에너지가 풍부한 수소가 포함되어 있다. 바다 밑바닥에서는 지표의 열린 틈으로 분출되는 용암에 의해서 수증기가 형성되어 그것이 구름이 되었다가 다시 비의 형태로 변하면서 지상에 떨어졌다. 끊임없이 계속된 비는 화산활동과 운석 낙하에 의해 거칠어진 육지 지형을 점차 침식시켜서 좀 더 완만한 지형으로 바꾸기 시작했다. 산맥들은 침식작용으로 점점 민둥해졌고 비에 씻긴 광물질과 염류들은 바다와 호수로 흘러들었다. 또 이 기간 동안에는 종종 대분출이라고 불리는 왕성한 지각활동 때문에 지구 내부에 괴어 있던 각종 기체들이 방출되었다. 그 결과 수증기, 질소, 아르곤, 네온, 이산화탄소 등으로 이루어진 새로운 대기권이 만들어졌다. 원시 대기의 주 구성원이었던 암모니아, 메탄, 수소 등과 기타 여러 기체류가 외계로 소실된 것도 그 무렵의 일이었다. 천둥과 번개는 늘 존재했다. 태양은 점차 두꺼워지기 시작하는 지구의 대기 속으로 강렬한 고온과 자외선을 방사했다. 당시에는 낮과 밤의 주기가 다섯 시간씩에 불과했다. 달도 지구와 마찬가지로 태양계 내의 기체구름이 식으면서 형성되었다. 지구 크기에 비하면 그 위성으로서 오히려 크다고 할 수 있는 달은 중력작용으로 지구의 물을 끌어당겨서 조석 현상을 나타나게 했다.

지상에 처음으로 생명의 기원이 출현했던 것은 바로 그 무렵으로, 태고대인 지금으로부터 약 39억~25억 년 전이었다.

2

생명의 기원

30억 년 전 태고대
얕은 바닷물 속에서 성장하는 미생물이 광물을
침전시키고 암석층을 형성하다.

The ANIMATION of MATTER

2
생명의 기원

생명의 기원에 대한 의문만큼 불가사의한 문제도 아마 없을 것이다. 과학자들은 지금도 여러 방면으로 연구하여 해결의 실마리를 찾고 있다. 그런데 1973년에 발견되었던 해저 세계의 신비는 생명의 기원에 대한 사고에 커다란 전기가 되었다. 오레곤 주립대학의 교수이자 해양학자였던 잭 콜리스는 인류 최초로 대륙판들의 갈라진 틈 사이를 해저에서 관찰했는데 그곳은 마치 태고대의 지구를 연상시키듯 마그마, 수증기, 기체류 등이 함께 분출하면서 짠 바닷물과 섞이고 있었다. 오늘날의 대양 바닥은 대부분 암흑세계이며 그 온도는 섭씨 4도에 불과하고 이따금씩 보이는 심해어류와 약간의 미생물을 제외한다면 거의 불모지대라고 해도 과언이 아니다. 그런데 이들 대륙판들이 마주하고 있는 틈새를 따라서 고온의 맨틀에서 황화물이 뿜어져 나와 신비한 생물세계를 이루고 있었다. 적도의 갈라파고스 군도 주변부, 멕시코의 바자 캘리포니아 연안, 그리고 플로리다의 세인트 피터스버그에서 서쪽으로 수 시간 거리인 멕시코만 안쪽 수심 3,400미터의 해저세계에서는 리프티아Riftia라는 거대한 관벌레가 발견된다(환형동물의 일종으로 몸이 대나무처럼 생긴 관 속에 들어 있다-옮긴이). 리프티아라는 이름은 이들이 오직 해저의 균열부 주변에서만 발견되기 때문에 붙여졌다. 이런 장소들에서는 리프티아(이외에도 여러 종류의 물고기, 거대한 조개류, 각양각색의 해양 무척추동물과 이따금씩 문어도 관찰된다)가 식물에 의지하지 않는 생활을 하고 있다. 해조류나 기타 식물류는 광합성을 하기 위해 태양빛이 필요하기 때문에 해저에서는 생존할 수 없다. 대신 이곳의 동물들은 바닥에서 분출하는 황과 수소가 풍부한 기체로부터 에너지를 섭취하는 박테리아에 먹이를 의존하고 있다.

인간을 포함한 지상의 모든 생물의 몸체는 환원탄소 화합물, 즉 탄소 원자가 수소 원자들에게 둘러싸여 있는 형태의 분자들로 구성되어 있다. 잭 콜리스는 태고대에 수소가 풍부한 기체가 지하에서 분출하여 탄소가 풍부한 지상의 기체와 섞이는 얕고 따뜻한 해역, 곧 대륙판들의 가장자리에서 최초의 생물이 탄생했다고 믿는다(최근 연구에 따르면 우리 몸에 들어 있는 탄소의 90퍼센트는 적어도 한 번 이상 그런 지각의 틈 사이를 통과했을 것으로 추정된다).

탄소 원자의 유연한 결합 특성은 지구에서 생명이 탄생할 수 있게 한 비밀열쇠이다. 태고대 고온다습의 환경에서 탄소 원자는 수소, 질소, 산소, 인, 황 등의 원소와 쉽게 결합하여 여러 복잡한 화합물들을 형성했다. 이런 화합물들은 합성과 분해 과정을 무수히 되풀이하면서 현대에 이르렀다. 이 여섯 가지 원소는 오늘날 모든 생물의 주요 구성원이 되었으며, 건조 중량의 99퍼센트를 차지하고 있다. 특히 그 원소들의 구성비, 아미노산과 유전물질들의 비율, 세포 내 거대 단백질들과 DNA 분포 등은 박테리아에서 인간에 이르기까지 모든 생물에게서 거의 비슷하게 나타난다.[15] 원숭이와 인간이 근본적으로 유사하다는 것을 다윈이 인정했던 것처럼 모든 생물이 화학적으로 유사하다는 점은 생물이 공통의 조상에게서 유래했다는 사실을 시사한다. 나아가서 그런 유사점들은 원시 지구에서 최초의 생물과 그 주변 환경 사이에 아무런 화학적 차이도 없을 때의 지구 상태를 예시한다고 할 수 있다.

1953년 시카고 대학에서는 실험과학의 새 장을 여는 일련의 실험이 진행되었는데 이는 후에 '전생물기 화학prbiotic chemistry' '원시 지구 모델 실험' 또는 '실험화학적 진화학' 등으로 불리게 되었다. 당시 노벨화학상 수상자였던 헤럴드 우레이의 대학원생이었던 스탠리 밀러는 원시 지구와 유사한 대기 상태(암모니아, 수증기, 수소, 메탄의 혼합 기체)에 번개 같은 효과를 주는 전기 방전을 1주일 동안 실시했다. 이 실험 결과 그는 두 가지 아미노산, 즉 알라닌과 글리신 및 기타 여러 유기화합물들이 합성되었다는 것을 관찰할 수 있었는데, 당시까지는 그런 물질이 모두 생물체 내에서만 합성할 수 있다고 알려져 있었다.

밀러와 우레이의 실험 이후, 세포 내의 가장 복잡한 화합물(단백질, 핵산 등)을 구성하는 기본 구성 물질(아미노산 등)의 대부분이 실험실에서 단순한 기체류와 광물질의 조합을 바꾸고 다양한 에너지 (전기 방전, 전기 스파크, 자외선 조사, 가열 등)를 줌으로써 만들어지게 되었다. 놀랍게도 모든 생물체 단백질에 가장 풍부한 네 가지 주요 아미노산들이 가장 쉽게 형성되었다. 세포 내에서 에너지를 저장하는 역할을 하는 분자인 ATP와 뉴클레오티드의 전구물질이 되는 다른 삼인산화물들도 이런 실험에서 생성되었다. 최근의 실험에 의하면, DNA와 RNA을 구성하는 다섯 가지의 염기, 즉 아데닌, 시토신, 구아닌, 티민, 우라실도 메탄, 질소, 수소 및 수분이 포함된 대기에 전기 스파크를 가함으로써 만들 수 있음이 알려졌다. RNA(리보핵산)도 DNA(데옥시리보핵산)와 마찬가지로 긴 사슬 모양의 분자인데 생명체를 구성하는 모든 세포 내에서 대사와 번식에 관여한다. RNA도 역시 유전정보를 전달하며 염기, 당, 인산으로부터 합성되는데, 이런 생체 구성 분자들은 이미 하데스대에 태양의 방사열에 의해 형성되었을 것이다.

    기체류와 에너지의 조합을 달리한 이런 실험은 마치 원시 지구를 연상케 하는데 매우 여러 종류의 유기물 합성이 가능했다. 이런 유기물들의 특성과 역할은 현재도 종종 과학자들을 당혹케 한다. 물론 미생물에서는 전혀 그렇지 않은 것처럼 보이지만 말이다. 실험실에서 합성된 유기화합물은 특별히 멸균 처리된 상태에서 보존되지 않으면 곧 대기 중에 떠도는 박테리아와 곰팡이가 먹어치운다. 미생물은 세상 어느 곳에나 다 존재하기 때문에 먹이가 있는 곳에서는 쉽사리 번식을 시작한다.

    비록 아직까지는 시험관 내에서 인위적으로 만들어진 세포가 없지만 1980년대 솔크 연구소의 화학자 레슬리 오르겔은 생명체나 복잡한 유기물로서 존재하지 않는 상태에서 단순한 탄소 화합물과 연염lead salts으로부터 자생적으로 형성되는 50뉴클레오티드 길이의 DNA와 유사한 분자를 발견했다. 서독 괴팅엔연구소의 만프레트 아이겐과 그의 동료들은 살아 있는 생물체 없이도 스스로 복제가 가능한 사슬이 짧은 RNA 분자를 합성했다. 컬럼비아 대학의 솔 슈피겔만과 그의 동료인 도널드 밀스는 박테리아 숙주 내에서 충분히 자가복제가 가능한 RNA 바이러스의 일종을 시험관 내에서 합성했다(바이러스는 짧은 DNA 또는 RNA의 사슬과 그를 둘러싼 단백질로 이루어진 가장 간단한 생명체로 스스로 생을 영위하기에 필요한 구성 물질들을 합성하지 못한다). 슈피겔만은 한 종류의 효소, RNA 및 뉴클레오티드로 불리는 핵산의 전구물질을 사용했지만, 이 밖에도 원시 지구에서는 존재하지 않았던 특별한 형태의 에너지를 이용했다. 이 에너지는 바로 인간의 노력과 돈이다.

이런 실험들로 인해 대다수 과학자와 일반인들은 여러 화학물질들이 풍부하게 포함되어 마치 진한 수프와 같았던 태고대의 바다에 번개가 여러 차례 내려침으로써 탄소와 수소 원자들이 다른 여러 원자들과 결합하고 여기에서 생명체가 탄생했을 것이라는 이론을 받아들일 수 있었다. 매우 보편화된 생명 탄생 이론들 중 하나는 무생물의 수프 상태에서 생물이 갑자기, 그리고 순간적으로 출현했다는 견해이다. 하지만 다른 과학자들은 그렇게 해서 생명이 탄생할 수 있는 가능성은 그야말로 생각하기조차 어렵다고 주장한다. 그럴 수 있는 가능성은 폭풍우가 몰아치는 폐차장에서 우연히 보잉 707

기가 생겨날 수 있는 확률보다도 더 낮다는 것이다. 그런데 생명체가 무생명체에서 우연히 생겨날 수 있는 확률을 계산할 수 있는 방법 자체가 있을 수 없다. 생명의 기원을 연구하는 전문가인 레슬리 오르겔은 "우리는 어떤 성분의 수프가 생명체 탄생에 적합한지 아니한지조차도 10^2의 확률 안에서는 이야기할 수 없다"고 말했다. 그러므로 우리가 아는 유일한 사실은 "생명은 한 번 탄생되었다"라는 것뿐이다. 어떤 학자들은 생명체의 씨가 외계에서 완성되어서 운석에 의해 지구로 운반되었을 거라고 추측하기도 한다. 그들은 다섯 가지 종류의 뉴클레오티드와 여러 아미노산들이 운석 잔해에서 발견되었음을 그 증거로 제시한다.

생명의 '순간발생설'과 '외계진입설'은 모두 한 가지 중요한 사실을 간과하고 얻은 결론들이다. 원시 지구의 무생물 환경에서 생물체가 발생하기까지는 장구한 시간이 흘렀다. 이는 주기적으로 변화하는 환경 속에서 풍부한 에너지 존재에 힘입어 비생명 물질에서 생명 물질로 분자 구성이 바뀔 수 있는 충분한 기간이었다. 게다가 분자들은 무작위로 결합하는 것이 아니라 그 결합 방식이 정해져 있다. 따라서 생명 탄생의 가능성에 대한 증거가 충분한데도 그 불가능성을 증명하려 하는 것은 바람직하지 않다. 운석에서 유기 물질이 관찰되는 것은 탄소의 존재 아래 수소를 풍부하게 함유한 기체가 에너지를 흡수하면(그런 조건은 비록 전 우주적은 아니라고 해도 태양계 내에서는 충분히 가능하다) 화학 법칙에 따라서 생명체의 기본 구성 물질을 합성할 수 있다는 사실을 확인해주는 것에 불과하다. 지구의 다양한 조건들, 즉 다습함, 적당한 온도, 중력의 존재 덕분에 그런 분자들이 다른 행성들보다 풍부히 존재할 수 있었다. 지구의 이런 조건이 특정한 화학결합을 다른 결합보다 더 두드러지게 했고, 그 결과 세월이 흐르면서 스스로 방향이 정해졌다.

  원시 지구에 있는 연못, 호수, 따뜻하고 얕은 바다들에서 고온과 저온, 자외선과 어둠, 증발과 강우가 반복해 일어남으로써, 그것들의 화학적 구성 물질들이 다양한 에너지 상태로 존재하게 되었다. 그 분자들은 서로 결합하고 분해되고 또다시 재결합하는 과정을 거치면서 분자를 점점 연결해갔는데 이때 필요한 에너지는 태양열에서 공급받았다. 지구 각지에서 소규모 지역들이 점차 화학적으로 안정된 상태에 이르자 더욱 복잡한 분자들이 형성되고, 한번 형성된 분자들은 더욱 오랜 기간 동안 남아 있을 수 있었다. 그 예로, 시안화수소 HCN는 성간 공간에서 생성된 분자로 현대의 산소 호흡 생물에게는 치명적인 유독 물질인데 다섯 번에 걸친 자가연결로 DNA와 RNA 및 ATP를 형성하는 뉴클레오티드의 주요 구성원인 아데닌 $H_5C_5N_5$으로 바뀌었다.

  아미노산, 뉴클레오티드, 단당류 등은 아직 대기 중에 산소가 존재하지 않았으므로 산화되거나 분해되지 않고 한번 형성된 후에는 물속에 오랜 기간 보전될 수 있었다. 심지어 모든 생물에 예외 없이 에너지 운반체로 요긴한 ATP도 아데닌, 리보스(다섯 개의 탄소 원자를 가진 당의 일종), 그리고 인산이 결합해서 형성되었다. 어떤 분자들은 촉매가 되기도 했다. 촉매는 다른 분자와 반응하면서 자신은 변하지 않고 상대방 분자를 쉽고 빠르게 결합 또는 분해하는 역할을 한다. 촉매는 화학반응을 일으킬 때 아무렇게나 하지 않고 규칙성을 띠기 때문에 생명 탄생의 이전 단계에서 중요하다. 촉매와 그들의 촉진 반응에 의해 더욱 많은 종류의 화합물들이 점차 생겨났다. 촉매들의 작용은 점점 더 복잡해졌지만 그 지속성은 그 당시 매우 길었다. 오늘날, 어떤 종류의 분자들은 놀라울 만큼 복잡하며 자가촉매 작용에 의해 단계적인 일련의 반응들을 일으키는데, 이때 각각의 반응은 또 다른 반응을 불러온다. 이제는 더 이상 찾아볼 수 없는 과거의 어떤 '죽은' 자가촉매 작용들은 오랜 시간이 지나면서 점점 더 정교해져 마치 생명체의 작용과 비슷한 기능까지 얻게 되었을 것이다.

이론적인 계산이나 실험 결과, 둘 또는 그 이상의 자가촉매 사이클이 상호작용을 하면 "하이퍼사이클hypercycle"이라는 더욱 강력한 촉매작용이 유발될 수 있다는 사실이 알려졌다. 어떤 과학자들은 그런 화학물질들이 물속에서 서로 원소들을 차지하려고 경쟁한 나머지 결국 그 존재를 스스로 한정짓게 되었다는 이론을 펴기도 한다. 그러나 하이퍼사이클의 기본 개념은 그 반대이다. 분자들이 화학적 보전chemical survival을 위한 투쟁에서 서로 서로를 파괴하는 것이 아니라 자가조직할 수 있는 화합물들이 서로 보완 작용하여 마치 생명체 같은, 궁극적으로 복제 가능한 구조를 형성할 수 있었던 것이다. 이런 사이클의 진행은 최초의 세포를 탄생시키는 기초가 되었을 뿐 아니라 그 뒤를 이어서 단세포에서 다세포로 발전하는 기반을 만들었다. 하이퍼사이클 과정은 생물에게도 매우 중요하다. 이는 생물로 하여금 극심한 주위 환경의 변화에도 불구하고 과거의 주요 원소를 체내에 보전할 수 있게 했다.

  분자가 점점 더 독립적이고 치밀해질수록 그 구조 역시 점점 더 길어지고 복잡해졌으며 자신의 활동을 스스로 보강할 수 있는 능력도 증진되었다. 어떤 분자는 물방울 속에 자리를 잡기도 하고 또 어떤 분자들은 진흙이나 결정체의 표면에 달라붙기도 했다. 태고대 기간 동안 사슬 모양의 긴 탄화수소류 화합물들 hydrocarbon chains을 대상으로 했던 자연의 실험은, 아주 작은 물방울의 주위를 둘러싸서 그것을 주변의 물속 환경으로부터 격리시키지만 동시에 다른 화학 물질들은 통과시킬 수 있는, 마치 울타리 같은 역할을 하는 화합물을 탄생시켰다. 이를 반투과성막이라고 하는데 어떤 물질은 그것을 통과할 수 있지만 다른 물질들은 통과할 수 없다. 막 구조는 여러 화합물들이 결합하여 형성되었는데도 구조적으로는 단순하다. 그럼에도 이 막 구조야말로 생명의 탄생에 아주 긴요했던 존재였음이 분명하다. 지구에서 일상적으로 관찰 가능한 환경과 비슷하게 온도, 산도, 그리고 건습의 반복을 통제했던 실험실 조건에서 그런 막 구조물이 자발적으로 형성되었다.

  탄화수소 사슬이 인산화합물의 일종과 산소 원자와 결합하면 인산기가 붙은 한쪽 끝은 전기적으로 극성을 띠고, 반면에 다른 쪽 끝은 전기적으로 중성이 되어, 극성을 띠는 한끝은 물분자를 끌어들이지만 다른 끝은 물을 배척하는 이중성을 갖게 된다. 그런 화합물을 인리피드 phospholipids라고 하는데 이들이 일렬로 모여서 전기적으로 중성인 한쪽 끝은 물을 멀리하고 극성을 띠는 다른 한쪽 끝은 물을 끌어들이는 구조를 형성한다(이것은 기름 한 방울이 물에 떨어졌을 때 순간적으로 물 표면에 필름을 만드는 현상과 본질적으로 같다). 이런 종류의 리피드lipids는 임의로 비누방울 모양의 형태를 이루어 방울 내부의 물질을 외부의 물과 격리한다. 물 표면에 파도가 일면 리피드 필름이 겹쳐져서 두 겹의 층을 만들기도 한다. 이렇게 겹친 구조가 되었을 때는 샌드위치 모양이 되는데, 극성을 띠는 끝은 안쪽에서 마주하고 극성이 없는 끝은 바깥쪽을 향하게 된다. 이 방법으로 최초의 막(내부와 외부를 구분하는 최초의 경계선), 즉 자신과 남을 구분할 수 있는 구조물이 생겼다.

현대 생물에서 볼 수 있는 세포막은 여러 다른 종류의 리피드, 단백질, 탄수화물들로 구성되어서 매우 다양하고 복잡한 기능들을 수행하기 때문에 그것을 전부 이해하기는 매우 어렵다. 그렇지만 최초의 인리피드 막은, 당시 자연의 조화로 만들어졌던 다양한 종류의 격리 구조물들과 달리 그 특이한 화학적 조성 때문에 여러 탄소 화합물들을 농축할 수 있었다. 막은 물 분자의 탈출을 억제하는 동시에 '영양물질nutrients'은 투과해서 잠재적으로 유용한 물질들을 한데 모을 수 있도록 했다. 막 구조는 가장 작은 단위의 마이크로코스모스 형성을 가능하게 했으니 그것이 바로 원시 박테리아이다. 많은 과학자들은 생명이 탄생하기 이전에 리피드가 단백질과 합해져서 생명체와 비슷한 반투과성 물질을 형성했을 거라고 믿고 있다. 그 어떤 생물도 최소한 한 종류의 막 구조를 갖지 않고서는 그 존재가 성립되지 않는다.

현재까지 이루어진 과학자들의 업적과 가장 단순한 실제 세포 사이에는 이론적으로나 실험적으로 아직도 풀리지 않은 문제점들이 있다. 아미노산이나 뉴클레오티드 같은 작은 유기물들과 RNA나 단백질 등과 같이 좀 더 커다란 분자들 사이의 차이점은 대단히 크다. 그렇지만 수억 년은 분자 활동에서 대단히 긴 시간이다. 최근 과학자들은 겨우 수십 년간의 연구 결과만으로 생명 탄생의 비밀을 풀 수 있는 실마리를 얻었다. 아마도 20세기가 다하기 전에 실험실에서 살아 있는 세포가 자연스럽게 탄생되기를 기대할 수도 있을 것이다(하지만 그런 전망은 현실로 나타나지 않았다-옮긴이). 수억 년이란 세월을 고려할 때 임의의 하이퍼사이클이 생명체를 탄생시켰을 가능성은 대단히 크다. 과학자들은 생명을 재탄생시키기 위해 시간을 끝없이 소모하는 대신 잘 짜인 실험 계획으로 그 시간을 단축하려고 노력한다.

틀림없이 아미노산, 뉴클레오티드, 단순한 당류, 인산 및 그들의 유도체들은 인리피드의 주머니 속에 안전하게 자리잡고서 태양으로부터 에너지를 얻고 외부의 환경으로부터 ATP와 여러 탄소-질소 화합물들을 '먹이'로 흡수하면서 점점 더 복잡해졌을 것이다. 실험실에서도 리피드의 혼합물 속에서 굉장히 복잡한 구조의 화합물이 스스로 형성되는 것이 발견되었다. 그런 예로, 캘리포니아 대학 데이비스 분교의 데이비드 디머는 적당한 조건 아래 여러 구성 물질들이 혼합되었을 때 리피드의 주머니 속으로 여러 뉴클레오티드들이 흡수되는 것을 관찰했다. 인리피드의 주머니는 표면장력이 지탱할 수 없는 시점에 이르러서는 분열하면서 똑같은 화학적 조성을 가진 두 개의 포를 형성했다. 궁극적으로는 촉매 분자들이 주머니 내에서 생겨서 이들이 인리피드 막의 유지에 점차 능동적으로 참여하기 시작했을 것이다. 인리피드 주머니가 있던 어떤 지역에 '먹이'가 고갈되어버리면 원시세포는 간단히 파괴되어 사라져버리고, 동시에 여러 조간대 물웅덩이 속에서는 새로운 원시세포들이 조금씩 다른 형태로 무수히 나타나기 시작했을 것이다.

생명을 갖기 위해서는 자가보전autopoiesis의 특성, 즉 주위 환경의 변화에 대응하여 자신을 능동적으로 유지할 수 있는 능력을 갖추어야만 한다.[16] 생물은 물질과 에너지를 소모하면서 변화하는 환경에 대처하여 자신을 보전한다. 생물은 몸체의 구성 물질을 끊임없이 대체하지만 자신의 특성을 잃지는 않는다. 이런 능동적 자가보수는 자가보전의 필수 요건으로 모든 생물의 공통점이다. 즉 모든 세포는 자신의 특이성을 세포 내에 유지하기 위해서 외부 환경 변화에 대응한다. 만약 외부의 위협이 심각해지면 세포는 정상적인 생명활동을 중지하고 이상적인 활동Schismogenesis을 하게 된다. '시스모제니시스'는 생물학자이자 철학자인 그레고리 베이트슨에게서 빌려온 용어로, 생물체 내의 대사활동이 제어되지 못하고 마구잡이로 진행되는 것을 말한다. 베이트슨은 정신분열증이란, 두뇌의 피드백이 너무 많아져서 결국은 억제 불능 상태에 빠져 정상적인 사고를 할 수 없는 것으로 '시스모제니시스'의 한 예로 취급할 수 있다고 했다. 그런데 이는 정상적인 생명활동이 파괴된 특별한 한 예에 불과하다. 동식물 같은 생물의 경우에는 자가보전 활동을 정상적으로 간주한다. '시스모제니시스'는 그 반대 현상이다. 세포의 선조인 원시세포들도 자가보전의 특성과 비슷한 성질을 가져서 주위 환경의 위협으로부터 자신들의 구조와 생화학적 총체성을 유지했음이 틀림없을 것이다.

　원시세포가 일단 자신을 유지할 수 있게 되면서 그 다음 단계로 생식 능력이 생겼을 것이다. 세포 이전의 시대에는 생물과 비생물 사이에 구분이 없었다. 최초의 세포 비슷한 구조물은 벨기에의 노벨상 수상자인 물리학자 일리야 프리고진이 정의했듯이 '전이적 dissipative 구조'(일반적으로 '산일구조'라고 번역되었다-옮긴이)를 가졌을 것이다. 전이적 구조란 자신을 스스로 구성하면서 임의로 형태를 바꿀 수 있는 물체나 그 과정을 의미한다. 에너지를 흡수함으로써 전이적 구조물은 비규칙성을 포기하고 대신 규칙성을 가질 수 있었을 것이다. 통신기술 분야에 유용한 어떤 정보 이론은 정보가 스스로 구성될 수 있음을 보여준다. 전이적 구조물에서도 스스로 정보가 조직적으로 구성될 수 있었으리라.

　전이적 구조물과 하이퍼사이클의 산물로부터 자가복제가 가능하고 화학반응의 촉매 역할을 할 수 있는 뉴클레오티드, 리보스, 인산으로 구성된 물질이 형성되었다. 이 사슬 모양의 물질은 리보핵산 ribonucleic 또는 RNA라 불리는데 자연 언어의 첫번째 문장이라고 할 수 있다. 아직 자가보전 특성을 갖추지는 못했지만 고도로 구조화된 최초의 RNA는 리피드 막으로 만들어진 주머니에 둘러싸여서 따뜻한 지구 물속에 풍부히 축적될 수 있었다. 이 작은 주머니들은 아직 포식자가 존재하지 않는 환경에서 태양 에너지의 풍족함에 힘입어 구조가 더욱 복잡해져갔다. 하데스대의 지구에서는 생명 탄생의 여명기에 두 가지 중요한 화학적 경향이 나타났다. 그것은 자가인용 self-reference과 자가촉매 작용이다. 화학물질은 순환적으로 반응하는데, 본래의 반응을 반복하는 데 유리한 환경을 창조하는 방향으로 그 반응을 조금씩 변형한다. 자가보전적 구조체는 자신을 한 걸음 더 발전시켜서 에너지를 사용하여 심각한 외부의 환경 변화 속에서 능동적으로 자신을 유지할 수 있다. 그즈음에 이르자 외부와 내부의 경계가 뚜렷해졌을 것이다. 이 경계는 새로운 구조물에 실체성과 기억력을 부여했다. 오늘날, 비록 우리 몸의 모든 물질은 끊임없이 대체되고 있지만 그 때문에 우리의 이름이 바뀌거나 우리가 달라졌다고 말하지 않는다. 우리 몸의 조직이 바로 자가보전적인 조직인 것이다. 전이적 구조물로부터 RNA의 하이퍼사이클적 존재로, 다시 자가보전적 조직으로, 그리고 다시 조잡하지만 자가복제가 가능한 최초의 존재로, 우리는 이제까지 스스로 형성된 물질이 생명 세포로 발전하기까지의 길고 긴 여정의 시간을 더듬어 왔다.

3

자연의 언어

20억 년 전 원생대 초기
박테리아 광합성 활동 결과 유독한 산소 기체가
대기 중에 축적되다.

The
LANGUAGE
of
NATURE

3
자연의 언어

《구약성서》〈창세기〉에 따르면, 신은 인간들이 시날Shinar에 웅대한 탑을 건축하는 것을 중단시키고자 각기 다른 언어를 말하게 했다. 인간은 공통의 언어를 잃어버리면서 혼란에 빠지고 결국 바벨탑은 하늘에 닿을 수 없었다. 이 비유는 공통 언어의 중요성을 보여주는 사례이다. 인류는 지금도 수많은 종류의 언어를 사용하고 있지만 (비록 시간이 지나면서 점차 그 수가 줄어든다고 해도 그렇다), (유전자를 단백질로 해석하는) 유전암호는 모든 생물에 공통적이다.

지난 20년 동안은 태고대 시대 화학물질의 바벨탑에서 생겨났던 RNA와 DNA에 기초하는 유전언어가 밝혀지면서 분자생물학이 크게 번성했던 기간이었다. 유전암호는 매우 특이한 현상임이 틀림없다. DNA와 RNA 분자는 자신을 정확하게 복제할 수 있고, 또 다른 매우 긴 생화학물질, 즉 단백질을 균일하게 합성할 수도 있다. 이것이 바로 1953년 제임스 왓슨과 프랜시스 크릭이 DNA 구조를 밝히면서 시작된 분자생물학 혁명의 가장 중요한 시발점이었다.

  복제는 그 자체가 신비롭다고까지 할 수 있을 정도로 분자 대 분자 단위에서 직설적으로 진행되는 놀랍도록 간단한 화학작용이다. DNA와 RNA는 사슬처럼 꼬여 있는 두 개의 기다란 가닥으로, 그 각각은 복제하고자 하는 분자와 똑같은 형태와 특성으로 베껴낼 수 있는 상보성을 가진다. 복제는 적당한 부품들이 존재할 때 마치 지퍼의 이를 맞추듯이, 없어졌던 가닥의 구성원들이 다시 모여들어 간단히 정렬함으로써 새로운 가닥이 만들어지는 작업이다.

  RNA는 특별히 융통성이 많은 반쪽 분자이다. RNA는 자신과 같은 또 다른 기다란 RNA를 짜맞추거나, 또는 아미노산들이 붙어 있는 짧은 뉴클레오티드들을 모아서 생물의 형태가 되는 단백질을 합성하기도 한다. RNA는 인산기(인산과 산소로 이루어진다)와 일종의 당인 리보스에 네 가지 염기, 즉 아데닌, 구아닌, 시토신, 우라실 중 한 가지씩이 붙어서 형성되는 뉴클레오티드이다. 한 가닥의 RNA에 세 개씩의 뉴클레오티드를 한 단위로 하여 각각 아미노산 하나씩 붙어 있는 다른 짧은 RNA와 대응시키면 일련의 아미노산 사슬이 형성된다. 이렇게 만들어진 아미노산 사슬은 곧 단백질이 되는데 이 단백질은 다시 RNA 분자의 대응을 촉진함으로써 더욱 많은 RNA를 만들 수 있게 한다.

  막에 둘러싸인 최초의 자가보전적 구조물들은 분명히 RNA에 의해서만 통제되었을 것이다. 그것들은 단백질을 합성함으로써 자신을 복제할 수 있게 했고, 이렇게 형성된 단백질은 더욱 많은 RNA를 만들 수 있다. 이중나선 구조로 되어 있으면서 길이도 훨씬 길고 화학적으로도 더욱 안정된 DNA 분자는 아마 그 후에 나타났을 터인데 이는 점차 RNA의 복사를 위한 주형 역할을 하게 되었다.

DNA도 역시 각각 한 개의 당과 인산을 가진 네 종류의 뉴클레오티드로 형성된다. 다만 DNA는 RNA의 우라실 대신 티민을 가지며 그 당은 리보스가 아닌 데옥시리보스이다. 나선형으로 꼬인 DNA와 RNA 두 가닥에서 아데닌은 언제나 티민과 마주하며, 구아닌은 언제나 시토신과 마주해서 똑같이 이를 맞출 수 있다. 아무리 작은 박테리아도 소위 염기쌍이라 부르는 이런 연결을 수십만 개 가지고 있고, 고등 동식물은 보통 수백만 개의 염기쌍을 지니고 있다. 오늘날 모든 세포는 DNA와 RNA를 함께 지니고 있다. 뉴클레오티드의 정렬은 단백질 합성을 인도하고, 단백질은 더욱 많은 뉴클레오티드를 만들어서 정렬시킨다. 이런 화학물질 배치는 전이적이며 자가보전적일 뿐만 아니라, 지상의 모든 생명체에 번식 능력을 부여한 선조가 되었던 것이다.

단백질은 생물의 모양과 기능을 결정한다. 뉴클레오티드 구성은 단백질의 종류와 함량을 결정한다. 생물체는 DNA 분자에 나선형으로 배치되어 있는 뉴클레오티드 순서가 다르기 때문에 똑같지 않다. 뉴클레오티드 쌍의 개수와 순서의 변화는 다른 단백질의 형성을 의미한다. 세포 한 개에서 적어도 수천 개의 다양한 단백질이 만들어진다. 그렇게 다양한 단백질이 존새함으로써 생물체의 모양과 기능과 그 대사작용이 정해진다. 또 모든 세포는 화학반응을 빨리 하기 위해 단백질이 필요하다. 어떤 특정한 단백질의 존재 없이는 생물에 꼭 필요한 여러 생화학적 작용이 매우 완만히 진행되거나 또는 아예 불가능하게 된다.

생물들의 공통 분모는 더 연장될 수 있다. 겨우 약 20개의 아미노산 종류가 수십 개 또는 수백 개씩 결합해서 사슬을 만듦으로써 지상의 모든 생물에게 필요한 모든 단백질을 다 합성하는 것이다. 아미노산 배열 순서가 먼저 단백질의 형태를 결정하고 그 형태는 기능을 결정한다. DNA의 뉴클레오티드 순서를 단백질의 아미노산 순서로 해석하는 규칙은 공통적이다. 거의 모든 경우에 기존의 뉴클레오티드의 순서는 똑같은 아미노산의 순서로 해석된다.

모든 생물들에게 핵산(DNA 또는 RNA)의 뉴클레오티드는 세 개씩 짝을 이루어(이를 코돈codon이라고 한다) 한 개의 아미노산을 지정한다. 그런데 이런 시스템이 만들어지기 시작했던 초기에는 두 개의 뉴클레오티드가 코돈을 이루었을 거라는 증거들이 존재한다. 그런 예로 코돈의 세 번째 뉴클레오티드는 이따금 별로 특별한 역할을 하지 못하는 경우가 있다. 시토신과 구아닌의 쌍에 우라실, 아데닌, 시토신, 구아닌 중의 어느 것이든지 함께 짝이 지어지면 전령 RNAmessenger RNA의 코돈이 되는데 그 어떤 경우에도 아르기닌arginine이라는 아미노산으로 해석된다. 또한 코돈의 가운데 뉴클레오티드는 때때로 가장 간단하면서 가장 많은 아미노산을 결정한다. 이런 증거들로 유추할 때 초기의 유전암호는 의심의 여지없이 현재보다 간단하고 덜 정확했을 거라고 판단된다.

마치 인간의 언어와 마찬가지로 유전암호도 훼손되거나 변하며 또 어떤 경우에는 영원히 바뀐 상태로 다음 세대로 전해질 수 있다.

돌연변이는 DNA의 염기 순서가 바뀌거나 그 수가 바뀌어 유전되는 현상을 말한다. 돌연변이는 자연의 어떤 요소(즉 방사능 등으로)가 DNA 사슬의 화학결합을 파괴하거나 또는 변화시킴으로써 새로운 형질이 나타나거나 기존 형질을 잃은 사슬이 복사되어 다음 세대로 전달되는 현상이다. 마치 영어에서 'slaughter(학살)'의 s가 빠지는 바람에 'laughter(웃음)'가 되는 것처럼 어떤 조그마한 변화나 첨가가 커다란 영향을 초래하게 되는 것이다.

DNA와 RNA의 흥미진진한 역할이 알려지면서 생물이 다양성을 띠는 이유는 전적으로 그런 분자들에서 일어나는 소수 염기쌍 변이 때문이라는 주장이 나타났다. 그러나 염기쌍 변이의 빈도가 어느 한 세대에서 관찰되는 수백만 개에서 수십억 개에 이르는 세포군 중에서 오직 한 개 정도에 불과하다는 사실을 감안할 때, 염기쌍 변이만으로 그렇게 다양한 생물군이 형성될 수 있었다고 설명하는 것은 매우 부적절해 보인다.

언어의 경우 가장 빠르고 가장 혁신적인 변화는 그 언어를 사용할 때 일어난다. 은어와 속어는 처음에는 거리의 부랑인들이 만들어서 사용하다가 점차 대중 속으로 파고들어서 결국에는 공식적으로 사전에 오른다. 다음 장에서 논의하겠지만 유전언어가 매우 빠르고 혁신적으로 변화를 일으키는 '거리street'는 바로 미생물우주이다.

유전정보를 읽고 복사하는 과정은 믿기 어려울 정도로 재빨리 진행된다. 아미노산에서 단백질이 형성되는 시간은 겨우 몇 초에서 몇 분 사이다. DNA는 격리된 상태에서는 자가복제가 불가능하지만 단백질(촉매), 뉴클레오티드(먹이), 그리고 에너지 공급(뉴클레오티드 속에 존재하는 화학 에너지)이 마련된 시험관 속에서는 불과 몇 초 동안에 자가복제를 실험한다. 심지어 DNA 분자는 작은 유리병 속에서 냉동된 상태로 수 년 동안 보존될 수 있는데, 이런 특성은 장래 의학 발전에 커다란 도움이 될 것이다. 마치 생물체가 그런 것처럼 DNA 분자 역시 비록 자가보전을 할 수는 없지만 적당한 화학적 조건 아래에서는 언제라도 복제가 가능하다.

1977년 영국 케임브리지 대학의 의학 실험실에서 프레드릭 생어경과 그의 동료들은 역사상 처음으로 한 생물의 유전암호를 완전히 해독하는 업적을 낳았다. ΦX174라 불리는 한 바이러스의 DNA는 대략 1,792개의 아미노산에 해당하는(이는 다섯 가지 다른 종류의 단백질 합성에 적당한 개수이다) 5,375개의 뉴클레오티드로 이루어졌는데, 실제로는 약 3,200개의 아미노산으로 아홉 가지 다른 단백질을 만들 수 있었다. 생어 그룹은 똑같은 DNA를 사용해도 그 DNA 사슬의 어디에서부터 유전정보를 읽어내느냐에 따라서 한 핵산 사슬에서 한 가지 이상의 단백질이 결정될 수 있다는 것을 밝혔다. 이 사실은 놀랄 만한 분자의 '발명품'이라고 생각할 수 있다. 생명체가 어떤 대가를 치르고서라도 그 자신을 보전한다는 점을 고려할 때, 단백질 종류를 결정하기 위해 뉴클레오티드 정보를 사용하는 데 그것들을 한 가지 이상으로 해석할 수 있도록 발전시켜왔다는 사실이 결코 있을 수 없는 일이라고는 생각되지 않는다. 실제로 한 가닥의 뉴클레오티드가 여러 종류의 세포 속에서 또는 어떤 미토콘드리아에서 여러 다른 의미로 읽혀지기도 한다. 즉 생물 공통의 언어에서도 때로는 모호함이 존재하는 것이다.

고등 동식물 연구에서 수많은 유전적 요소들이 상호작용하여 형성되는 허파라든지 눈이라든지 또는 꽃이라든지 하는 특성들을 일컬어서 복합형질semes이라고 한다. 최초 생물도 오늘날의 생물들이나 마찬가지로 개개의 단독형질(효소나 뉴클레오티드 염기쌍 따위)이 아닌 복합형질을 선호해서 진화가 진행되었다. 요컨대 먹이에 대한 기호라든지 행동 또는 기타 주요한 적성 등을 결정하는 여러 화학반응들이 진화의 주력이 되었던 것이다. 미생물에서 복합형질이란 물질대사를 의미한다. 예를 들자면, 공기 중의 이산화탄소를 사용해서 자기에게 필요한 대사물질을 만들 수 있는 미생물은 공기 중의 탄소원을 먹이로 취할 수 없는 미생물보다 악조건 속에서 훨씬 잘 견딜 수 있다. 공기 중의 이산화탄소를 사용할 수 있도록 발전된 생화학적 과정이 바로 미생물에게는 복합형질인 것이다.

DNA와 RNA가 임의로 세포를 형성하여 생명을 가질 수 있었던 한 극적인 순간을 증명해 보인다는 것은 어리석은 듯하다. 고도로 정교하면서 복제가 가능한, 우리의 궁극적인 조상인 이중나선 구조물이 탄생하기 전까지 다양한 화학작용을 수반한 긴 사슬 형태의 전이적 구조물들이 무수히 많이 진화하고 결합하고 또한 파괴되었을 것이다. 분명히 전적으로 다른 유형의 복제분자에서 비롯한 생명체들이 거의 동시에 나타나서 발전했다가 갑자기 모두 사라져버리기도 했을 것이다. 그렇지만 그들도 역시 현대 생물들과 공통 분모가 있었을 것이므로 과거 어느 시기에 RNA와 DNA를 가진 인리피드의 막 구조물이 번성했다는 점만큼은 확실하다고 하겠다. 그 미소한 박테리아 주머니는 밀물과 썰물의 반복 속에서 그 수가 늘기도 하고 줄기도 했다. 줄리앤 헉슬리의 말을 빌리자면, 파도는 부서져서 원래 상태로 돌아가지만 조수는 높아지면 원래 상태가 된다. 과거 약 35억 년 전 어느 시기에 진화의 조류가 현재 우리가 인정하는 생명의 수준까지 높아졌을 것이다. 그래서 막에 둘러싸인 약 5,000개의 단백질을 가지며, RNA의 능력을 충분히 활용하고, 동시에 DNA가 통제하는 진정한 세포가 탄생되게 되었으리라. 일단 자가보전적 특성이 그 존재를 보장하고 생식 특성이 그런 존재의 번식을 유도하면서 진화가 본격적으로 시작되었을 것이다. 이렇게 해서 지구의 미생물우주, 즉 박테리아 시대가 열렸다.

    DNA와 RNA를 가진 태고대의 작은 세포들은 놀라울 정도로 활동적이었다. 그들은 밤낮 구별 없이 왕성하게 에너지와 유기물을 소모하면서 끊임없이 분열을 거듭했다. 그들의 군체는 그때까지 무생물 세계였던 지구의 여러 곳을 서서히 뒤덮기 시작했다. 미생물들은 급기야 그 존재 영역을 확정지었는데 그 범위가 바로 생물권에 해당한다. 오늘날 생물권은 해양의 10,000미터 깊이에서 시작하여 대기 중의 약 10,000미터 높이까지 포함한 지표면 부분을 일컫는다. 박테리아는 처음에는 물속에서 액체와 반응하여 기체들을 생성하면서 번식을 시작했다. 그 후 그들은 해양성 침전물의 표면으로 퍼져나갔는데 오늘날에도 많은 미생물군이 이곳에서 발견된다. 그 어떤 생물도 대기 중에서 평생을 살지는 못하며 오늘날에도 그런 생물은 없다. 그런데도 어떤 생물들은 종자라든지 포자들처럼 비록 휴면기 상태로나마 일생 중의 일부를 대기 속에서 보내기도 한다. (지상의 모든 생물을 총칭하는 용어인) 생물상biota은 생물권의 양쪽 극단, 즉 지표면에서 수천 미터 떨어진 대기권이나 지하 수천 미터에서는 매우 희박하게 분포한다. 지상의 생물 밀집 지대, 즉 생물상이 가장 번성하는 지역은 과거에도, 또 현재에도 지표면에서 위 아래로 겨우 몇 미터 범위이다. 미국항공우주국 에임즈연구센터의 셔우드 창 박사는 최초의 생명체는 분명히 에너지 이동이 자유롭고 전이적 구조물 형성이 비교적 쉬웠던 액체, 고체, 기체의 세 존재가 공존하는 경계면에서 시작되었을 거라고 주장했다. 오늘날에도 물이 육지와 공기와 맞닿는 지점에서는 많은 생물상을 볼 수 있다(얕은 바다에 면한 해변, 조수간만의 차가 큰 개펄, 강과 바다가 만나는 하구 등으로, 이곳은 생물상이 매우 풍부하다-옮긴이). 모든 생물의 총합인 생물상은 이 시대에는 미생물의 총합체인 미생물상microbiota이나 다름없었는데 점차 광대한 생물권으로 퍼져나갔다. 생물 탄생 이후 현재에 이르기까지 장구한 세월이 흘렀는데도 화학적, 물질대사적 변혁의 견지에서 본다면 생물상의 중심에서는 어떤 특별한 변화도 없었다. 단지 번식하는 모든 생물의 총합체로서 지구의 생물상은 영속의 세월 속에 끊임없이 존재해왔다. 생물상은 스스로 변형하고 조절하면서 암석, 진흙, 기체 등 무기화학 물질 사이를 순환한다. 세포는 물, 탄소, 수소가 풍부한, 그들이 기원했던 조건들을 체내에 여전히 기억하고 있다. 생물권은 중앙에 수소나 메탄 같은 기체를 보존하고 있는데, 그런 기체들은 만약 지상에 생물이 존재하지 않았더라면 우주적 작용에 의해 일찌감치 지상에서 사라져버렸을 것이다. 그것들은 과거 생물군의 존재를 증명하는 기념물이 되는 셈이다.

어떤 관점에서는 생명의 본질을 일종의 기억력으로 정의할 수도 있다. 다시 말해서, 과거 사실을 물리적으로 보존하고 있는 존재라는 것이다. 생물은 생식 과정을 거치면서 과거를 형상화하여 다음 세대에게 기록으로 전달한다. 지금도 존재하는, 혐기성 박테리아는 과거 그들이 처음 출현했던 시대에는 대기 중에 산소가 없었다는 사실을 말한다. 화석 어류는 수억 년 동안 대양이 존재했다는 사실을 알려준다. 또한 저온처리해야 싹이 트는 종자는 과거에도 추운 겨울이 있었음을 말해준다.

이를 다른 말로 표현하자면, 생명이란 극단적으로 보수적이라 할 수 있다. 생물의 어떤 수준을 막론하고(즉 생물 개체 수준, 종 수준, 그리고 총체적으로 생물군의 모든 수준에서) 생물체는 자신의 과거를 보전하기 위한 노력의 하나로 막대한 에너지를 사용한다. 비록 역설적으로 과거가 그 생물로 하여금 큰 변화를 일으키게 했던 위협이었다 해도 이는 마찬가지다. 자가보전은 모든 생물에게 절대적이고 절박한 요소이기 때문에 모든 생물은 자신을 보전하기 위해 막대한 에너지를 사용해야 하는 것이 틀림없다. 생물체는 똑같은 존재로 자신을 보전하기 위해 그 자신을 변화시키는 존재다.

지상의 모든 생물이(인간까지 포함하여) 자가보전적 존재라는 사실은 의심의 여지가 없다. 지표면의 모든 생물은 외부 변화에 대처하기 위해 자신을 조절하는데, 이는 어느 개체, 어느 종을 막론하고 모두 그러하다. 이제까지 존재했던 종의 99.99퍼센트는 이미 지상에서 사라져버렸지만 행성 지구 전체의 생물군은 30억 년 이상의 세월을 유지해왔다. 그리고 바로 이 생물군의 중추적인 구성원은 과거에도, 현재에도, 그리고 미래에도 바로 미생물우주, 즉 끊임없이 진화하는 셀 수 없이 많은 미생물들인 것이다. 우리가 눈으로 볼 수 있는 생물권은 후기에 형성된, 미생물우주의 덧자란 한 부분에 불과하며 이는 오직 미생물권의 활동과 잘 연계되어 있어서 그 기능을 발휘할 수 있을 뿐이다. 미생물은, 천문학자들이 믿고 있듯이, 그 당시 막 활동을 시작하여 태양의 온도가 현재보다 훨씬 낮은데도 불구하고 모든 생물에 적합하도록 지구의 온도를 스스로 유지했을 것으로 생각된다. 마찬가지로 태고대 기간 중에 '멍청한' 미생물들은 대기의 화학적 구성을 끊임없이 변화시켜서 전체적으로 생물체의 번성에 적당하도록 조절했다. 우리는 연속적인 화석 기록을 통해 지구의 온도와 대기권 등의 환경 조건이 지상의 모든 생물을 완전히 멸망시킬 정도로 최악의 상태에 이른 적이 아직까지 한 번도 없었다는 것을 알고 있다. 신의 간섭과 행운을 배제한다면, 오직 생물 그 자체만이 환경의 악조건에 직면해 생명의 연장에 적합한 조건을 스스로 만들 수 있는 강력한 존재라고 할 수 있다.

  우리가 생물권의 막강한 능력을 충분히 인식한다면, 인간의 도움이 없을 때 자연(인간이 생활하는) 역시 무능할 수밖에 없다는 환상을 쉽게 깨어버릴 수 있으리라. 우리의 모든 행위가 우리에게는 매우 중요한 듯 여겨지지만, 이를 지구 표면을 구성하는 두꺼운 생물층과 관련지어 생각해본다면 인간의 역할이란 다분히 일시적이며 소모적인 것에 불과하다는 사실을 쉽게 깨달을 수 있다. 인류는 공기와 물을 오염시켜 자손을 불행하게 할 수도 있고 우리 운명을 스스로 그르칠 수도 있지만, 그런 행위들조차도 미생물우주의 영속성에는 아무런 영향을 미치지 못할 것이다. 우리 몸은 약 10,000조(10^{12}) 개의 동물세포로 이루어져 있으며 또한 약 10만조(10^{13})의 박테리아 세포를 지녔다. 인간에게는 '천적'이 없다. 그러나 죽으면 그동안 잊고 지냈던 우리의 근원인 흙으로 돌아간다. 이때 우리 몸의 물질을 재순환시키는 생물은 바로 미생물이다. 미생물우주는 우리 주위에서 여전히 진화를 거듭하고 있으며 우리의 주변에, 그리고 우리 내부에 존재한다. 이 책의 뒷부분에서 설명하겠지만, 미생물이란 우리와 함께 진화를 계속하고 있는 공동 운명의 존재라 할 수 있다.

4

미생물 우주

13억 년 전 원생대 박테리아들이 서로 연계하여 혼성 생물체를 구성해서 육상으로 진출하다.

ENTERING *the* MICROCOSM

4
미생물우주

1977년, 피그 트리라는 남아프리카의 조그마한 산간 마을 주변에서 하버드 대학의 고생물학자인 엘소 바구훈은 바버튼 산악 지대를 이루는 산들을 조사했다. 그는 부싯돌 비슷하게 생긴 암석들을 잘라서 시편을 채취했다. 매사추세츠 케임브리지의 실험실로 돌아온 그는 암석들을 빛이 통과할 수 있을 정도로 얇게 잘라서 현미경 밑에 놓았다.

이 암석들은 근처 화산으로부터 공급된 광물질이 포함된 물에서 형성된 처트(각암이라고도 하며 규산질의 화학적 퇴적암으로 화석을 많이 지니고 있는 암석으로 유명하다-옮긴이)였다. 바구훈 교수는 일찍이 그런 암석이 화석을 형성할 수 있는 가능성이 크다는 것을 경험으로 알고 있었다. 그 옛날 30억 년도 더 전에 규산이 많이 섞인 이 지역 용암들은 두껍고 검은 빛깔의 진흙탕들을 잔뜩 뒤덮어서 결국 처트로 굳게 했다. 당시 화산들은 끊임없이 화산재를 대기 중으로 내뿜었는데 그것들은 진흙 지대를 두껍게 뒤덮었다가 마침내 오늘날 우리가 남아프리카라고 일컫는 거의 전 지역을 수백만 년간 차지했던, 이제는 사라진 스와질란드 해에 가라앉았다. 오랜 세월에 걸친 화산활동과 침식작용은 자갈과 모래를 운반하여 복잡하게 여러 층으로 이루어진 지층을 형성했다. 이 기간 동안 이 암석층들은 해안을 덮고 있었으며 고대 바다의 밑바닥을 구획지었다. 오늘날 바다가 사라진 이 지역들의 흔적은 남아프리카 수백 마일에 이르는 언덕과 암벽의 선반에서, 그리고 스와질란드 지방에서 찾아볼 수 있다. 어떤 지역에서는 스와질란드 암석의 복합층 두께가 10마일 이상 되는 것도 볼 수 있다.

이 고대 바다의 스와트코피 지역은 지금으로부터 약 3억 년 전에 형성된 미국 펜실베이니아 지방의 석탄층과 얼핏 닮아 보인다. 양쪽 지역이 모두 그들이 형성될 즈음에 그 장소가 고등식물, 양치류, 지의류 등이 무성했던 늪지대였을 거라고 짐작케 하는 석탄 비슷한 탄소 퇴적물이 수백 미터 두께로 띠를 이루고 있기 때문이다. 땅속에서 발견되는, 탄소가 풍부한 퇴적물들은 언제나 과거에 광합성 생물이 존재했음을 의미한다. 그러나 스와질란드 지층은 지금으로부터 약 34억 년 전의 것으로, 늪지 삼림의 것들보다 10배나 더 오래되었다(화석으로 나타나는 최초의 지상 식물은 약 4억 5000만 년 전의 것이다).

바구훈 교수는 당시 가장 오래된 생명체의 존재를 찾고 있었다. 학생들과 함께 아프리카 처트의 얇은 절편을 열심히 연구했던 그는 마침내 대부분 단순한 작은 구체 형상으로 이루어진, 수백 개의 실체를 발견했다. 그런데 그것들 중에 섞여 있는 아령 모양의 형상 한두 개가 바구훈 교수의 관심을 사로잡았다. 이것은 막 분열 중이던 생물체가 화석으로 남게 된 것이 아니었을까? 근처의 크롬버그 암층에서 채취한 시료에서는 오늘날 남조류 비슷한 필라멘트 구조의 현미경적 물체가 관찰되었다. 오랜 연구 결과 그것들은 지구상에서 가장 오래된 생물체, 즉 지구 최초의 암석이 형성되고 나서 약 5억 년이 지난 후에 비로소 지상에 나타났던, 그 당시 이미 광합성 능력을 지녔던 박테리아로 판명되었다.[17]

바구훈 교수의 발견은 의욕적인 탐구의 결실이었다. 이보다 약 20년 전에 위스콘신 대학의 지질학자인 스탠리 타일러가 수피리어 호수의 북쪽 호안에서 발견한 암석을 그에게 보여준 적이 있었다. 약 20억 년의 나이로 추정되는 그 암석은, 현미경적 생물의 화석으로 보이는 기묘하게 생긴 물체들을 가득 포함하고 있었다. 여기에서 자극을 받은 바구훈 교수는 1954년 이래 계속해서 원시 생물체를 발견하기 위해 노력했다. 평범하게 보이는 암석에서 가장 오래된 화석을 찾고자 하는 그의 끈질긴 탐구는 30년에 걸친 미화석 microfossils 연구의 장을 열었다. 이 연구는 현재도 진행되고 있다.

1950년대까지는 생명체가 약 5억 7000만 년 직전에 탄생했다고 생각했다. 왜냐하면 그 시기에 처음으로 단단한 껍질을 가진 동물이 출현해서 진 세계적으로 크게 번성했다는(이 신화학적 대사건을 캄브리아기 대폭발 Cambrian explosion이라고 부른다) 증거가 화석으로 나타났기 때문이다. 동물의 골격이 명확하게 화석으로 남은 흔적은 그전 암석에서는 찾아볼 수 없었다. 단단한 뼈가 없었던 생물체는 화석으로 보존되지 않았을 수도 있다는 단순한 사실에 생각이 미치지 못했던 일부 학자들은 돌연히 출현한 이 동물군을 모든 동물뿐 아니라 모든 생물의 기원으로 간주했던 것이다.

 원시 동물의 화석 퇴적층으로 가장 활발히 연구되었던 잉글랜드와 웨일즈 지방의 암층은 후기 선캄브리아기 층pre-Cambrian layers이 아니라는 사실이 나중에 밝혀졌다. 중국, 남부 오스트레일리아, 시베리아 등 여러 지역들에서 오랜 세월에 걸쳐서 형성된 영속 화석층들이 점차 발견되면서 과학자들은 연약한 몸체를 가진 해양성 동물의 뚜렷한 흔적을 사암층에서 밝혀냈다. 더욱이 최근에 바구훈 교수와 여러 학자들이 선캄브리아기 지층들을 세밀히 조사한 결과, 지구에서 생명의 기원을 훨씬 이전으로 볼 수 있는 새로운 증거들이 나타났다.

 생명의 기원에 관한 분명한 증거는 꼭 생물 몸체의 화석으로만 나타나지 않는다. 북아메리카 대서양변에 있는 래브라도 반도의 동부와 그린란드 남서부에 있는 이수아 암층으로 알려진 지역에서는 지구에서 가장 오래된 퇴적층이 발견되었다. 아마도 그 암석층들은 태고대에 번성했던 박테리아 군집들의 무덤이었을 것이다. 약 40억 년 전에, 엄밀히 말하자면 38억 년 전에, 이 암석들은 고온고압의 조건에 노출되어서 어떠한 화석도 남아 있을 수 없었다. 그런데도 생물은 놀랍게도 자신들의 흔적을 남겨놓았다. 생물의 중심 원소라 할 수 있는 탄소는 이수아 암층 일부에 풍부하게 나타나는데 그 탄소 동위원소의 구성비(C^{13}대 C^{12}의 비율)가 광합성 생물의 구성비와 같다.[18] 두 가지 다른 형태의 탄소 원소 중에서 C^{12}의 증가로 그 구성 비율이 달라졌다는 것이 박테리아의 광합성을 인정하는 증거가 될 수 있을까? 탄소가 풍부히 발견되는 퇴적층을 박테리아의 세포벽, 유전자, 단백질 등의 흔적이라고 과연 단정할 수 있을까? 이수아 암층의 탄소는 흑연graphites의 형태인데, 이는 주로 (진흙이 변해서 만들어진 암석의 일종인) 혈암shales이 고온고압 아래 있을 때 형성된다. 만약 흑연이 진흙에서 살았던 광합성 박테리아의 유물이라면, 화석상의 여러 증거들은 생명 탄생의 시기를 지표면이 형성되었던 당시로까지 올려잡아야 함을 의미한다.

바구훈 교수가 스와질란드에서 발견했던 화석이 실제로 34억 년이나 되었다면 이는 중요한 문제점을 제기하는 것이다. 즉 비생물 물질로부터 박테리아로 전환된 기간이 박테리아에서 고등 동식물로 전환되는 기간보다 짧았다는 것을 시사하기 때문이다. 따라서 박테리아는 지구 탄생 직후에 지상에 나타나서 지구의 동반자가 되었던 것으로 인정된다. 그런데 당시의 지구 환경과 그곳에서 생활했던 생물은 너무나도 밀접한 관계에 있어서 심지어 생물학자라고 해도 살아 있는 생물체와 생명이 없는 무생물체를 명백히 구분하기란 불가능하다.

생물은 그 기원에서도 알 수 있듯이 변화에 대처하기 위해 먼저 자신을 보전해야만 했다. 중요한 화학결합을 형성했던 그 강력한 힘은 거꾸로 그 결합을 파괴하기도 한다. 최초의 세포는 적대적인 외부의 힘으로부터 자신의 총체성을 유지하기 위해 에너지를 획득해야만 했을 뿐 아니라, 탄소-수소-질소 혼합물의 형태로서 물과 먹이가 필요했다. 생물 주위의 환경 조건은 끊임없이 변화했다. 생식은 모든 세포에서 일회적인 반면에 환경 변화에 대처해 적응하기 위한 전략은 매우 복잡한 과정을 거치는 지속적인 것이었다. 잦은 운석 충돌, 화산재 분출, 가뭄, 홍수 등은 모두 중대한 위기였다. 초기의 생물은 (주위 환경으로부터 에너지와 탄소원을 획득해서) 총체성을 잘 유지할 수 있었거나 또는 실패하여 도태되기도 했을 것이다.

    화석 기록 속에서 생물의 생존 전략이 어떻게 발달했는지 그 과정을 추적하는 흥미진진한 연구는 지난 30년 동안 과학자들을 크게 매료했다. 고도로 정교한 분석 기술이 연구에 응용되었다. 한 장의 종이보다도 얇게 만들어진 반투명의 미정질 수정 절편들을 광학현미경, 형광현미경, 편광현미경 등으로 관찰했다. 화석화된 미생물은 가장 좋은 현미경 조건 아래에서 전문가조차도 살아 있는 미생물과 거의 식별하기 어려울 정도로 뚜렷하게 그 모습을 나타냈다. 그 예로, 허드슨 만의 벨처 섬에서 채취한 화석은 에오시노코코커스Eosynochococcus라 불리는 약 22억 년 전에 번성했던 광합성 박테리아를 포함하고 있었는데, 이는 노르웨이의 한 암석에서 채취한 시네코코커스Synechococcus라는 현대 박테리아와 너무 비슷해서 전문가들조차도 식별에 커다란 애를 먹었다.

    고대의 암석을 연구하는 수단으로는 화석을 직접 관찰하는 것 외에도 여러 다른 방법들이 있다. 많은 경우 불투명한 혈암에 들어 있는 화석들은 보존 상태가 좋지 않지만, 대신 생물체를 구성했던 유기물질들은 그대로 암석 중에 갇혀 있다. 그런 유기물질들은 때때로 암석을 갈거나 강한 산으로 처리해서 방출할 수 있는데, 그렇게 얻은 '암석주스rock juice'는 기체 크로마토그래피나 질량분석기로 분석할 수 있다. 이런 분석 방법들은 '화학적 화석chemical fossils'이라는 아이디어를 낳았다. 살아 있는 생물에는 특정한 화학물질이 고농도 들어 있다. 어떤 화학물질은 생물체 내에서 특별한 배열을 하는데 그 배열은 운석에서 임의로 형성되었거나 똑같은 원소들을 사용한 전생물기 실험prebiotic experiment에서 얻은 배열과는 확연히 다르다. 특정 종류의 탄소화합물 존재나 탄소 동위원소의 구성비 등은 태곳적 생물의 수수께끼를 푸는 실마리가 될 수 있다.

암석에서 문제의 해답을 얻으려는 노력은 세포생물학의 발달에 도움을 받았다. 세포가 어떻게 생명의 제반 기능을 수행하는가를 알면 결국 무엇을 찾아야 할 것인가를 알 수 있다. 화석 기록 속에서 처음 생명이 시작했을 때의 구조와 기능을 추적하기 위하여 세포생물학자와 고생물학자들은 고대 미생물의 신비를 밝힐 수 있는 연구를 활발히 전개했다. 이 연구는 아직 초기 단계에 불과하지만 우리는 생물의 진화에 대해 놀랄 만한 사실들을 이미 발견했다.

최초의 생명체는(DNA, RNA, 효소, 단백질로 이루어진 직경이 1,000분의 1밀리미터에 불과한 구슬 형태) 아마도 오늘날 존재하는 가장 단순한 생물과 비슷했을 것이다. 최초의 생명체처럼 현대의 가장 단순한 생물에도 물질대사를 통제할 수 있는 제한된 능력을 가진 DNA가 있다. 물론 자신의 생명 영위에 필요한 아미노산, 뉴클레오티드, 비타민, 효소 등을 모두 생산할 수 있을 만큼 DNA가 충분하지는 않다. 가장 활발히 연구된 단순한 박테리아 종류들은 대부분

기생균으로서 다른 생물체의 몸 안에 서식하면서 생존에 필요한 물질들을 얻는다. 이와 비슷하게 원시 생명체들은 주위 환경에서 자신의 구성 요소들을 직접 획득했을 것이다. 산소가 존재하지 않았던 그 당시에는 많은 원소가 태양의 자외선과 번개에 노출되면서 많은 종류의 화학물질이 만들어졌고 원시 박테리아들은 쉽게 그것들을 섭취할 수 있었을 것이다.

하지만 그런 화학물질의 풍요는 오래가지 못했다. 미생물이 번성했던 여러 좁은 지역들에서는 박테리아가 끊임없이 그것들을 먹이로 섭취하면서 성장하고 번식해서 공짜 식량이 급속히 사라졌기 때문이리라. 의심의 여지없이 지상에 최초로 생물이 생긴 이후 처음 수백만 년 동안에는 '먹이 기근', 기상 변화, 미생물 자체가 배출한 부산물 기체의 축적 등 다양한 이유로 일부 지역에서 생물이 멸망하고 때로는 지상의 모든 생물이 거의 궤멸 상태에 이르기도 했을 것이다. 당시의 생물군은 태양에 의해 생성될 수 있는 영양 물질 양에 비례해 그 수가 증감되어 어느 정도 균형을 이루었을 것이다. 만약 생물체가 생명을 보전할 수 있는 장치, 즉 자가복제로 자신의 다음 세대를 만들고 또 그러는 중에 변이를 일으켜서 새로운 환경에 적응할 수 있는 DNA 기능을 제대로 가지지 못했더라면 일찌감치 절멸되는 운명을 면치 못했을 것이다.

DNA 복제는 생명의 영속을 위한 필수품이기는 하지만 진화 과정을 위한 충분조건은 아니다. 돌연변이는 다윈의 '변화를 수반한 유전'에 절대 필요하다. 미생물은 크기가 작고 수가 막대하기 때문에 매우 심각한 환경 변화에도 비교적 쉽사리 대처할 수 있다. 그들은 주위에 먹이와 에너지가 있으면 쉽게 번식을 시작한다. 세대가 짧은 박테리아는 매 20분마다 분열을 거듭할 수 있어서 이론적으로는 이틀 동안에 2^{144}개(2.2×10^{43}개)로 불어난다.[19] 이 수는 현재까지 지구상에 태어났던 모든 인간을 합한 수보다 훨씬 많다. 박테리아가 무한정 번식을 계속하면 나흘 동안에는 2^{288}개가 된다. 그런데 이 수는 물리학자들이 계산하는, 우주에 존재하는 모든 양자의 총합(약 2^{266}개) 또는 초미립자(쿼크)의 합보다 훨씬 많다. 이제 독자들은 지수함수적 번식이 얼마나 대단한지를 실감할 수 있으리라.

　미생물에서는 약 100만 회의 분열 중에 한 번씩 어버이를 닮지 않은 자식이 생겨난다(박테리아는 무성생식을 하기 때문에 한쪽의 어버이만 갖는다). 돌연변이는 대부분 어버이 형질보다 열등해서 곧 사멸한다. 그러나 좀 더 성공적인 돌연변이는 살아남아서 주위 환경 속으로 신속하게 퍼져나갈 수 있다.

　환경의 일반적인 위험 요소들(온도 변화, 태양열의 강약, 물속의 염분 농도 변화 등)은 모두 미생물 집단이 여러 다양한 장소에서 서식하는 데 기여했다. 기아에 직면했을 때 새로운 형질의 박테리아가 지상 여러 지역에서 출현하여 다시 지구에 번창하기 시작했다. 더욱 성공적인 박테리아들은 새로운 물질대사 회로를 발전시켜서 이제까지는 사용하지 않았던 여러 화학물질들로부터 먹이와 에너지를 취할 수 있었다.

　원시세포 속에서 이루어진 최초의 변혁 중 하나는 당을 사용해서 그것을 ATP 에너지로 전환하는 것이었다. ATP보다 적은 에너지를 가진 당의 부산물들(알코올과 산)은 이때 찌꺼기로 배출된다. DNA

는 태양광선 중 자외선을 흡수한다. 태양빛은 박테리아의 DNA를 파괴할 수 있기 때문에 박테리아는 가능하면 진흙탕 속이나 물속에 머물려는 경향이 있다. 그런 세포들은 지하의 화학물질에 의존하여 생활하면서 발효라고 부르는 다양한 당분해 과정들을 발전시켰다. 이런 발효는 오늘날의 미생물에서도 찾아볼 수 있다. 세포들은 간단한 당(포도당, 자당 등) 또는 더 복잡한 탄수화물(섬유소나 녹말처럼 간단한 당이 여러 개 모여 형성된 화합물)의 분해에서부터 시작한다. 또 발효는 아미노산과 같은 간단한 질소화합물에서 시작되기도 하고 어떤 경우에는 알코올이나 산에서 시작되기도 한다. 박테리아가 어떤 물질을 분해하느냐에 따라서 그 최종 산물은 포도주, 맥주, 막걸리 등이 되는 현상처럼 에탄올과 이산화탄소로, 또는 우유가 상하거나 치즈가 숙성하는 현상처럼 유산으로, 또는 폐수가 정화되거나 술이 식초로 변하는 것처럼 초산과 에탄올로 각각 변한다. 발효 과정을 거쳐 먹이가 되는 분자가 하나씩 분해될 때마다 박테리아는 보통 몇 개씩의 ATP를 얻는다.

발효미생물의 최종 산물(어떤 종류의 산과 알코올)은 아직 에너지를 지니기 때문에 발효가 절대적으로 효율이 높은 메커니즘은 아니다. 그래서 과거의 어느 시점에서부터는 발효미생물의 부산물을 먹어치우는 미생물이 점차 진화하기 시작했을 것이다. 이 새로운 미생물은 발효 부산물들을 분해하여 그 속에서 탄소원과 에너지를 얻었다. 다른 박테리아의 부산물을 먹이로 해서 생활하는 새로운 박테리아들은 마치 쇠똥에 붙어사는 오늘날의 쇠똥구리와 비슷하다. 이처럼 발효에서 시작되는 먹이사슬은 오늘날에도 늪지나 호수 바닥, 또는 해변의 조간대 등에 남아 있다. 동물들의 내장이나 괴어 있는 물웅덩이에서처럼 발효될 수 있는 먹이가 있고, 산소가 없으며, 태양빛이 닿지 못하는 장소라면 어디서나 발효가 진행될 수 있다. 그런 장소들에서 한 발효미생물의 먹이는 곧 다른 발효미생물의 부산물에서 얻는다. 먹이를 발효 부산물로 전환하는 발효미생물과, 그들의 부산물을 먹이로 이용하는 보조 발효미생물 등은 에너지를 방출하는 탄소 변환의 순환계를 형성한다. 발효작용은 오늘날에도 세포 안에서 진행 중이다. 예를 들어, 계단을 빨리 올라갈 때처럼 몸을 격렬하게 사용하면 근육 세포들은 산소를 사용하는 대사활동을 잠시 제쳐놓고 예전의 발효대사로 돌아가서 에너지를 방출한다. 이처럼 비록 ATP를 얻는 수단으로는 효율이 낮지만 발효대사는 여전히 우리와 함께 있다.

초기 미생물과 가장 많이 닮았다고 할 수 있는 발효미생물의 한 종(클로스트리디아clostridia라고 알려진 종)은 대기 중의 질소를 고정할 수 있는 기능을 발전시켰는데 이때 고정된 질소는 암모니아기의 형태로 아미노산, 뉴클레오티드, 기타 다른 유기화합물의 일부분이 된다. 질소고정에는 막대한 양의 에너지가 필요한데 한 분자의 질소를 고정하기 위해서는 6~18개의 ATP 분자가 쓰인다. 공업적으로 질소를 고정하기 위해서는(즉 공장에서의 비교 생산) 적어도 대기압의 300배에 이르는 고압과 섭씨 500도의 고온이 필요하다. 어떤 동식물도 스스로 질소를 고정할 수 없고, 사실상 대부분의 미생물도 공기 중의 질소를 이용하지 못한다. 따라서 모든 생물은 자신의 질소 공급원을 질소고정박테리아에 의존한다. 만약 박테리아에게 이러한 질소고정 능력이 없었더라면 지상의 생물은 질소 기근으로 이미 오래전에 멸망하고 말았을 것이다. 질소가 오늘날처럼 모든 생물의 단백질 속에 포함될 수 없었더라면 그저 대기 중에 불활성 기체로 남아 있을 수밖에 없었을 것이다. 발효대사는 지금도 세포 속에서 약간의 질소를 대기 중으로 방출한다. 하지만 다행히도 질소고정박테리아가 그것을 다시 생물체 속으로 되돌려 보낸다. 앞에서도 말했지만, 만약 생물계에 질소를 고정할 수 있는 박테리아가 없었다면 우리는 모두 질소 결핍으로 일찍이 멸망했을 것이다. 클로스트리디아, 아조토박터azotobacter, 뿌리혹박테리아rhizobia 등 여러 박테리아들이 전체 생물권에 필수불가결한 질소화합물을 계속 공급함으로써, 전 지구적인 재앙을 불러올 수 있는 질소 기근을 예방하는 것이다.

물론 원시 지구에 막 나타나기 시작했던 발효미생물도 여전히 천연적으로 만들어진 화학물질들을 먹이로 섭취했을 텐데, 그중 일부 미생물은 대기 중에서 이산화탄소를 획득하는 능력을 갖게 되었을 것이다. 생물에 의해서가 아닌, 자연적으로 만들어졌던 유기물질을 미생물이 모두 먹어치우자 먹이는 점점 귀해졌고 따라서 그런 능력들은 더욱 중요해졌다. 디설포비브리오desulfovibrios라는 박테리아들은 이때 또 다른 대사 기능을 갖게 되었다. 이 종류의 박테리아들은 황산염을 받아들이고 고약한 냄새가 나는 황 성분의 기체를 배출했다. 이렇게 황산염을 황화물로 전환시키면서 그들은 에너지 분자인 ATP를 합성했다. 그런 박테리아가 방출하는 황화수소가 바로 바닷가 늪지나 온천에서 맡을 수 있는 '썩은 달걀 냄새'의 원인이다. 디설포비브리오 박테리아는 황산염을 섭취하면서 포르피린 고리 porphyrin ring라는 분자를 생성하는데, 이는 일련의 전자 전달과정에서 ATP를 생산하는 역할을 한다. 디설포비브리오균의 대사 메커니즘도 여전히 세포 속에서 유전되고 있다. 포르피린을 합성하는 능력은 인간을 포함한 모든 생물의 세포 내에 지금도 존재한다.

 포르피린 고리를 합성하는 능력을 갖게 되면서 어떤 종류의 박테리아들은 주변에서 가장 풍부하고 확실한 에너지원, 즉 태양빛을 이용하는 수단을 발전시켰다. 어떤 분자라도 빛을 흡수하면 전자운동이 활발해져서 고에너지 상태에 이른다. 보통 이 에너지는 빛이나 열로 분산되고 결국 그 분자는 원래의 정상 상태로 돌아간다. 그런데 어떤 분자가 전자운반사슬electron transport chains이라는, 세포막 속에 존재하는 단백질에 연결된 포르피린과 결합하면 빛에너지가 저장되어 사용할 수 있게 된다. 많은 박테리아 종류는 저장된 빛에너지를 ATP 에너지로 전환한다. 이 ATP 에너지는 생물의 이동과 물질 합성에 활용된다. 대기 중의 이산화탄소를 먹이로 전환하고 자신의 유지와 성장에 필요한 탄소화합물을 만드는 일들이 그것이다. 이처럼 빛과 공기로부터 먹이를 생산할 수 있는 기능(광합성)은 원시 박테리아가 이미 만들어졌던 유기물에만 의존하던 습성을 완전히 바꾸어버렸다.

 광합성 혁명이 지구 생물의 역사에서 가장 중요한 물질대사 변혁임은 말할 필요조차 없다. 이 변혁은 식물이 아닌 박테리아에서 일어났다. 초기의 광합성은 오늘날의 식물들에서 발견되는 광합성과는 매우 달랐다. 최초로 광합성을 할 수 있었던 박테리아는 수소기체 또는 황화수소를 이용했고 산소를 생산하지 못했다. 태양빛을 이용하게 된 박테리아들은 대기 중에서 수소를 가져가서 탄소에 직접 결합시킬 수 있었다. 태고대 시대에는 태양이 빛을 내기 시작하면서 막대한 양의 수소를 방출했으므로 수소는 어디에나 풍부했다. 화산에서 형성되었던 황화수소도 초기 지구에서는 오늘날보다 풍부했지만 점차 시간이 지나면서 우주적으로 형성된 수소가 고갈되어 적어도 지구 여러 곳에서 발견할 수 없게 되자, 더욱 많은 박테리아가 발효 부산물이나 황산염을 섭취하는 미생물의 부산물인 황화수소를 사용하게 되었다. 광합성 박테리아는(마치 오늘날의 식물들처럼) 수소 분자를 반으로 쪼개기 위해 빛에너지를 사용했다. 그들은 부산물로 이용할 수 없었던 노란 빛의 조그만 황 덩어리를 배출했다. 이들의 자손이라 할 수 있는 녹색 황박테리아와 홍색 황박테리아는 오늘날에도 똑같은 방법으로 광합성을 수행한다.

빛이 필요한 경우 생물체에게 이동 능력이 있다면 빛에 노출되는 시간이 최대가 될 수 있을 것이다. 그리하여 이동이 시작되었다. 이 시대의 미생물에서는 이미 먹이를 찾고 유독물질을 피하기 위한 이동 능력과 단순한 화학물질을 감지할 수 있는 기능이 발달했다.

박테리아가 재빨리 움직일 수 있는 이유는 핵을 가진 세포들에게는 찾아볼 수 없는 회전식 장치가 있기 때문인 것 같다. 그것은 편모flagellum라고 하는데, 이것은 채찍과 비슷한 모습으로 박테리아의 표면에 마치 원반처럼 생긴 부분의 한가운데에 붙어 있다. 이 원반 형태 부분의 주위를 '양자 모터proton motor'라고 부르는데 이것은 전자 부하의 변화에 힘입어서 실제로 회전을 한다. 플라젤린 단백질 flagellin protein로 이루어진 편모는 바로 이 유기물질의 바퀴에 붙어 있어서 바퀴가 회전을 하면 함께 회전한다. 일반적으로 이 바퀴와 편모는 무핵생물의 경우에는 외부 기관일 뿐이다. 그런데 스피로헤타 spirochetes 같은 특별한 박테리아의 경우에는 내부 기관화되어 있다. 스피로헤타는 현미경으로 보면 민첩하게 움직이는 작은 회전나사 모양이다. 최초의 스피로헤타는 발효 박테리아의 일종이었고 아마도 매우 일찍부터 진화를 시작했을 것이다. 가장 분포 영역이 넓은 박테리아 중 하나로 혐기성의 민첩한 스피로헤타가 있다. 특별히 관심을 끄는 이 미생물에 대해서는 이 책 후반부에서 다시 설명하겠다.

재빨리 이동할 수 있는 박테리아는 마치 자동차를 가진 현대인처럼 장점이 분명하다. 다양한 지역으로 이동할 수 있다는 것은 곧 더 많은 기회를 가질 수 있음을 의미한다. 마치 우리가 직업을 잃었을 때 새로운 기술을 익히지 않고도 자동차를 이용해 다른 곳으로 옮겨 가 예전의 직업을 다시 가질 수 있는 것처럼, 민첩하게 이동 가능한 박테리아는 새로운 물질대사 기능을 발전시킬 필요가 없을지도 모른다. 그들은 단순히 자신이 좋아하는 먹이가 풍부한 장소로 헤엄쳐 가서 그곳에서 똑같은 물질대사를 반복할 수 있을 것이다. 또 이동성 박테리아는 외부 유전자나 다른 생물과 마주칠 기회가 좀 더 많기 때문에 다양한 환경 속에서 복잡한 공생작용을 발전시키는 데도 유리하다.

태양빛을 사용하는 미생물은 이제 자외선으로부터 자신을 보호하기 위해 진흙탕 속에 숨는 일을 하지 않아도 되었다. 대신 그들은 자외선을 흡수하는 차폐물遮蔽物을 찾았다. 그들은 자외선은 흡수하지만 가시광선은 통과시킬 수 있는 질산나트륨 같은 무기염이 풍부한 액체 속에서 살거나 모래나 기타 물질들 속에 들어가서 생존하게 되었다. 그들은 자외선을 흡수할 수 있는 색소를 개발해서 자신의 체표면을 '염색'하기도 했다. 또한 거대한 집단을 형성하여 그늘을 만들기도 했는데 그런 미생물 군락들은 지표면의 경관을 바꿀 수 있을 정도로 번성했을 것이다.

지표면의 축축한 지역들에서는 여러 종류의 미생물로 구성된 미생물군들이 처음부터 협동생활을 했다. 그들은 서로 뭉쳐서 끈적끈적한 부유물 덩어리, 보라색과 황갈색의 너덜거리는 조각, 그리고 기묘하게 보이는 다층 구조의 융단 모양 등을 나타냈다. 세대를 거듭하면서 그런 다층 구조물에서 최상부층 미생물은 자외선에 노출되어 사멸하면서 하층 미생물에게 그늘을 제공하고 하층의 생물은 모래와 침전물들을 끌어 모아서 '살아 있는 융단'이라 할 수 있는 구조물을 형성했다. 태고대에는 얕은 바닷속 밑바닥에 그런 미생물 융단이 널리 퍼져 있었다. 그런 형태는 오늘날에도 발견되는데(미생물융단의 섬유상 미생물은 너무 단단하게 붙어 있어서 칼을 써야 겨우 조각조각 잘라낼 수 있다) 멕시코 바자 캘리포니아, 지중해의 스페인, 서부 오스트레일리아 연안 같은 따뜻한 해변에서 잘 발달한다. 캐나다 노바스코샤 지방에서부터 미국 사우스캐롤라이나에 이르는 대서양변에서도 볼 수 있다. 미생물융단은 절경을 찾는 관광객들의 관심을 끌지는 못하지만, 태고대부터 현재에 이르기까지 그 모양이 변함없이 전해진 박테리아 제국의 살아 있는 증거이다.

  자외선 차폐 장치 외에도 원시 미생물은 태고대 태양의 위협으로부터 살아남기 위해 절묘한 수단을 발전시켰다. 자외선으로 훼손된 DNA를 복원시킬 수 있는 기능은 미생물우주의 형성뿐 아니라 이후에 나타나게 된 모든 생물권의 형성에도 가장 효과적인 도구가 되었다. 자외선에 의한 박테리아 DNA가 입는 가장 많은 피해는 '티민 다이머tymine dimer'의 형성이다. 티민은 자기 짝이 되는 아데닌과 결합하지 않고 자외선의 영향으로 다른 하나의 티민과 결합하여 DNA 분자를 무용지물로 만든다. 이때 만약 복구효소repair enzymes가 작용해 DNA 사슬의 파괴된 부분을 정상으로 되돌려놓지 않으면 박테리아는 결국 죽어버린다. 복구효소는 DNA 가닥에서 쓸모없는 부분(티민 다이머)을 잘라내고 건전한 DNA를 새롭게 복제해서 제자리로 돌려놓는다. 바꾸어 말하자면, 박테리아는 이제 자외선의 위협 속에서 오늘날 유전공학이라는 이름으로 실험실에서 만들어진 기술, 즉 DNA 조작 능력을 갖게 된 것이다. 현대의 거의 모든 생물은 지난 20억 년 동안 대기 중의 오존층이 유해한 자외선을 차단해왔음에도 불구하고 여전히 그런 복구효소들을 지니고 있다. 오늘날 많은 박테리아에서 복구효소가 활동하기 위해서는 빛이 필요하다.

  훼손된 DNA를 복원하느냐 또는 자신이 죽어버리느냐 하는 심각한 문제는 박테리아로 하여금 DNA 복구 장치를 발전시켰다. 이따금 박테리아들은 자신의 유전물질을 복사하는 대신에 다른 박테리아에게서 DNA를 빌려오기도 했다. 현대 박테리아에서는 유전정보의 일부가 DNA 조각의 여러 형태로 다른 종류의 박테리아들에게 전달된다. 그런 유전정보 교환은 물질대사 기능이 비슷한 박테리아들 사이에서 가장 쉽게 이루어지지만, 어떤 종류의 박테리아라도 일련의 중간 과정을 거치면 전혀 다른 종류에게서 잠재적으로 유전정보를 얻을 수 있다. 이런 기능은 마치 오늘날의 장거리 통신처럼 유전정보가 간편하고 신속하게 미생물 세계 속으로 확산될 수 있게 한다. 유전자를 서로 교환함으로써 박테리아 집단들은 자신의 특별한 환경 속에서 각자의 역할을 최대한 보전할 수 있게 되었고, 또한 자신의 형질을 후대에 전달하는 기능을 잃지 않게 되었다.

자외선을 가진 유해한 태양광선에 적응하기 시작하면서 박테리아들은 성sex을 창조했다. 최초의 성은 비록 오늘날의 동물들에게서 볼 수 있는 것 같은 형태는 아니었지만 그 기능은 다르지 않았다. 생물학자들 사이에 널리 인식되어 있듯이 성은 별개의 근원으로부터 오는 유전자를 혼합 또는 결합하는 활동에 지나지 않는다. 그것은 생식과는 다른 개념이라 할 수 있다. 왜냐하면 노쇠한 생물체도 새로운 유전자를 받아들일 수 있고 그렇게 함으로써 생식 없이도 성활동을 할 수 있기 때문이다. 성은 언제든지, 적어도 한 생명체를 포함한다. 그러나 제2의 유전자 공급원이 꼭 살아 있는 것일 필요는 없다. 그것은 시험관 속의 바이러스 또는 심지어 DNA 그 자체일 수도 있다.

원시 지구에서는 박테리아가 태양에 훼손된 자신의 유전자를 바이러스나 다른 살아 있는 박테리아 또는 죽은 박테리아의 유기된 DNA 등에서 얻는 건전한 유전자와 교환하는 경우가 있었다. 즉 박테리아가 성을 갖게 된 것이다. 동물들의 '정자 대 난자'식 성의 결합은 생식이라는 과정에 밀착되어 있다. 그러나 박테리아의 성은 그보다 훨씬 유동적이며 자주 일어난다. 그 결과 미생물우주의 복잡성을 측정할 수 없을 정도로 강화했다. 박테리아는 생식 기간에 국한되지 않고 언제든지 유전자를 교환할 수 있으므로 동물들보다 유전적으로 훨씬 난잡하다고 말할 수 있다.

 박테리아의 유전자 전달이 생식 과정에 의존하지 않기 때문에 설명을 더 해야 할 것 같다. 박테리아 최초의 성행위에서는 두 짝이 필요했다. 그런데 그 행위의 결과는 단지 한쪽의 성만을 가진 한 자손, 즉 부모 합체(양쪽 유전자를 모두 가진 재조합 박테리아)가 되었다. 이 박테리아는 생식 과정을 거치지 않고도 이제 90퍼센트의 새로운 유전자를 갖게 된 것이다. 적대적인 환경 속에서 생존을 위해 더 간편하고 더 신속하게 필요했던 최초의 성은 오직 생식에만 치우쳐 있는 오늘날 동식물들의 성과는 매우 다르다. 박테리아의 성은 동물들의 성보다 적어도 20억 년 전에 나타났고, 그 덕분에 갖가지 미생물은 마치 카드놀이의 으뜸패처럼 진화 게임에서 우월한 위치를 유지할 수 있었다.

MICROCOSMOS
Four Billion Years of Microbial Evolution

5

범지구적인 유전자의 교환

8억 년 전 원생대
미생물우주의 구성원들이 동식물의 조상으로 진화하다.

SEX
and
WORLDWIDE GENETIC EXCHANGE

5
범지구적인 유전자의 교환

오늘날 유전공학자들이 추구하는 박테리아 유형의 유전자 교환은 바로 이 지구상에 나타났던 최초의 성으로서, 생물의 기능 가운데 가장 중요한 것이었고 지금도 그렇다. 어떤 학자들은 성의 발생이 세포의 기원보다 앞섰다고 주장하기도 하지만 어쨌든 성은 태고대의 어느 시기, 지금으로부터 약 30억 년 전에 나타나기 시작했음이 분명하다.

사실, 성 중에서도 원핵생물의 성은 지구에서의 생물 진화 과정에서 가장 중요한 역할을 했으며 이는 곧 진화의 역사를 밝히는 열쇠이기도 하다. 박테리아의 성은 매우 다른 두 종류의 생물체가 공생합체가 되었을 때 이를 유전적으로 '결합'하는 수단으로, 나중에도 중요한 기능을 했다. 큰 '환경' 변화나 재해가 일어날 경우 생물계가 이에 신속한 반응을 하는 것은 종족 보전에 결정적인 요소이다. 이때 성은 '반응시간'을 짧게 하는 수단으로 매우 중요했다.

더 넓게 정의한다면, 성이란 단순히 한 개 이상의 출처로부터 유전자를 받아서 이를 재조합하는 과정이라고 할 수 있다. 우리 척추동물의 세계에서는 그런 유전자 재조합이 남성과 여성이라는 배우자를 통한 결합 방법(정자와 난자의 만남), 즉 생식 과정에서 나타나기 때문에 우리는 성의 개념을 우리 방식의 생식 개념과 분리해 생각하기가 쉽지 않다. 그러나 암수의 성이란 실제로 지구의 다섯 생물계 가운데 네 생물계의 구성원들 대부분에서 생식 활동을 위해 꼭 필요한 것은 아니다.

박테리아는 무성 번식한다. 그들은 먼저 몸의 크기를 두 배로 성장시켜서 한 가닥의 DNA를 두 배로 복제한 후에 몸이 절반으로 갈라지면서 각각의 새 세포가 한 가닥씩의 DNA를 가진다. 다른 한 방법으로 그들은 싹을 틔워 번식하기도 한다. 이때는 유전물질의 전부를 그대로 가진 조그마한 세포가 어미 세포의 표면에 나타나서 점차 어미 세포 크기로 성장한 후에 떨어져나간다. 박테리아는 건조한 기간이나 기타 성장에 불리한 환경 조건에 처할 때 포자 속에 DNA를 보존하기도 한다. 환경 조건이 다시 좋아지거나 습도가 증가하면 포자는 성장을 시작하여 정상 세포가 된다.[20]

어떤 경우에도 유전물질 교환은 이러한 생식 과정과는 완전히 별개로 진행되며 생식 과정에서 필수 요소는 결코 아니다. 실제로는 척추동물 특히 포유동물들에게서 볼 수 있는 암컷과 수컷이라는 양성의 형태는 생물계에서는 희귀한 경우에 속한다. 이들의 성은 생식 과정에 집중되어 있고 또 그것에만 의존하기 때문에 생물권 전체로 보아서는 박테리아 방식의 성만큼 중요하지 않다. 박테리아 성은 생식기를 기다릴 필요 없이 거의 언제든지 진행된다. 세균학, 의학, 분자생물학 등 여러 분야에서 이런 현상을 오랫동안 관찰해왔는데, 처음에는 서로 관계 없는 것처럼 여겨졌던 발견들이 점차 성의 한 현상으로 알려졌다.

세균학자들은 미생물이 한 생물체에서 다른 생물체로 유전물질을 자유롭게 전달하는 현상을 오래전부터 관찰해왔다. 이미 1928년에 프레드릭 그리피스는 살아 있는 폐렴균이 다른 종의 폐렴균(비록 그 균이 죽은 것이더라도)으로부터 유전물질을 획득하는 현상을 발견했다. 1944년에 오스왈드 에이버리, 콜린 맥레오드, 매클린 매카티 세 사람이 놀라운 사실을 밝혔는데, 그 중대성에도 불구하고 당시 학자들이 믿었던 견해와는 너무 달라서 그 가치를 인정받기까지는 오랜 세월이 걸렸다.[21] 이 세 사람은 죽은 폐렴균으로부터 유전형질을 획득하는 데 관여한 물질이 단백질이 아닌, 바로 DNA라는 것을 의심의 여지없이 증명했다. 다시 말하면, 비록 죽은 세포라 해도 폐렴균은 성을 지니고 있었고 그 유전자는 DNA가 파괴되지 않고 존재하는 한 전달될 수 있었다는 것이다. 이 뉴욕 과학자들은 그런 '유전형질 변환'의 이면에 핵산, 즉 DNA가 존재했음을 밝혔다. 당시 시카고 대학의 대학원 학생이었던 제임스 왓슨은 죽은 박테리아의 DNA가 어떻게 유전형질을 전달할 수 있는가에 대해 의문을 품었다. 결국 그는 비상한 두뇌의 소유자였던 동료 프랜시스 크릭과 함께 DNA 화학 구조의 수수께끼를 풀었다. 그리고 이와 동시에 DNA의 기능의 비밀도 밝혀냈다. 이후 30여 년이 지나서 DNA의 기능과 구조에 관한 연구는 생명과학의 한 분과인 분자생물학으로 발전하여 꽃을 피우고 있다.

　DNA의 이중나선 구조가 어떻게 형성되고 어떤 역할을 하며, 또 유기분자가 어떻게 복제를 할 수 있고 돌연변이를 일으킬 수 있는지에 대한 해답의 발견은 과학자들뿐만 아니라 일반인들에게도 상당히 놀라운 것이었다. 이와 더불어 여러 질병을 일으키는 박테리아를 의학적으로 정복함으로써 대중들의 큰 관심을 끌었다. 그러나 이러한 대중적인 조명의 다른 한쪽에서는 몇몇 분자생물학자, 세균학자, 의학자들이 미생물우주에서의 특이한 생명 현상, 즉 미생물의 여러 특성에 대해 끊임없이 연구하고 있었다.

　이 모든 관련 학문 분야에서는 자연계에 존재하는 여러 종류의 박테리아가 다소 임의적인 방법으로 유전물질의 일부를 서로서로 끊임없이 교환하고 있다는 사실을 오랜 연구 끝에 밝혀냈다. 하나의 박테리아 세포가 가진 본래의 유전자 수는 전형적인 유핵 세포(마치 우리 몸의 세포와 같은)의 유전자 수에 비교하면 300분의 1에 지나지 않는다. 그러나 이러한 수적 열세는 오히려 장점이 될 수도 있다. 왜냐하면, 적응의 관점에서 본다면 적은 수 때문에 박테리아 세계는 유핵 세포들의 세계보다 믿기 어려울 정도로 훨씬 가변적일 수 있었기 때문이다. 박테리아는 자신의 복제와 유지에 필요한 정보를 매우 간소하게 해서 최소한의 양만 지니고 있다. 특별히 어떤 비정상적인 환경 속에서 박테리아의 생존에 필요한 여러 적응 능력은 외부로부터 획득하는 유전물질의 파편인 소복제물들replicons에서 얻는다. 이 소복제물이 바로 성의 매개물로서, 세포에서 세포로 이동하는 것이다. 때때로 이들은 유전체genophores라 불리는 박테리아 본래의 DNA 속으로 들어가 통합되기도 한다. 또 어떤 경우에는 소복제물이 유전체와 결합하지 않고 고립된 채 남아서 유전 활동에 영향을 미치기도 한다.

박테리아가 외부에서 얻는 소복제물에서 반드시 혜택을 받는다고 말하기는 어렵다. 단지 각양각색의 소복제물들이 박테리아의 유전물질 구성에 커다란 역할을 담당하고 있으며 그들이 존재함으로써 세포가 생존할 수 있는 가능성이 훨씬 커진다고 말할 수 있다. 박테리아에서의 유전물질 전달은 생식을 위해 대기할 필요가 없기 때문에 다른 생물에서와는 다르다. 유성생식을 하는 동식물들은 종족을 번식시킬 때 각각 50퍼센트씩의 유전자를 양쪽의 어버이가 전달하지만 박테리아는 그렇게 자동적으로 50퍼센트씩의 새로운 유전자를 얻지 않는다. 인간 세계의 관점에서 보자면 역설적으로 들릴지 모르지만 원핵생물은 여러 파트너들과 성sex을 가짐으로써 어버이와 자손 사이에 나타나는 유사성을 일정 수준 유지할 수 있다.

인간이나 다른 동식물들은 소복제물을 외부에서 얻는다고 해도 그것이 기껏해야 자신의 단백질 가운데 겨우 몇 퍼센트에 불과하기 때문에 자신의 외모나 대사 기능에 어떠한 커다란 변화도 기대할 수 없다. 동물이나 식물들은 모두 수많은 세포가 긴밀하게 서로 연결되어 이루어지기 때문에 따라서 유전적인 잠재 능력도 낮다. 신속하게, 그리고 끊임없이 유전정보를 교환하는 미생물 세계의 관점에서 본다면 커다란 생물체란 그저 부담스럽고 귀찮은 유전물질 조직자일 뿐이다. 그들은 오직 특정 시간에 특정 유전자를 교환할 수밖에 없다. 또 그들은 성적 파트너를 취할 때 큰 제한을 받는다. 인간이나 다른 진핵생물들은 특정한 유전 형태의 틀 속에서 굳어진 고형물에 비유할 수 있다. 반면에 기동성이 있고 상호 유전자 교환이 자유로운 미생물은 액체나 기체에 비유할 수 있다. 만약 미생물 세계에서 나타나는 유전물질 전달 수단이 커다란 고등생물에서도 나타날 수 있다면, 녹색식물이 광합성 유전자를 근처의 버섯에게 전달하고, 인간은 장미꽃과 해마에게서 유전자를 취해서 꽃향기를 발산하거나 길게 삐죽 나온 어금니를 갖는 등의 공상과학적인 세계를 현실에서 볼 수 있을 것이다.

　미생물 세계에서 유전자 교환이 쉽게 이루어진다는 사실은 더욱 놀라운 일이다. 만약에 모든 박테리아 종류가 모든 박테리아 유전자를 잠재적으로 교환할 수 있다면, 엄격히 말해서 박테리아 세계에서는 진정한 종이란 존재하지 않는다고 말할 수도 있다. 모든 박테리아는 범지구적 규모로 유전공학을 수행하는 한 실체 또는 한 개체라고 말할 수 있다. 캐나다의 세균학자 소린 소니어와 모리스 패니셋은 그런 실체를 "고도로 분화된(전문화된) 세포들로 구성된 매우 독특하고 정교한 클론clone의 한 형태"라고 표현했다.[22]

　이렇게 지속적이고 편의적으로 유전물질을 교환하기 위해 미생물은 놀라울 정도로 다양한 장치들을 발전시켰다. 세균학자들이 유전체genophore, 크로모님chromoneme, 거대 복제물large replicon 등으로 부르는 DNA의 주된 가닥 외에도 박테리아는 다른 종류의 박테리아에게서 얻는 스스로 복제 가능한 작은 DNA 조각들, 즉 소복제물들을 항상 가지고 있다. 그런 수많은 소복제물들 중에서 어떤 것은 자신이 박테리아 본래의 DNA 가닥 속에 끼어들어가서 그 DNA가 분리될 때 함께 분리되거나 또는 다른 적당한 시기에 혼자서 분리되기도 한다. 다른 소복제물들은 세포 안을 떠다니거나 또는 세포막에 붙어서 여러 가지 목적을 위해 단백질 합성을 진행시킨다. 만약에 소복제물들이 제공하는 역할이 세포에 유용하다면 그 역할을 수행하는 유전자는 거대 복제물로 넘겨져서 보존된다. 마찬가지로 거대 복제물의 일부가 새로운 환경 조건에서 무용지물이 되었다면 폐기 처분할 수 있다.

소복제물 외에도 수동적이며 복제할 수 없는 DNA 파편들이 있다. 이들은 세포 표면에 적당한 수용처를 발견하면 그것을 뚫고 들어가서 세포의 거대 복제물 속에서 자기와 비슷한 일부를 자신과 대체한다. 이런 DNA 조각들을 트랜스포손transposons이라고 하는데 그 크기의 크고 작음과 관계 없이 어떤 복제물 속에서라도 자신을 자유롭게 끼워 넣을 수 있는 연결 장치를 가지고 있다.

소복제물들은 다양한 형태가 알려져 있는데 플라스미드plasmids, 에피솜episomes, 프로파지prophages, 파지phages, 그리고 핵을 가진 세포를 공격하는 무서운 존재인 바이러스virus 등으로 불린다. 이러한 각각의 형태들은 비록 어느 정도 중복은 있다고 해도 일반적으로 각기 독특한 특성을 보이거나 또는 다른 복제 방식을 가진다. 대부분의 소복제물들은 자신 속에 복제에 필요한 여러 가지 '도구'를 지니고 있다. 즉 자신을 복제해서 다른 세포 속으로 침투하게 하고 또 숙주세포로 하여금 자신이 운반한 정보를 발현하게 하는 유전자를 별도로 가지기도 한다. 그런 예로, 프로파지는 박테리아 체내에서 여러 번 복제를 거듭한 후에 바이러스가 되기 위해 각각의 복제물들을 단백질 껍질로 둘러싼다. 이런 단백질 거죽은 후에 이들이 다른 박테리아의 표면에 정착하기 위해 필요하다. 완전히 성숙된 바이러스를 충분히 갖게 된 숙주세포는 '용균lysis' 즉 해체되면서 용균파지를 방출한다. 그 이름에서 알 수 있듯이 이들은 다시 다른 박테리아를 감염시키는데, 때로는 조류나 바람에 날려 원래 장소에서 멀리 떨어진 곳에서 새로운 생활을 시작한다.

형질도입transduction이라는 메커니즘에서는 박테리아 DNA의 한 조각 또는 하나의 소복제물이 단백질 외피에 싸여서 다른 박테리아로 이동한다. 접합conjugation은 두 박테리아 세포 사이에 필러스pilus라는 미세한 관이 만들어져서 그것을 통해 한쪽 DNA가 다른 한쪽으로 옮겨지는 현상이다.

형질도입과 접합은 박테리아 세계가 의약품에 대한 저항력을 공유하는 데 주요한 수단이 되었다. 유전성을 가진 의약품에 대한 내성이 박테리아 공동체 속으로 전달되는 과정과 속도는 미생물 세계의 치밀한 연결 조직과 그 효율성을 확연히 나타낸다고 볼 수 있다. 예를 들어, 페니실린을 분해할 수 있는 효소를 합성하는 유전자는 아마도 토양 속의 박테리아에서 시작되었을 것이다. 이 유전자는 파지를 통한 형질 전달 경로를 거쳐 마침내 병원에서 발견되는 포도상구균에까지 이르렀다. 불과 몇십 년 지나지 않아서 이 세균들은 페니실린에 대해 놀라울 만큼 내성을 지니게 된 것이다. 고등생물이 임의적 돌연변이에 의해서 그런 유사한 효소를 생산할 수 있을 만큼 필요한 유전자를 갖기까지는 약 100만 년의 진화 시간이 걸릴 거라고 추정된다. 반면에 매독을 일으키는 스피로헤타는 지금도 페니실린에 민감한데, 이는 아마도 페니실린을 분해할 수 있는 유전자를 다른 박테리아한테서 아직 받아들이지 못했기 때문인 것 같다.

개개의 박테리아는 최소의 유전자만을 가져서 다양한 물질대사 기능이 부족하기 때문에 협동체의 일원으로 생활해야 할 필요가 있다. 실제로 박테리아는 자연에서 절대로 고립된 개체로 존재하지 않는다. 대신 어떤 생태적 지위 안에서 다양한 종류로 구성되는 박테리아 집합체의 일원으로 보조 효소들을 만들어서 서로 도움으로써 환경에 대응하고 또 환경을 변혁한다. 이런 집합체를 구성하는 각종 박테리아는 수를 셀 수 없을 만큼 많지만 서로 조절하면서 어떤 일의 각 단계마다 필요한 효소들을 적절히 방출한다. 그들의 생활사 life cycle는 서로 맞물려 있어서 한 종류의 박테리아에서 배출되는 부산물이 곧 다른 종의 먹잇감이 된다. 박테리아는 이런 방법으로 서로서로 밀접하게 조화를 이루면서 지구 환경을 점유하고 또 환경을 크게 변화시킨다. 그들은 막대한 수와 변화무쌍한 조성을 이루어 개체로서는 불가능한 기능을 집단으로서 수행하는 것이다.

미생물 집단은 항상 무수한 종류의 박테리아와 함께 생존하면서 유용한 유전자와 대사 산물을 서로 제공하고 제공받으며, 또 언제든지 적당한 조건 아래에서는 급속히 번식하여 미생물 집단의 전체적인 효율성을 언제나 최상의 상태로 유지한다. 시간이 지나면서 이 집단들은 안정성을 갖게 되고 또 더욱 복잡한 물질대사 기능을 갖게 된다. 지구에서의 이런 박테리아 집합체의 역할은 우리 몸의 내부 기관이 몸체에 기여하는 역할과 같다. 박테리아 집단은 마치 우리 체내의 혈구세포가 몸 전체에 퍼져 있는 것처럼 지상에 고루 퍼져 있으며, 단지 지역 조건에 따라서 그 조성을 조절할 따름이다. 그들의 조성은 대단히 역동적이어서 언제든지 바뀔 수 있는 태세가 되어 있으며 만약 그들을 싸고 있는 환경 조건이 변화할 때는 즉시 새로운 방식으로 생활을 시작한다. 마치 천천히 연소하는 석탄더미처럼 미생물 집단은 때로는 온도 조절 기능을 스스로 담당하여 주위의 미기후microclimate를 유지하기도 한다. 전체 생물권 안에서 박테리아 집단들은 진핵생물 세계의 모든 동물, 식물, 균류들과 상호작용하고 있다고 말할 수 있다. 생물권이라는 거대한 집단은 개개 생물체에서 볼 수 있는 역동적 조화를 똑같이 유지함으로써 그 기능을 수행하고 있는 것이다.

　박테리아 집단이 수행했던 과업은 곧 오늘날과 같은 지구의 상태를 낳게 했다. 그들은 한때 생존했던 생물이 티끌로 영원히 남게 되는 것을 방지했다. 즉 그들은 사체를 변화시켜 우리에게는 음식으로, 다른 생물에게는 에너지 형태로 제공한다. 그들은 생물권의 물질순환에 관련된 유기물과 무기 원소를 참여시킨다. 박테리아는 물을 정화하고 토양을 비옥하게 한다. 그들은 끊임없이 새로운 반응 기체들을 공급함으로써 우리 지구의 대기가 화학적으로 특별한 존재로 유지되게 했다. 영국의 대기화학자 제임스 러브록은 미생물에 의해 만들어진 여러 기체들이 지구의 생물 환경을 안정시키는 조절 장치 역할을 한다고 시사했다. 예를 들어서, 메탄은 혐기성(무산소 상태의) 지역에서 산소를 규제하는 역할, 즉 산소 방출기로서의 임무를 담당한다. 암모니아(산소와 강력하게 결합하는 기체이므로 미생물에 의해 계속 만들어져야 한다)는 호수나 해양의 알칼리도를 결정하는 중요한 임무를 담당한다. 발열량보다 흡열량이 많아서 이산화탄소와 함께 소위 '온실기체'로 불리는 암모니아는 고대 지구의 기후 조절에 중요한 역할을 했을 것이다. 지구 대기 중에 미량 존재하는 염화메틸은 대기권 상층부의 오존을 규제하는데, 이 오존층의 농도는 지표에 닿는 방사선 양에 직접적인 영향을 미친다. 그 영향은 또 기체를 생성하는 미생물의 번성에도 관여한다. 이러한 상관관계의 사례는 얼마든지 찾아볼 수 있다. 환경은 박테리아와 너무 밀접하게 연관되어 있고 그들의 영향이 너무 골고루 미쳐 있기 때문에 어디까지가 생물의 영역이고 또 어디서부터 비생물의 세계가 시작된다고 꼬집어 말하기가 굉장히 곤란하다.

실제로 박테리아에서는 DNA가 다른 물질에 싸여 있지 않고 세포 속에 노출된 채 그대로 존재하면서 마치 모듈을 짜맞추는 것처럼 자유롭게 변신할 수 있다. 이에 반해 이후에 나타났던 진핵생물은 DNA와 RNA가 유성생식을 하는 생물의 세포핵에서처럼 갇혀 있다. 박테리아 세계에서는 독립적인 DNA 조각들이 생물체와 비생물체를 오가면서 진화 과정에서 필요한 편리한 도구로 사용되었다. 바이러스가 진핵세포에 들어가서 번식을 하게 되면 그 세포는 마치 대약탈을 당한 것과 같은 피해를 입는다. 그러나 박테리아 또는 박테리아와 매우 유사한 세포들에서는 바이러스나 기타 DNA 침입이 일상적이며 대체로 이에 잘 적응한다. 미생물우주에서는 새로운 DNA 조합의 시도가 현재도 계속 진행되고 있으며 그 결과로 나타나는 미생물 진화는 다시 모든 생물계의 진화를 유도한다.

생물이 진핵세포의 길을 걸어가면서 생물체가 얼마나 제한적이고 완고해졌었던가? 우리는 거대한 몸체, 풍족한 에너지, 그리고 정교한 동작 등을 즐길 수 있는 대신 유전적 융통성을 잃어버렸다. 우리는 이제 생식 기간 동안에만 유전자 교환을 할 수 있어서 우리의 종, 개체, 세대에 고착되고 말았다. 전문용어로 표현하자면 진핵생물은 유전자를 '수직적'으로(세대를 통해서) 전달하는 반면에, 원핵생물은 '수평적'으로(같은 세대에서 자신의 이웃 세포들에게) 전달한다고 말할 수 있다. 그 결과, 유전적으로 융통성이 있는 박테리아는 기능적으로 불멸의 존재가 되었고, 진핵세포에서의 성은 죽음과 연결되었다.

박테리아 집단은 지표면에서 서식할 수 있는 곳이라면 어느 곳에든 정착하여, 특정 시간과 장소에서 생명 유지를 위한 모든 문제에 항상 최상의 방도를 찾아낸다. 박테리아 집단의 번성으로 지구는 비로소 안정되고 생물 활동에 적당한 상태를 갖게 되었다. 이제 생물에 의해 형성된 지구 환경은 생물에 의해, 그리고 생물을 위해 계속 규제를 받게 되었다. 박테리아는 유전자를 공유함으로써 특정 조건에서 커다란 성공을 거둘 수 있었고, 동물과 식물을 포함한 모든 생물체를 최대한 번성시켰다. 또 그들은 모든 생물학적 순환 과정을 더욱 빠르게 했다. 박테리아 집단은 자기들의 도움이 없이는 생존하거나 진화할 수 없는 동식물 등과 제휴함으로써 완전한 범지구적 조절 시스템을 구성했다.[23] 이 시스템은 대기 속 반응기체들의 조성 비율을 일정하게 하도록 특별한 영향력을 끼쳤고, 그 결과 지상에 사는 모든 생물에게 편안한 서식처를 제공하는 역할을 하고 있다. 우리 인류는 화성에 정착하거나 인공위성을 만들어 그 속에서 영원히 거주하는 것이 가능해지기까지(즉 박테리아가 오랜 세월에 걸쳐서 지상에서 수행했던 과정을 스스로 되풀이하여 그 어려움을 인식할 때까지) 그런 자연의 유전공학적 위업을 결코 진정으로 정당하게 평가하지 못할 것이다.

소니어와 패니셋은 범지구적 박테리아 초생물체(planetary bacterial superorganism, 전체 박테리아 집단을 한 생물체로 간주했다-옮긴이)의 수많은 기능을, 거대한 데이터뱅크(박테리아 유전자의 집합)와 범지구적 규모의 통신망을 함께 지니면서 "그 어떤 동물의 두뇌보다도 훨씬 많은 기본 정보"를 처리하는 대형 컴퓨터의 역할에 비교했다.[24] 그들은 항생물질에 대한 내성이 전 세계로 퍼지는 현상을 지적하면서, 박테리아 세계가 "복잡한 문제들을 해결할 수 있는 능력을 지닌 하나의 통합된 실체이며 또 그런 문제들을 언제든지 매우 효과적으로 해결한다"는 자신의 주장에 대한 증거로 삼았다. 박테리아 초생물체와 함께 진화하면서, 또 그들의 자극을 받아서 인간의 지능은 문제를 해결하고 정보를 전달하는 데 비슷한 여러 기술들을 채용했다. 소니어와 패니셋은 두 가지 비유를 제시했다. 첫째, 인간은 미생물과 유사하게 다양한 도구들을 가지고 그것들을 사용하는 방법을 알고 있지만 그 모두를 항상 지니고 다니지는 않는다. 둘째, 마치 박테리아가 유전자를 수직적으로는 자신의 자손들에게, 수평적으로는 자신 주위의 박테리아에게 전달하는 것처럼, 인간은 자신의 자손과 이웃 양쪽 모두에게 정보를 전달한다. 그 결과 인류와 미생물은 모두 계속 증가하는 기술정보의 저장고를 유지할 수 있었다. 획득된 지식이 개인이나 세대의 사멸과 함께 사라지지 않게 된 것이다.

인류가 미생물우주에 대해 처음으로 알게 된 사실은 그들이 인간에게 호의적이 아니라는 점이었다. 중세기의 일부 사려 깊은 사람들은 당시 유행했던 흑사병, 나병, 성병 등을 바라보면서 적어도 직관적으로나마 그것이 전 세계적인 유전물질 전달에 의한 것임을 인식했다. 박테리아 생활사는 이후 인류사회가 그들에게 위협을 받을 때마다 조금씩 밝혀졌다. 중세 이후에 청결함을 중요하게 생각하고 현대에 와서는 질병 치료에 항생제를 투여하는 등 인간의 새로운 지성은 구세계의 미생물우주와 처음으로 대결하게 되었다. 루이 파스퇴르는 사람의 발과 입에 생기는 염증(수족구병이라고 하는데 최근 우리 나라를 휩쓴 구제역과 비슷한 질병이다-옮긴이) 전염병, 포도주 산패 등의 현상이 미생물에서 시작된다는 것을 밝힘으로써 처음부터 그 관계의 험악함을 예시했다. 지성과 박테리아의 대결은 의학을 전쟁터로 규정했다. 박테리아는 오직 파멸시켜야만 하는 '병균'으로 간주되었다. 오늘날에 와서야 비로소 우리는 박테리아가 그렇게 위험한 존재가 아니며, 우리 인간의 몸을 위해서도 필요한 존재라는 사실을 인정하게 되었다. 이와 더불어 우리는 건강을 위해서는 미생물을 박멸하는 것이 아니라 비정상적인 미생물 군집을 정상상태로 적절하게 복구하는 것이 더욱 중요함을 알게 되었다. 현대에 와서야 비로소 우리는 감염이 유전공학이 추구하는 바람직한 형질의 전승이라는 점을 인정하게 되었다.

 단순한 시각으로 본다면, 인간의 정보 조직은 수십억 년간 끊임없이 움직여서 얻게 된 기억을 소유하면서, 마치 오늘날의 컴퓨터 네트워크처럼, 수많은 정보 조각들을 서로 교환해왔던 고대 박테리아 시스템과 매우 비슷하다. 다만 인류는 그런 시스템을 최근에서야 비로소 개발할 수 있었다. 그러므로 미생물을 순수하게 의학적 관점으로만 볼 게 아니라, 우리의 선조로서 또 지구의 선배로서 그들을 이해하려는 시각으로 본다면, 두려움과 혐오보다는 존경과 경외를 느낄 수 있을 것이다. 박테리아는 인류의 진화 훨씬 이전에 이미 양자회전 모터의 원반 모양을 갖추었고, 발효, 황 호흡, 광합성, 질소고정 같은 기능을 발전시켰다. 그들은 고도로 사회적인 존재일 뿐 아니라 전 세계적으로 일종의 지방분권적 민주주의를 수행하는 존재라고 할 수 있다. 미생물 세포들은 근본적으로는 독립체로서 존재하지만, 비록 특성이 유별나게 다른 세포들이라도 서로 연계해서 유전자를 교환할 수 있다. 우리 인간도 마찬가지로 근본적으로는 개인으로 존재하지만 역시 전혀 다른 사람들과 연락하면서 지식을 교환하고 있다. 이는 바로 우리가 오랜 역사를 가진 미생물우주의 지혜를 한 단계 더 배우고 있는 것으로 비유할 수 있다.

 이제서야 비로소 그 존재를 알게 되었지만, 미생물우주는 우리를 위해 많은 것들을 저장하고 있다. 석탄과 증기기관으로 대표되는 공업 사회에서 컴퓨터와 텔레비전으로 대표되는 탈공업 사회로의 전환은 근육과 두뇌의 차이에 비교할 수 있다. 또한 이는 지구의 자원과도 관련된다. 우리는 이제까지 수백만 년 전에 축적되었던 석탄, 석유, 천연가스 등 화석연료에 축적된 에너지를 개발해왔다. 이제는 수십억 년 동안 쌓여온 정보자원을 사용할 차례가 되었다. 광합성이라는 분자적 극미세전자공학, 유전공학, 배embryo의 발생 및 기타 자연의 기술은 우리의 접근을 기다리고 있다. 그런 잠재적 정보에 접근하여 그 비밀을 발견하고 또 그것들을 이용할 수 있게 되면, 우리 인류의 생활은 우리가 알고 있는 현재의 상황을 훨씬 뛰어넘어 가히 상상할 수 없을 정도로 변화할 것이다.

원생대가 막 시작되려는 약 25억 년 전의 지구에서는 그 표면 구석구석마다 박테리아 집단이 번식했다. 이 생물들은 자외선에 대처하기 위해 성을 소유했고 지성적 세균임을 자처하여 서로를 친절하게 감염시킴으로써 자신에게 유용한 발명품들을 널리 공유했다. 원생대에 이르러서는 오늘날에 알려진 모든 물질대사 기능이 이 시대의 박테리아들에서 나타났다. 그 예로, 강력한 태양빛에 의한 피해를 방지하기 위해 어떤 박테리아는 밝은 주황색과 보라색의 카로틴 색소와 비타민 A를 가지게 되었다. 현대에 와서 카로틴 색소는 홍당무를 물들이고 비타민은 우리 눈의 시색소인 로돕신을 만드는 과정에 사용되는 화학물질이 되었다. 당시 미생물우주의 많은 발명품들이 지금까지 소실되지 않은 채 전해지고 있는 것이다.

평범한 관찰자의 눈에는 초기 원생대의 지구가 마치 공상과학 영화에 나오는 행성들의 세계와 비슷해 보일 것이다. 이때의 지표에는 드문드문 연기를 내뿜는 화산이 있었고, 여러 가지 밝은 색을 띤 얕은 연못과 웅덩이들이 널려 있었다. 흐르는 물의 가장자리에는 신비한 녹색과 갈색 부유물들이 넓게 퍼져 있고, 축축한 토양은 곰팡이 색깔로 물들어 있었다. 붉은 빛의 연못에는 분명히 악취가 진동했을 것이다. 만약 현미경으로 본다면 연한 자주색, 청록색, 적색, 노랑색 등으로 물든 작은 구슬들이 담긴 환상적인 경관이 펼쳐질 것이다. 홍색 유황세균 Thiocapsa의 작은 자주색 주머니 안에는 노란 유황가루가 들어 있어서 때때로 악취와 먼지들을 내뿜었다. 점액질의 껍질에 둘러싸인 생물은 군체를 이루어 멀리 지평선에까지 널려 있었다. 눈을 바위로 옮기면 어떤 박테리아가 한끝을 바위 표면에 붙이고 다른 한끝으로 바위의 작은 틈 사이를 파고들어가는 광경을 볼 수 있을 것이다. 미생물 군체에서는 길고 가는 실 모양의 관이 뻗어나와 빛을 더 많이 받을 수 있는 장소로 천천히 이동했다. 마치 코르크 마개를 따는 도구처럼 생긴 박테리아들은 뱀장어처럼 물속을 이동했을 것이다. 다세포의 필라멘트 형태 또는 천조각처럼 너덜거리는 세포들이 작은 자갈들 표면에 붙어서 적색, 분홍색, 황색, 초록색 등으로 어우러져 바람에 흔들렸으리라. 그리하여 수많은 포자가 바람에 실려 진흙과 늪지가 무성한 대지로 날아갔을 것이다.

 지나간 시대의 이 모든 생물은 세포핵이 없는 원핵세포들이었다. 그들의 유전자는 핵막으로 둘러싸인 염색체 속에 채워져 있지 않았다. 그러나 이들은 거의 모든 물질대사와 효소 시스템을 발전시키고 공유했다. 이들이 대기권을 통해 했던 기체와 용해성 화합물의 순환작용은 지구 생태계의 기초를 창조했다. 비록 이후에 나타난 산소혁명이 태고대의 땅속과 물속에 존재했던 혐기성嫌氣性 생물을 크게 변혁시키기는 했지만, 이 시대에 생존했던 많은 박테리아는 30억 년이라는 세월 동안 특별한 변화 없이 계속 생존했다.

마이크로코스모스

6

산소 대재앙

7억 년 전 원생대 후기
연약한 몸체의 해양성 동물들이 미생물 왕국을 침범하기 시작하다.

The OXYGEN HOLOCAUST

6
산소 대재앙

 산소 대재앙은 약 20억 년 전에 일어났던 전 세계적인 환경오염의 위기를 말한다. 이전까지는 지구 대기 중에 산소가 거의 없었다. 원시 지구의 생물권은 오늘날과 크게 달라서 마치 공상과학 영화에서 보는 외계의 행성과 비슷했다. 그런데 자주색과 초록색의 광합성 미생물은 수소 공급원을 찾다가 결국 최상의 공급원, 즉 물을 발견했다. 미생물이 물을 활용함으로써 예기치 않은 부산물이 나타났는데 그것은 바로 산소였다. 오늘날 우리에게 그토록 귀중한 산소는 원래 미생물이 대기 중으로 방출한 유독 기체였다. 광합성 작용에 의해 산소가 생겨나고 그 결과 대기 중에 산소가 축적됨으로써 미생물, 특히 산소를 만들어내면서도 기동성이 없어 산소가 풍부해진 새로운 환경에서 벗어날 수 없었던 미생물은 자신의 재능, 즉 새로운 환경에 적응할 수 있는 능력을 시험받게 되었다. 산소가 풍부한 환경 속에 남겨진 박테리아는 여러 가지 세포 내 장치와 기능을 발명해서 그 위험한 오염물질을 해독할 수 있었고, 더 나아가 그것을 이용할 수도 있게 되었다.

　수소에 대한 그칠 줄 모르는 수요가 결국 위기를 초래했다. 탄소-수소 화합물이 필요했던 생물은 원생대에 이르러 대기 중의 이산화탄소를 거의 고갈시켰다(지금도 화성과 금성의 대기 중에는 이산화탄소가 약 95퍼센트를 차지하는 반면에, 지구의 대기 중에는 겨우 0.03퍼센트밖에 없다). 가장 가벼운 원소인 수소는 외계로 탈출해서 다른 원소들과 반응했기 때문에 지구 대기권에서는 점점 그 양이 줄어들었다. 심지어 화산 폭발에서 공급되던 황화수소도 태고대 말엽 광합성 박테리아가 토양과 물속을 점유하게 되면서부터는 풍족하지 않았다.

　그런데 지구는 그때까지 풍부한 수소 공급원을 지니고 있었다. 이수소산화물, 즉 물이었다. 수소가 필요했던 당시 박테리아는 물 분자 H_2O 속의 수소와 산소 사이에 존재하는 강력한 결합(이 결합은 수소기체 H_2, 황화수소 H_2S, 또는 탄수화물 CH_2O 등에서의 두 수소 사이의 결합보다 훨씬 강력하다)을 분해하기 어려웠다. 그런데 광합성이 시작된 지 얼마 후 원시 지구의 산소가 결핍된 대기 중에서 일종의 남조류 박테리아가 영원히 수소 위기를 해결할 수 있는 길을 열었다. 이들이 바로 현대의 시안박테리아 cyanobacteria 선조들이었다.

　시안박테리아 선조들은 황화수소 자원이 고갈될 즈음에 생존을 위해서 필사적이었던 유황박테리아의 한 돌연변이였을 것으로 추정된다. 이 미생물은 이미 광합성 능력을 갖추었고 또 소위 전자전달계로 불리는 조직에 필요한 단백질을 체내에 지니고 있었다. 어떤 남조류 박테리아는 전자전달계를 자가복제할 수 있는 돌연변이 DNA를 갖기도 했다. ATP를 생산하기 위해서 태양빛을 세포 속의 한 부분, 즉 반응센터에 모을 수 있었던 이런 박테리아는 새로운 DNA를 가짐으로써 두 번째 광합성 반응센터를 만들 수 있었다. 이 두 번째 반응센터는 첫 번째 센터에서 태양빛에 의해 만들어진 전자에너지를 사용하여 태양빛을 재흡수하는 역할을 했다. 이때 흡수되는 에너지는 단파장의 고에너지로, 물 분자를 분해해서 수소와 산소 원자로 만드는 데 이용되었다. 수소는 재빨리 포획되어서 공기 중에서 얻은 이산화탄소와 결합되었고, 이렇게 해서 당과 같은 유기화합물이 만들어졌다. 우리가 아는 한, 이 우주에서 한 번도 일어나지 않았던 진화의 대혁명이 바로 이것이다. 마법사인 남조류 박테리아는 태양빛을 이용해서 지구에서 가장 풍부한 자원인 물에서 수소를 추출하는 방법을 터득했던 것이다. 이 새로운 이중 광발전시스템dual light-powered system은 더 많은 ATP를 생산할 수 있게 했을 뿐만 아니라 거의 무진장한 수소 공급원을 이용할 수 있게 했다. 이런 시스템으로 인해서 초기의 남조류 박테리아는 극적인 성공을 거두었다. 이 박테리아는 태양빛, 이산화탄소, 물 이 세 요소가 확보될 수 있는 장소라면 어느 곳에든 퍼져서 결국 온 지표면을 뒤덮게 되었다. 오늘날에도 이들은 물과 햇빛이 존재하는 곳, 예를 들면 바위 표면, 수영장 물 표면, 거리의 음료수대, 목욕탕 샤워커튼, 모래언덕 등 어느 곳에서든지 마치 이끼나 잡초처럼 쉽게 번성하는 것을 볼 수 있다. 선사 인류의 벽화로 유명한 남부 프랑스의 라스코 동굴은 1970년에 일반 대중에게 공개된 직후 다시 폐쇄되었다. 광선과 수분이 한번 동굴 안으로 침투하기 시작하자 시안박테리아가 이내 번식을 시작하여 4만 년 이상 보전되었던 벽화의 표면을 부식시켰기 때문이었다.

 시안박테리아의 번성으로 원시 지구에서는 엷은 남색이 암석과 진흙면을 덮기 시작했다. 그들은 번식을 거듭하면서 점차 퍼져나가 하천 연안과 운석 파편들의 표면을 덮었고 화산재와 물웅덩이도 뒤덮었다. 이 시안박테리아들은 급속히 성장하는 다른 생물과 마찬가지로 막대한 양의 부산물을 배출했다. 그 조상들이 황화수소를 취하고 황을 배출했던 반면, 이들은 물을 취하고 산소기체를 배출했다. 다른 원소들과 결합되지 않은 자유산소는 당시 생물에게 매우 유독했는데, 특히 이런 산소를 배출하던 시안박테리아의 집단들에게도 직접적인 피해를 입혔다. 모든 생물에 치명적이었던 산소는 시안박테리아로 덮여 있던 웅덩이와 진흙탕에서 방울방울 솟아나서 늪지와 연못과 하천변을 오염시켰다.

 산소는 유기물과 반응하기 때문에 생물체에 유독하다. 산소는 전자를 얻으면 자유기free radical를 형성하는데 이는 매우 반응성이 높고 수명이 짧은 화합물로, 생물체의 근본이 되는 탄소, 수소, 황, 질소 화합물들을 크게 변형시켜버린다. 산소는 세포 시스템의 구성 물질이 될 수 있는 작은 대사 산물들(세포의 먹잇감)을 분해하거나 무익한 물질로 바꾸어버린다. 산소는 효소, 단백질, 핵산, 비타민, 리피드 등 세포의 성장과 번식에 필수불가결한 물질들과 결합한다. 또 산소는 수소, 암모니아, 일산화탄소, 황화수소 등을 포함한 대기 중의 기체들과 쉽게 반응한다. 산소와 반응하는 것을 다른 말로 표현하면 '연소'이다. 산소가 타는 것이다. '산화'에 의해서 철, 황, 우라늄, 망간 등의 토양광물들이 산화광물의 형태, 즉 적철광, 황철광, 우라니나이트, 이산화망간 등 산소와 금속이 결합된 형태로 바뀐다.

처음에는 생물권이 산소 오염을 어느 정도 흡수할 수 있었다. 산소와 결합할 수 있는 금속과 기체가 존재하는 한 산소는 대기 중에 축적되지 않았다. 당시 산소의 발생은 계절적인 영향을 받아서 여름에는 증가하고 겨울에는 감소했다. 어떤 광합성 미생물은 그런 상황에서 수소와 황화수소의 공급이 충분한지 여부에 따라 산소를 발생시키는 광합성과 산소를 발생시키지 않는 광합성 메커니즘을 교대로 수행할 수 있는 능력을 가지기도 했다. '오실라토리아 림네티카Oscillatoria limnetica'로 불리는 한 아름다운 시안박테리아는 처음에는 산소 생산을 선택적으로 했다. 예후다 코헨 교수는 1975년 이스라엘의 네게브 사막에 있는 솔라 호수의 뜨거운 물속에서 오실라토리아 림네티카가 마치 '카멜레온' 같은 생리적 특성을 갖고 있음을 발견했다. 이 시안박테리아는 주위에 황화수소가 충분할 때는 이것을 광합성에 이용하면서 산소를 생산하지 않았다. 그러나 수소가 결핍되었을 때는 물에서 수소를 취해서 광합성을 하면서 부산물인 산소를 공기 중으로 배출했다. 광합성 결과 생성되는 산소의 양은 계절에 따라 달랐고, 또 화산활동, 시안박테리아의 존재량 및 기타 여러 요인들의 영향을 받았다.

고생물학자인 윌리엄 쇼프는 "산소를 생성하는 광합성 작용은 궁극적으로 오늘날의 지구 환경을 있게 한, 진화 역사상 가장 중요한 사건"이라고 언급했다.[25] 대기 중에 산소가 갑자기 축적된 것을 대기 기록들이 명확히 보여주기는 하지만, 과연 산소를 생성하는 광합성이 지구를 변화시킬 만큼 많은 산소를 정확하게 언제 대기 중에 방출할 수 있었는지는 아직 열띤 논쟁거리이다.

    산소 생산이 과학자들이 생각하는 시기보다 훨씬 오래전에 시작되었을지도 모른다는 가설을 뒷받침하는 흥미로운 증거가 있다. 지상에서 가장 오래된 퇴적층이라 할 수 있는 이수아 암층에는 극히 적은 양의 흑연이 들어 있는데 이것은 광합성 박테리아의 유물일지도 모른다. 이들 중 어떤 암석은 두 가지 다른 철 산화물(완전히 산화된 적철광과 비교적 덜 산화된 자철광)이 교대로 만들어져서 나타나는 아름다운 줄무늬를 지니고 있다. 이런 줄무늬는 어떤 지역에서는 수 미터의 두께로 나타나고 또 어떤 지역에서는 수 미크론(1미크론=100분의 1밀리미터-옮긴이)의 두께에 불과하기도 하다. 이런 줄무늬 철광석층BIFs, banded iron formations은 철의 채광자원으로 매우 중요하다. 실제로 20개소 이하의 BIFs가 전 세계 철광 채굴량의 90퍼센트 이상을 차지하는데 그것들은 모두 원생대에 형성되었다. 그런 줄무늬 철광석층이 형성되기 위해서는 막대한 양의 물과 많고 적음을 반복하는 산소가 필요했을 것으로 추정된다. 산소를 생성하던 광합성 박테리아는 분명히 철이 풍부했던 지표면의 갈라진 틈 주변에서 생겨난 따뜻한 물웅덩이에서 번성했을 것이다. 그런 장소에서는 계절적으로 박테리아의 영고성쇠가 거듭되면서 생성되는 산소의 양이 변화하여 다양한 색의 광물층을 형성했을 것이다.

광합성 박테리아가 줄무늬 철광층을 형성하기 위해서는 어쩌면 조력자가 있었을지도 모르겠다. 철을 산화시키거나 철 파이프를 부식시키는 일부 박테리아 종류는 주위 환경에서 산소를 받아들여 철과 결합시킴으로써 에너지를 얻는다. 이런 산소와 철의 결합이 곧 녹을 형성하는 화학반응이다. 박테리아는 바로 이 화학반응에서 에너지를 획득하며 그 결과, 녹을 주위에 남긴다. 산소가 결핍된 시대에는 이 박테리아가 산소가 만들어지던 장소 근처에서 크게 번성했을 것이다. 이들은 해를 거듭하면서 시안박테리아 주변부에 점차 녹을 침전시켰다. 이렇게 하여 철을 산화시키는 박테리아가 고대의 거대한 철광석 광상 형성에 커다란 역할을 담당했을지도 모른다. 철광석에 나타나는 줄무늬들은 시안박테리아와의 오랜 관계를 나타내는 기록일 수도 있다. 적철광은 시안박테리아가 번성하여 산소가 풍부했던 여름에 만들어져서 더 많은 녹이 포함되어 있는 반면, 자철광은 산소 광합성 합성이 빈약했던 겨울에 형성되어 철의 산화도가 낮아졌을 것이다.

약 22억~18억 년 전까지 원생대의 일부 시기에 줄무늬 철광석 암층이 지구 역사상 비교할 대상이 없을 만큼 대규모로 형성되었다. 그런데 약 30억 년 이전에도 그런 일이 일어났을 가능성이 있지 않을까? 만약 미생물이 줄무늬 철광석층 형성과 관련되어 있다면 래브라도 반도(캐나다 동부 지방 뉴펀들랜드 주의 일부로, 철광석 등 풍부한 광물자원 매장지-옮긴이)와 그린란드의 철광석에서 볼 수 있는 줄무늬 광택은 바로 박테리아의 성장을 의미할 수도 있다. 그렇다면 바로 이 박테리아가 광합성을 해서 산소를 생성했다는 가장 오래된 증거를 우리는 이미 손아귀에 쥐고 있는 셈이다.

최초로 산소를 호흡했던 생물을 찾기 위한 해결의 실마리는 놀랍게도 인류 역사상 귀하디 귀한 금속인 금에서 얻을 수도 있다. 금은 태고대에 액체 상태였던 지구 중심부에서부터 지표로 배출되었다. 퇴적층 속에 포함되어 있는 금은 이 시대에 형성된 약간의 암석층에만 분포하는데, 놀랍게도 전 세계적으로 극히 일부 지방에만 치중되어 있다. 그중 남아프리카의 트란스발 지방에 있는 윗워터스란드 광산이 대표적인데, 이곳에서 현재까지 생산된 금은 인류 역사상 나타난 전체 금의 약 70퍼센트이다. 그보다 작은 규모의 광산들이 북서 오스트레일리아, 캐나다 북부 온타리오 지방의 엘리엇 호수, 남부 러시아 지방 등지에 분포하지만, 어느 것도 트란스발 광산의 생산량과 비교할 수 없다.

금광의 광부들은 엘리베이터를 타고 지하 수천 피트 바닥으로 내려가는데 이는 바로 화산재의 지층들과 고대 하천의 암층들을 지나서 원시 지구의 시대로 들어가는 것을 의미한다. 광부들은 새로운 금광맥을 찾기 위하여 먼저 탄소층(상당한 양의 유기탄소를 포함하고 있는 집괴성의 뚜렷한 암석층)을 따라간다. 이 탄소층은 석회암과 혈암 사이에 끼어 있는데 황철광, 금, 때로는 우라늄광의 얇은 층이 포함되어 있다. 윗워터스란드 탄소층에는 광물학 지식만으로는 해석하기 어려운 현미경적 구조의 필라멘트 형과 구형의 구조물이 포함되어 있다.

남아프리카의 지질경제학자인 할바우어는 그 구조물이 화석화된 지의류 lichens 의 일부분이라는 것을 처음으로 언급했다. 그런데 지의류는 조류algae와 균류fungi의 매우 정교한 공동생활체로, 화석 기록으로는 남아프리카 금광이 형성된 시기보다 20억 년 후에야 비로소 나타났다. 따라서 현재까지는 어느 누구도 할바우어의 주장에 동조하지 않지만 혹시 그 구조물이 금의 파편들 사이에 끼어들게 된 필라멘트 형과 구형의 박테리아들일 가능성이 매우 높다.

지질학적으로 지각활동이 매우 왕성했던 태고대 기간에 지구 내부에서 지표로 분출된 고온의 마그마에는 아주 적은 양의 액체 상태의 금이 포함되어 있는데, 이 금은 철, 마그네슘, 규산염 등으로 이루어진 암석에 균등하게 퍼진 상태로 있었다. 그런데 금은 산소가 있을 때보다는 없을 때 유동성이 더 증가해 암석 틈 사이를 이동할 수 있다. 따라서 이 시대에는 강물에 의해 암석이 침식되면서 액체의 금이 바다로 운반되었다. 이때 만약 금이 고농도의 산소와 유기탄소 화합물과 만나면 침전되면서 '뭉친다'. 강변에 존재하던 광합성 박테리아의 역할이 이런 일에 중요했을 것이다. 그들이 산소와 탄소가 풍부한 화합물들을 다량 생산함으로써 물속에서 금을 이끌어내어 끈적끈적한 뭉치들로 만들고 이것을 고대의 강바닥과 강변에 퇴적시켰을 것이다.

현대의 어떤 박테리아(크로모박테리움 비올라케움Chromobacterium violaceum)는 시안산염을 생산하는데, 이 화학물질은 광부들이 탄소가 많은 퇴적암에서 금을 추출하기 위해 사용하는 것이다. 아마도 이 미생물의 선조는 광물질을 많이 포함했던 태고대의 강에 살면서 물속에 녹아 있던 금을 끌어 모아서 침전시키는 역할을 했을 것이다. 시안박테리아 자체에서 생성되는 산소와 탄소는 물속에서 금을 침전시키기에 충분했다. 남아프리카 지방에서는 지구 내부에서 유출된 금이 오늘날의 미시시피 강보다 다섯 배나 컸을 것으로 추정되는 고대의 수계를 따라 퇴적되어 있다. 한때 거대했던 윗워터스란드 지방의 강들은 약 25억 년 전에 그 막대한 양의 물을 바다로 배수하면서 결국 말라버리고 말았다. 그 후 강들은 수 킬로미터 두께의 퇴적물로 덮여버렸고 마침내 지표면에서 사라졌다. 19세기에 이르러 남아프리카의 백인들이 트란스발 사막에 노출되어 있던 짙은 색의 암석에서 금의 반점을 찾아냄으로써 새로운 금광시대가 열렸다. 그들은 암석이 노출된 지점을 깊이 파내려가서 지하에 갇혀 있던 고대의 강들을 찾아냈다. 탄소층은 이 강들의 한 부분이었으며 그 강을 따라서 금 퇴적층이 발견되었다.

태고시대의 박테리아 번성과 공동체 생활에 대한 가장 확실한 증거는 스트로마톨라이트에서 찾아볼 수 있다. 원생대 육지에서 스트로마톨라이트의 역할은 마치 오늘날 바다에서 산호초의 역할과 비슷하다. 스트로마톨라이트는 모든 생물이 한데 뒤섞여서 서로 의존하면서 생활했던 생물 공동체였다. 그것은 둥근 지붕 모양, 원추 모양, 원주 모양, 양배추 모양 등으로 생긴 암석들로, 한때는 미생물 융단이었던 부분이 암석층으로 변한 것이다. 그 화석 기록을 보면, 스트로마톨라이트는 광범위한 기간에 걸쳐 나타나며 또 지금도 여전히 만들어지고 있다. 박테리아 집단, 특히 광합성 박테리아 집단은 스트로마톨라이트의 맨 위층에서 번성했다. 뉴욕 주의 사라토가에 있는 온천에서 발견되는 것과 같은 스트로마톨라이트는 19세기 후반 지질학자 찰스 월콧을 비롯해 여러 사람이 처음 그것을 발견했을 때 크립토조아 Cryptozoa라고 이름 붙였는데 이는 그리스어로 '숨어 있는 동물'이라는 의미이다. 고대 스트로마톨라이트 중 어떤 것은 높이가 10미터도 더 된다. 오늘날 우리는 광합성을 하는 남조류 박테리아에 의해 상층부가 수 센티미터나 뒤덮인 스트로마톨라이트를 세계 여러 곳에서 발견할 수 있다. 이런 스트로마톨라이트에서 살아 있는 부분은 오직 표층뿐이다. 표층 아래의 모든 부분은 휴면 중인 박테리아, 백악chalk, 모래, 석고, 기타 이전의 미생물융단에 붙어 있던 부스러기 등으로 이루어져 있다. 표층에는 수평으로 줄무늬가 나 있다. 맨 윗면의 광합성 박테리아 층 바로 아래에는 황을 배출하는 광합성 미생물인 혐기성의 홍색 박테리아가 층을 이룬다. 그 아래는 외부 의존성의 미생물 층인데 그것들은 광합성 박테리아가 생산하는 먹이를 섭취하면서 생존한다. 오늘날 살아 있는 스트로마톨라이트는 페르시아 만, 오스트레일리아 서부, 바하마 제도 등에서 찾을 수 있다. 그것들을 잘라서 확대경으로 살펴보면 여러 다른 종류의 박테리아가 마치 아교처럼 엉켜서 자라는 것을 볼 수 있다. 그러나 실제로 탄소 축적은 여전히 표층의 시안박테리아에 의해 이루어진다. 박테리아는 부드러운 박테리아 융단과 그보다 단단한 융단(즉 스트로마톨라이트) 모두에서 다세포 층을 만들면서 성장하는데, 그 구조와 기능이 마치 동물의 조직처럼 복잡하고 다양하게 분화되어 있다.

가장 오래된 스트로마톨라이트는 약 35억 년 전에 만들어졌는데 탄소가 풍부한 층을 가지고 있어서 광합성을 하는(호기성 또는 혐기성의) 미생물이 당시에 번성했다는 주장을 지지하는 확실한 증거로 볼 수 있다. 이것들은 태고대 지층에서는 드물게 발견되지만 원생대에 이르러서는 크게 번성하여 그 당시 육지 경관을 크게 바꾸어 놓았을 거라고 추측된다.

수억 년에 걸쳐서 생성된 잉여 산소는 여러 생물체, 금속 화합물, 환원성 대기 기체, 암석 중의 일부 광물 등에 의해 소모되었다. 산소는 처음에는 매우 적은 양이 대기 속에 축적되기 시작했다. 지역에 따라서는 수많은 미생물군이 산소 축적으로 사멸했고, 동시에 많은 생물은 변화하는 환경에 적응하면서 계속 진화했다. 항상 산소를 생산하지는 못했던 남색의 시안박테리아로부터 항상 산소를 생산하는 녹색을 띠는 박테리아가 출현했다. 수천 종류의 호기성 광합성 미생물이 나타나서 암석의 표면, 온천, 괴어 있는 물의 표면 등에 적응했다. 그렇지만 약 20억 년 전쯤에는 산소와 반응할 수 있는 잠재적 반응물이 모두 고갈되면서 산소가 급격히 대기 중에 축적되기 시작했다. 이는 전 세계적으로 나타난 대재난이었다. 오늘날 인류는 막대한 화석연료의 연소로 대기 중의 이산화탄소량이 0.032퍼센트에서 0.033퍼센트로 증가하는 것을 걱정하고 있다(2010년 현재 지구 대기권의 이산화탄소 농도는 약 0.039퍼센트에 이른다-옮긴이). 이 약간의 잉여 CO_2가 야기하는 '온실효과' 때문에 극빙이 녹으면 해수면이 상승하고 도시의 해안선이 높아져서 많은 인명 피해와 재산 피해를 입을 수 있기 때문이다. 그러나 현대의 산업공해는 태고대와 원생대 시대의 자연공해에 비하면 아무것도 아니다. 약 20억 년 전부터(여기에 약 2억 년의 기간을 가감해서) 산소는 대기 속에 급격히 축적되기 시작했다. 태고대와 원생대에 대기 중의 산소는 0.0001퍼센트에서 21퍼센트로 증가했는데 이는 지구 역사상 가장 심각했던 오염 위기라 할 수 있다.

많은 종류의 미생물이 순식간에 사멸했다. 산소와 태양빛이 합해지면 각각이 주는 피해보다 훨씬 더 큰 피해를 주게 된다. 이 두 요소는 오늘날에도 산소가 존재하지 않는 장소에서 생활하는 미생물에게는 치명적이다. 혐기성 생물이 산소와 태양빛에 노출되면 세포가 순식간에 파괴된다. 그런 미생물은 DNA의 복제와 수리, 유전자 전달, 돌연변이 등의 원칙적인 수단을 제외하면 어떠한 방어 기능도 없다. 유독물질에 노출된 박테리아 집단은 대량 사멸과 성sex의 증가라는 특성을 보인다. 바로 이런 특성으로부터 새로운 초생물 superorganism이 생겨나서 새로운 미생물우주의 구성이 시작된다.

새로운 저항성 박테리아는 번식을 거듭하면서 지표면에서 산소에 민감한 박테리아와 대치했다. 혐기성 박테리아는 진흙탕 속이나 산소가 없는 지하로 이동하여 생존을 유지했다. 오늘날 우리가 두려워하는 핵전쟁의 재난에 비할 수 있는 산소 재난 앞에서 생물 역사상 가장 장엄하고 획기적인 변혁이 일어난 것이다.

산소 대재난 초기에는 부분적으로 산소에 노출됨으로써 미생물이 자신을 방어할 수 있는 수단을 발전시킬 기회를 가질 수 있었다. 이때 새로운 유전자들은 마치 선박과 비행기에 비치된 구명 안내서처럼 중요했다. 그들이 지닌 정보는 산소가 풍성한 새로운 환경에 대응해야만 했던 생물에게는 매우 귀중한 것으로, 그즈음 재구성되기 시작한 미생물우주 속으로 급속히 확산되었다. 생체발광bioluminescence과 비타민 E 합성은 산소 위협에 대처하여 나타난 것으로 과학자들이 추측하는 새로운 발명품들 가운데 일부라고 할 수 있다. 그렇지만 미생물의 적응이 여기서 중단되지는 않았다. 가장 중요한 발명이 이어졌다. 그것은 어떤 박테리아가 치명적인 유독물질이었던 산소를 '사용'할 수 있는 새로운 물질대사 기능을 갖게 된 것이다.

산소호흡은 바로 산소의 반응성을 가장 효과적으로 이용하는 기발한 방법이었다. 이는 본질적으로는 연소 조절의 원리로, 유기물을 분해해서 이산화탄소와 물로 만들면서 막대한 양의 에너지를 획득하는 수단이다. 전형적인 발효가 당 분자 하나를 분해해서 두 분자의 ATP를 만드는 것에 비해 산소호흡은 같은 당 분자를 분해하여 최대 36개의 ATP를 생성한다. 극심한 지구적 위기의 시점에서 미생물우주는 멸망하지 않고 적응할 수 있었다. 이들이 발명한 산소 사용 발전기는 생물계를 변혁했으며, 지상에서 미생물의 서식 장소를 영원히 뒤바꾸는 결과를 낳았다.

어떤 시안박테리아는 오직 어두운 곳에서만 호흡을 하는데 이는 호흡을 위한 대사 회로가 광합성의 전자전달 시스템과 겹쳐 있기 때문이다. 이 겹친 부분은 동시에 두 목적을 위해 사용될 수 없다(조류algae와 고등식물은 호흡과 광합성이 세포의 다른 부분에서 별도로 진행되므로 두 기능을 함께 할 수 있다. 즉 광합성은 엽록체에서 진행되며 호흡은 미토콘드리아에서 이루어진다. 이 두 세포소기관organelles은 두 미생물 종류의 진화학적인 운명에 대해 매우 흥미로운 점을 시사한다. 다음 장에서 이에 대해 논의하겠다).

시안박테리아는 이제 산소를 생산하는 광합성 기능과 이를 소모하는 호흡 기능을 모두 갖게 되었다. 그들이 비로소 햇빛 아래에서 서식처를 마련할 수 있게 된 것이다. 태양빛만 있다면 자연의 물속에는 언제나 약간의 영양염분이 존재하며 대기 중에는 이산화탄소가 풍부하기 때문에 광합성이 진행될 수 있다. 시안박테리아는 광합성을 수행함으로써 핵산, 단백질, 비타민, 그리고 이들을 합성하는 기구 등 자신이 원하는 것은 무엇이든지 생산할 수 있는 능력을 갖추게 되었다. 만약 생합성biosynthesis 능력만을 진화의 척도로 고려한다면 우리 인간은 시안박테리아보다 훨씬 열등하다고 할 수 있다. 우리 몸의 복잡하게 설계된 영양소 섭취 메커니즘에 따라 우리는 체내에서 합성하지 못하는 것을 모두 식물과 미생물에게 완전히 의존한다. 사실상 우리 인간은 이제 미생물우주의 기생동물로 전락한 셈이다.

시안박테리아는 막대한 양의 에너지를 이용할 수 있게 됨으로써 다양한 형태의 수많은 종류로 분화하면서 번창했는데, 이것은 전혀 놀라운 일이 아니다. 그 세포들 중 작은 것은 지름이 몇 미크론에 이르며 거대 세포는 보통 80미크론에 이르렀다. 그들은 한천처럼 미끌미끌한 물질 속에 작은 주머니 모양의 세포가 묻혀 있는 형태를 만들거나, 정교한 가지 모양의 필라멘트 형태를 만들어서 그 끝에서 포자를 방출하기도 했다. 또는 혐기성 질소고정을 수행할 수 있도록 산소가 통과하지 못하는 특별한 주머니를 만들기도 했다.

새로운 미생물군은 극단적인 환경에서도 생존할 수 있어서 극지방의 추운 물속에서부터 온천의 열수에 이르기까지 모든 장소에 서식했다. 점차 다른 박테리아가 시안박테리아가 생산하는 녹말, 당, 분자량이 적은 대사물질, 그리고 심지어 그들의 사체에 고정된 탄소와 질소까지도 먹어치우는 능력을 지니게 되자, 미생물우주에는 새로운 먹이관계가 나타났다. 하지만 가장 분명한 변화는 시안박테리아에 의한 대기오염이 계속되어 다른 미생물도 산소를 이용할 수 있는 능력을 획득하도록 강요당했다는 점이다. 이런 변화는 모든 생물이 각기 고유의 특성을 지니고 형태를 더욱 정교하게 하며 다양한 생활사를 갖게 하는 결과를 낳았다.

대기 속의 산소량이 약 21퍼센트로 안정된 것은 수백만 년 전 생물계가 말없이 합의한 결과이다. 사실상 이 합의는 오늘날에도 지켜지고 있다. 만약 과거 어느 시점에 산소 농도가 현재보다 훨씬 높았더라면 전 세계에 걸친 대화재가 있었음을 화석 기록이 분명히 보여주었을 것이다. 오늘날 대기 중의 높은, 그러나 너무 많지는 않은 산소 농도는 위험 부담과 혜택, 위기와 호기 사이에서 평형을 유지하려는 의식적인 결정이라는 인상을 준다. 아무리 열대우림이나 초원이라도 건조기에는 화재에 너무 약하다. 만약 대기 중 산소 농도가 현재보다 몇 퍼센트만 더 높아진다면 생물체가 자연발화할 수도 있다. 또, 만약 산소 농도가 지금보다 조금만 더 낮아진다면 생물은 이내 질식하게 될 것이다. 생물권은 적어도 수억 년 동안 일정하게 산소 농도를 유지해왔다. 그렇지만 어떻게 산소 농도가 유지되었는지는 아직도 풀리지 않은 수수께끼로 남아 있다.

우리는 이 책의 마지막 장에서 지구의 온도와 대기 중의 기체 조성을 결정하는 전 세계적인 조절 기구가 어떻게 생물체의 정상적인 성장 특성에 의해서 영향을 받고 있는지에 대해 논의할 것이다. 재난의 피해가 심각할 수도 있었던 만큼, 대기 중의 산소 축적을 중단시켜서 그 농도를 일정하게 유지할 수 있었다는 점은 크게 환영할 만한 사건이었다. 이를 설명할 수 있는 한 가설은 생물이 산소 생성을 중지했다는 가정에 근거하여 그들이 오염 방지 기술과 관련된 많은 정보를 지녔음이 틀림없다는 주장이다. 이렇게 비지능적인 생물에 의해서 지상의 환경이 자동 조절되었다는 생각은 인간 지성이 대단히 특별한 것이라는 관념에 회의를 품게 한다. 미생물은 아무런 계획 없이도 환경오염의 위기가 닥쳤을 때 이를 해결할 수 있었다. 그들은 오늘날 지상의 어떤 행정부나 국제기구도 할 수 없는 일을 했던 것이다. 번식과 돌연변이와 유전자 교환으로 어떤 박테리아는 산소를 생산하고 또 어떤 종류는 이를 이용함으로써 전 지구적으로 산소 농도의 균형을 유지했다.

산소는 지구 대기의 약 5분의 1밖에 차지하지 않지만 화학적인 관점에서 볼 때는 상당히 풍부한 양이라 할 수 있다. 산소는 다른 원소들과 반응해서 이산화탄소나 질산염과 같이 좀 더 안정된 화합물로 대치될 수도 있다. 짐 러브록은 다음과 같이 산소의 존재에 대해 언급했다. "현재 수준의 산소 압력이 오늘날의 생물권에 미치는 영향은 마치 고전압의 전기를 공급하는 것이 20세기 인간 생활에 미치는 영향과 비슷하다. 인간은 전기 없이도 생활할 수 있다. 단지 생활의 잠재력이 지나치게 위축될 뿐이다. 따라서 이 둘 사이의 비교는 매우 정확하다고 할 수 있다. 화학에서는 편의에 따라 환경의 산화력을 전기적으로 측정해서 볼트 단위를 써서 산화환원전위redox potential라고 표현한다. 생물권은 산소 농도가 낮아지면 그 기능이 크게 제한되지만 멸망하지는 않을 것이다."[26]

대기 중에 충분한 양의 산소가 축적되면서 오존층이 형성되기 시작했다. 이것은 성층권에서 가장 바깥쪽에 위치하여 다른 모든 대기 기체들보다 위쪽에 놓이게 되었다. 세 개의 산소 원자가 한 분자를 이루어서 만들어지는 오존층이 고에너지의 자외선을 차단하는 기능을 함으로써 유기화합물의 무생물적 합성은 마침내 지상에서 종말을 고했다.

태양빛으로부터 식량과 산소를 생산할 수 있게 되면서 미생물은 오늘날의 우리까지 포함하는 지구적 규모의 먹이순환 기본 축을 이루었다. 동물은 광합성으로 얻는 먹이와 산소가 없었더라면 결코 진화하지 못했을 것이다. 시안박테리아의 오염으로 창조된 에너지 합성 장치는 새로운 단위의 생물체를 형성하는 필수 요소가 되었다. 모든 식물, 동물, 원생생물, 균류의 기본 구성원이 되는 유핵세포가 생겨난 것이다. 진핵생물에서는 유전자가 핵 속에 들어 있으며, 미토콘드리아(세포의 다른 모든 부분을 위해서 산소를 대사하는 특수 구조체)를 포함한 모든 세포소기관은 핵을 둘러싸고 있는 세포질 속에 들어 있다. 세포 내의 모든 활동은 조화롭게 진행된다. 진핵세포의 구성은 원핵세포나 박테리아와 너무 달라서 이 두 형태는 현재까지 알려져 있는 모든 생물 종류를 둘로 구분하는 뚜렷한 기준이 된다. 진핵세포들은 산소 대재난의 극심한 위기 속에서 생존을 위해 어쩔 수 없이 선택해야 하는 상황에서 진화의 산물로 출현했기 때문에 그토록 차이가 뚜렷해졌을 것이다. 핵이 없는 박테리아 세포와 유핵세포의 차이점은 동물과 식물의 차이점보다 훨씬 더 컸을지도 모른다.

시안박테리아가 물 분자를 쪼개어서 산소를 생산할 수 있기 전까지는 지구의 생물 경관이란 땅바닥에 널려 있는 미생물 집단의 부유더께scum에 불과했을 것이다. 이것이 발전하여 정원을 이루고 밀림을 만들며 오늘날의 도시를 이룩했다는 바로 그 사실은 미생물융단과 해변의 부유더께들이 자신의 서식지에서 서로를 변화시킬 수 있는 힘을 가졌었다는 증거이다. 그런데 미생물은 사실상 그것보다 더 큰 영향력을 발휘했다. 그들은 전 지표면을 변화시켰다. 자유산소의 위험과 긴장 속에서 투쟁을 거듭하던 생물권은 마침내 그 위기에서 벗어났다. 지구는 새로운 곳으로 바뀌었다. 즉 색다른 행성이 된 것이다.

원생대 중엽에 해당하는 약 15억 년 전에 이르러 대부분의 생화학적 진화는 끝을 맺게 된다. 오늘날의 지표와 대기권은 대부분 그 당시에 형성된 것이다. 미생물은 대기와 땅과 물속으로 퍼져나갔고, 마치 오늘날의 미생물처럼 기체와 화학원소들을 순환시켰다. 몇 종류의 지극히 예외적인 화학물질, 즉 필수지방, 꽃피는 식물들이 생산하는 환각물질, 절묘하게 효과적인 뱀의 독 등을 제외한다면 원핵 미생물prokaryotic microbes이 오늘날 생물이 생산하는 모든 분자 구조물을 다 만들 수 있게 된 것이다.

원시 생물의 업적을 전 지구적인 관점에서 평가한다면 생물의 생화학적인 대사 기능 모두가 20억 년이 넘는 기간 동안 이루어진 것이라는 사실이 결코 놀랍지 않다. 미생물 단계에서의 진화는 이후부터 현재에 이르는 진화 기간보다 거의 두 배나 더 오래 지속되었다. 에이브러햄 링컨은 "만약 나에게 나무를 쪼개는 데 여덟 시간이 있다면 나는 도끼를 가는 데 여섯 시간을 사용하겠다"고 설파했다. 미생물우주가 바로 그러했다. 미생물은 균류, 식물, 동물들을 위한 진화의 단계를 오랜 시간 준비한 결과, 이후의 모든 진화가 급속히 진행될 수 있었다. 마치 심리학에서 유아기와 아동기의 환경 조건이 성인이 되었을 때의 인성 발달에 결정적으로 작용한다는 사실처럼, 원시 시대의 생물 조건들이 오늘날의 생물을 결정했던 것이다. '박테리아 시대'는 화산활동에 의해 마치 달 표면처럼 분화구투성이인 험악한 형상의 지구를 오늘날과 같은 비옥한 지형으로 바꾸어 놓았다. 외계 행성들에서처럼 무산소 상태는 더 이상 계속되지 않았다. 우리 주변의 화성이나 금성이 대기권을 이산화탄소와 그 혼합물들로 안정화했던 것과는 달리, 지구는 산소가 충만한 대기권을 이룩하면서 원기를 갖게 되었다. 오랜 기간에 걸쳐서 지구는 생물의 창조적 자가보전적 과정에 의해 진화를 지속했다.

7

새로운 세포의 출현

5억 년 전 고생대 초기
동물이 세포 폐기물을 침적시켜서 단단한 몸체를 구성하다.

NEW
CELLS

7
새로운 세포의 출현

산소호흡 기능을 발명하면서 무핵생물은 자신이 실제로 사용하는 에너지보다 훨씬 많은 양의 에너지를 생산할 수 있게 되었다. 그들이 가진 막강한 힘을 알지 못한 채 호기성好氣性 박테리아들은 지구 전역에 걸쳐서 수억 년 동안 번창했다. 그런데 대기권의 산소 농도가 21퍼센트까지 증가하는 도중, 지금으로부터 약 22억 년 전에 새로운 형태의 세포가 형성되었다. 바로 진핵생물이었다. 이들은 가장 중요한 특징인 핵을 가졌을 뿐 아니라, 두 번째로 중요한 특성인 산소를 사용하는 기구, 즉 미토콘드리아를 세포 내에 포함하고 있었다. 진핵생물이 하나의 세포로 생활할 때 이를 원생생물protists이라 부르고, 이들의 화석을 '애크리타치acritarchs'라고 한다. 스톤힐 칼리지의 쳇 레이모는 화석 기록에 나타난 새로운 세포와 이전의 원핵세포의 차이는 마치 라이트 형제의 비행기와 콩코드 제트여객

기가 일주일 간격으로 등장하는 것만큼이나 급격하다고 했다.[27]

　박테리아와 유핵세포 사이, 즉 원핵생물prokaryotes과 진핵생물eukaryotes 사이의 생물학적 전이는 너무나 갑작스러워서 오랜 시간에 걸쳐 점진적으로 변화한 것이라고는 설명하기 곤란하다. 박테리아와 새로운 세포를 구분한다는 것은 사실상 생물학에서 가장 극적인 일이다. 식물, 동물, 곰팡이(균류), 원생생물 등은 모두 진핵세포에 근본을 두고 있기 때문에 그들이 모두 공통의 유산을 물려받았음을 반영한다. 따라서 그들을 통합하여 진핵생물 초계superkingdom of the eukaryotes라 하고, 박테리아 세계를 원핵생물 초계 또는 모네라계 Kingdom Monera라고 부르기도 한다.

　새로운 세포는 단순히 훨씬 진화된 박테리아 형태라기보다는 매우 크고 구조가 복잡한 완전히 새로운 구조체라고 할 수 있다. 세포 안에는 핵을 둘러싼 막을 비롯해서 내부 막으로 이어지는 통로가 있다. 자가번식이 가능한 잘 구성된 세포소기관들은 세포질 속에 떠 있으면서 산소를 이용했다. 초기 애크리타치 암석에서 발견된 최초의 세포는 약 16억~14억 년 전에 형성된 것으로 추정된다. 이들은 별로 뚜렷한 특징이 없는 구# 모습인데 두꺼운 세포벽을 지녔던 것으로 볼 때 원시 조류algae의 일종에서 생겨난 저항성 포낭cysts이었다고 생각된다. 약 10억 년 전의 것으로 알려진 좀 더 진화한 애크리타치는 크기가 더 크고 바깥 면에 굴곡이 있어서 훨씬 정교해 보인다. 이런 애크리타치는 스칸디나비아와 애리조나 주 그랜드캐니언 및 기타 여러 지역의 초기 원생대 암석들에서 발견되었다.

　만약 애크리타치가 진정으로 원시 진핵세포들의 유물이라면 그것들은 핵막에 의해 세포의 다른 부분과 분리된 핵을 가졌을 것이다. 실제로 세계 각지에서 수집된 원생대 암석들을 얇게 잘라서 광학현미경으로 조사해보면 커다란 세포들이 발견된다. 핵을 가진 원시 진핵세포들은 아마 염색체도 지녔을 것이다. 염색체 속의 DNA는 단백질과 밀접하게 결합하여 다발을 이루는데, 이 다발은 보통 40퍼센트의 DNA와 60퍼센트의 단백질로 구성된다. 유핵세포는 잉여 단백질 외에도 박테리아에서 발견되는 DNA보다 약 1,000배나 더 많은 DNA를 가진다. 이렇게 막대한 양의 DNA가 어떠한 기능을 하는지는 분자생물학이 해결하려는 가장 어려운 문제 중 하나이다. 그 DNA의 일부는 물론 유익한 것이겠지만 나머지 대부분은 소위 '중복 DNA'로 불리는, 염색체 곳곳에 존재하는 유전자의 단순한 복제품에 불과하다.

포낭 화석을 남겼던 조류들처럼 일부 단세포 진핵생물 또는 원생생물은 광합성을 할 수 있도록 엽록소가 담긴 주머니를 세포질 속에 지녔다. 이렇게 광합성을 하는 세포소기관을 엽록체 또는 색소체라고 하는데, 산소를 사용하는 세포소기관인 미토콘드리아와 함께 조류나 플랑크톤 세포 속에 들어 있다. 미토콘드리아와 마찬가지로 색소체는 세포의 일부분임에도 불구하고 자가번식을 한다. 색소체와 미토콘드리아는 원래 다른 박테리아의 내부에 갇히게 된 박테리아였을 가능성이 매우 높은데, 이에 대해서는 뒷부분에서 다시 이야기하겠다. 화석 기록에서 돌연 애크리타치가 광범위하게 출현했다는 것은 이 새로운 세포들이 세포 속 세포의 형태로 공동 집합체를 만듦으로써 크게 성공했음을 증명한다. 이런 성공은 약 14억 년 전쯤부터 시작되었다. 이 새로운 세포들은 해양성 플랑크톤 형태로 일찍이 고대 해양에서 부유하면서 번식을 거듭했다. 그들의 일부는 바다에 가라앉아서 파묻혔는데 이때 다양한 모양의 구형과 다각형 애크리타치 화석이 만들어졌다.

새로운 세포는 박테리아 연합체였던 것 같다. 그들은 서로 협력하는 중앙집중체였으며 또한 그렇게 함으로써 새로운 형태의 세포 기구를 구성했다. 그들은 세월이 흘러 더욱 중앙집중적 구성을 강화했고, 따라서 그들의 여러 세포소기관들은 새로운 생물학적 단위체 속에서 역할을 분담했다. 예컨대, 현대의 진핵생물에서는 세포질이 마치 어떤 목적을 가지고 행동하는 것처럼 세포 안에서 움직인다. 이러한 세포 내부적 이동은 박테리아에서는 결코 찾아볼 수 없다. 더욱 차이가 뚜렷한 한 예는 진핵생물의 염색체인데, 박테리아의 한 가닥 DNA 사슬과 달리 염주처럼 생긴 염색체에는 많은 양의 단백질이 있고 DNA 양도 막대하다. 그런 유핵세포 속의 풍부한 DNA 양을 설명하기 위해 많은 이론들이 제시되었다. 분자생물학자인 W.H.F. 두리틀과 카르멘 사피엔자는 그것을 '이기적' DNA라고 주장했다. 그들에 의하면, 복제는 일종의 생활방식이었으므로 융통성 있는 진핵세포의 내부 환경 속에서 복제를 거듭해서 막대한 양의 DNA가 만들어졌다고 한다.[28] 만약 그들의 주장이 옳다면 중복 DNA는 어떠한 생물학적 기능도 없는 것이 된다. 어떤 과학자들은 그 잉여 DNA를 마치 은행에 예치되어 있는 돈처럼 후세대에게 쓸 수 있는 유전정보의 '저장분'이라고 믿기도 한다. 또 어떤 학자들은 그것이 일종의 세포적 예정물cellular predestination이라고 주장하기도 한다. 그들은 미래의 진화 양태가 이미 DNA 속에 담겨 있어서 앞으로 시간이 지나면서 그 막대한 DNA가 언젠가는 사용될 것이라고 생각한다.

그런데 우리는 진화라는 것이 그렇게 미래를 예견하면서 진행되는 것이라고는 생각하지 않는다. 우리는 그런 중복 DNA가 다양한 종류의 박테리아(혐기성, 호기성 박테리아 및 기타 여러 박테리아들)가 공동체를 형성해서 최초의 진핵세포를 구성할 때 그들 모두에게서 온 것임을 알게 되었다. 잉여 DNA는 확실히 DNA의 복제 성향에 의해 만들어졌지만 그 근원은 통합된 각각의 DNA 복제품에서 온다고 말할 수 있다는 것이다. 모든 종류의 잉여 DNA는 '이기적' 목적으로 축적된 것이 아니라, 염색체라는 DNA 집합체를 구성하고 기능하게 하는 데서 일어날 수 있는 문제들을 해결하기 위해 사용될 것이다. 만약 우리 몸의 모든 세포에 들어 있는 DNA를 염색체에서 끄집어내 일렬로 정렬시킨다면, 그 길이는 지구에서 달까지 12만 번 이상 왕복할 수 있을 정도이다.[29]

모두 세포는 핵이 있거나 없거나 둘 중 하나이다. 중간적인 세포는 존재하지 않는다. 화석 기록으로 진핵세포가 갑자기 출현했다든지, 현존하는 생물에서 진핵세포와 원핵세포 사이에 중간적인 존재가 전혀 발견되지 않는다든지, 또는 세포 내에서 세포소기관들이 자가복제를 할 수 있다든지 하는 수수께끼 같은 사실들은 모두 새로운 세포가 단순한 돌연변이나 박테리아 유전자 전달 등과 같은 과정과는 근본적으로 다른 메커니즘에 의해 만들어졌다는 것을 말한다. 지난 10여 년간의 연구 결과, 이 새로운 메커니즘은 공생

symbiosis임을 분명히 알게 되었다. 독립적인 원핵세포들이 다른 원핵세포들 속으로 들어가서 숙주세포의 부산물을 먹이로 이용하고, 대신 숙주세포는 유입세포의 부산물을 먹이로 취했다. 두 세포 사이에 주고받았던 이런 밀접한 관계는 계속적인 관계로 발전했고, 결국 그 자손들은 다른 세포들 내부에서의 생활에 잘 적응하게 되었다. 시간이 지남에 따라서 그런 협동 진화 박테리아 군집은 너무나 밀접하게 상호 의존하게 되어 모든 실제적인 관점에서 하나의 안정된 생명체, 즉 원생생물이라고 부를 수 있게 되었다. 생물 진화가 자유로운 유전자 전달 체계에서 한 걸음 더 나아가 공생의 이점을 취할 수 있게 된 것이다. 별개의 생물체들이 한데 합쳐져서 양쪽의 합보다 훨씬 진보된 새로운 한 생물체를 창조했다고 하겠다.

공생에 의해 유핵세포가 형성되었다는 이론은 결코 새로운 것이 아니다. 마치 스위스의 지질학자 알프레트 베게너가 단순히 대륙들의 들쭉날쭉한 생김새를 잘 관찰해서 '대륙이동' 가설을 최초로 주장했듯이, 1880년대 생물학자들은 새로 발명된 복안현미경을 사용해서 동식물의 세포를 세밀히 관찰한 결과, 그 내부에 박테리아 비슷한 존재가 있음을 밝혔고, 그 형태로 미루어 그들이 한때는 박테리아였을 것으로 짐작했다. 일찍이 1893년에 독일의 생물학자 쉼퍼는 식물 세포 속의 광합성을 하는 부분이 시안박테리아(그 당시에는 '남조류'로 불렸다)에서 왔다고 주장했다. 20세기의 첫 4반세기 동안 미국의 해부학자 이반 월린과 러시아 생물학자 콘스탄틴 메레스코프스키도 각각 같은 결론에 이르렀다. 1910년 당시 카잔 대학에서 교편을 잡고 있었던 메레스코프스키는 진핵세포가 여러 종류의 박테리아에서 기원했다는, 본질적으로 현재의 이론과 동일한 개념을 발표했다. 이후 생물학자들이 그들의 이론을 확인하는 데까지는 무려 70년 이상이 걸렸다.

현대 유전학은 진핵세포의 핵만을 강조했고, 그 결과 특히 20세기에 이르러서는 세포공생 이론을 시대에 뒤떨어졌다거나 우스꽝스러운 것으로 간주해서 방치해버렸다. 이런 경향은 너무도 심각해서 버몬트 대학의 교수였던 리처드 클레인은 1970년대 초엽까지도 "그런 한 푼 가치도 없는 이론(색소체plastids와 미토콘드리아의 공생기원설)이 오랫동안 유포되어왔다. (……) 하지만 그런 이론을 지지하는 화학적, 구조적, 계통발생학적 증거는 확실히 없다"고 설파했다.[30] 지금으로부터 20년 전까지만 해도 대학생들은 진핵세포 내의 세포소기관들이 분명 핵에서 '떨어져 나간' 부분이며, 그 후 자신들의 독특한 기능을 발전시켰을 것이라고 배웠다. 그러나 DNA 분석 기술이 발달하면서 그런 탈락 이론은 붕괴하기 시작했다. 그 이론은 여러 세포소기관들에 나타나는 DNA 존재를 설명할 수 없었고, 또한 그 DNA가 박테리아 DNA 가닥과는 비슷하지만 핵 속의 염색체 DNA와는 전혀 다르다는 사실도 설명할 수 없었다. 1962년 위스콘신 대학의 생물학자 한스 리스는 녹조류의 일종인 클래미도모나스Chlamydomonas의 엽록체 속에서 DNA 비슷한 구조를 처음으로 발견했다. 그는 엽록체 속에서 발견되는 DNA 구조가 시안박테리아의 것과 비슷하다는 사실을 바로 알아챘다. 한스 리스의 발견 이후 진핵세포의 세포소기관들이 독립생활을 하던 박테리아에서 기원했다는 이론을 지지하는 '화학적, 구조적, 계통발생학적 증거들'이 점점 더 많이 축적되기 시작했다.

인류의 종교와 신화에는 인간과 동물이 가공으로 혼합된 괴물들(인어, 스핑크스, 켄타우로스, 악마, 흡혈귀, 인간늑대, 천사 등)이 가득하다. 때로는 진실이 가공보다 더 이상하듯이, 생물학은 현재의 우리가 여러 다른 생물이 합쳐져서 만들어진 유핵세포들로 이루어져 있어 그런 반인반수 괴물들과 별반 다름없음을 깨우쳐준다. 그런 괴물들을 생각해낼 수 있었던 인간의 두뇌세포 역시 그 자체가 키메라(그리스 신화에 등장하는 괴물로 사자의 머리, 염소의 몸, 뱀의 꼬리를 하고 불을 내뿜었다-옮긴이)여서 함께 협동 진화를 수행했던 여러 독립적인 원핵세포들이 한데 합쳐진 것에 불과하다.

* * *

이제까지 어느 누구도 실제로 자연에서 생물종의 기원을 관찰할 수 있을 만큼 오래 살지는 못했다. 하지만 실험실에서는 새로운 변종 미생물로 진화되기까지 그 기간이 짧아서 관찰이 가능하다. 그런 예증적 사건이 테네시 대학 동물학과 교수였던, 탁월한 능력과 치밀한 관찰력의 소유자인 재미 한국인 과학자 전광우 박사에 의해 일어났다.[31] 전 박사가 밝혀낸 공생의 모험은 현재 우리가 약 15억 년 전 무핵 박테리아에서 유핵세포로 급격히 진화하던 과정에서 꼭 필요했다고 생각되는 역동성을 여실히 보여주었다.

그의 발견은 생물이 함께 생활하면서 생존하기 위해서는 그 사이에 어떤 종류의 협력이 불가피했다는 사실을 강력하게 시사한다.

또한 진화에서는 경쟁과 협동 사이에 뚜렷한 경계가 없음을 증명했다. 미생물우주에서는 손님과 포로가 같은 존재였으며 아무리 적대적인 상대방이라도 생존을 위해서는 오히려 서로에게 꼭 필요한 존재가 될 수도 있었다.

전광우 교수는 수년간 아메바를 배양해서 실험에 사용했다. 그는 새로운 아메바 종류를 얻으면 그것을 배양접시에 담아 세계 각처에서 모은 아메바들이 담긴 접시 옆에 두었다. 그런데 어느 날 그는 아메바들에게 심각한 질병이 퍼지는 것을 관찰했다. 건강하던 아메바들이 형태가 둥글어지면서 구슬 모양으로 변했다. 그들은 먹이를 섭취하지도 않고 분열하지도 않았다. 그런 현상은 한 배양접시에서 다른 배양접시로 계속 퍼져나갔다. 극히 일부 아메바들은 성장을 계속하면서 분열할 수 있었지만 분열 속도는 이틀에 한 번에서 한 달에 한 번씩으로 크게 늦어졌다.

죽거나 죽어가는 아메바들을 현미경으로 관찰한 그는 세포들 속에 작은 점들이 무수히 퍼져 있는 것을 발견했다. 이를 세밀히 관찰한 결과 약 10만 개의 막대 모양 박테리아가 각각의 아메바에 들어 있음을 알았다. 그는 박테리아가 최근에 얻은 아메바들에서 왔다는 사실도 알게 되었다. 막대 모양의 박테리아는 결국 그가 수집한 모든 아메바에 전염되었다. 그러나 완전히 재앙으로 끝난 것은 아니었다. 전염된 아메바들 중 극히 일부는 재앙에서 벗어날 수 있었다. '박테리아를 지닌' 아메바들은 매우 연약했고, 고온과 저온, 먹이 결핍 등의 환경 변화에 너무 민감했다. 그런데 이 박테리아를 지닌 아메바들에게, '박테리아가 없는' 정상적인 아메바들에게는 무해하지만 박테리아에게는 치명적인 항생제를 투여했더니 쉽게 죽어버렸다. 즉 박테리아를 가진 아메바들에게서 커다란 변화가 나타난 셈이다. 박테리아와 아메바라는 두 개의 이질적인 생물이 결합하여 다른 한 생물체가 된 것이다.

약 5년 동안 전 교수는 박테리아에 전염된 아메바들 중에서 연약한 것은 버리고 강한 것은 취하면서 배양을 계속해서 아메바들을 정상적인 건강 상태로 회복시키는 데 성공했다. 그들은 전염된 상태에 있으면서도 이틀에 한 번씩 분열을 할 수 있었다. 생식의 관점에서 본다면 그들은 전염되지 않았던 선조 아메바들과 똑같은 상태로까지 적응할 수 있었던 것이다. 아메바들은 박테리아를 쫓아내지도 않았다. 박테리아는 아메바 속에서 살아 있는 '벌레'가 되었다. 그리고 아메바들은 질병을 치유했다. 회복된 아메바들은 각각 약 4만 개씩의 박테리아를 소유했다.

박테리아의 입장에서 본다면 그들은 살아 있는 다른 세포의 내부에서 생존하기 위해 자신의 파괴적인 경향을 극적으로 변화시켰다고 할 수 있다. 이렇게 격렬한 대결에서 새로운 공생 생물체, 즉 박테리아를 가진 아메바가 나타나게 된 것이다. 처음의 전염 사건이 발생한 후 약 15년이 지날 때까지 영구적으로 박테리아를 갖게 된 아메바들은 더 이상 연약한 존재가 아니었으며 건강한 상태로 테네시 대학 실험실에서 계속 성장했다.

그러나 이 이야기는 여기서 그치지 않는다. 아메바의 핵을 조작할 수 있는 전문가였던 전광우 교수는 자신의 원래 실험을 계속했다. 전 교수는 그 사건이 일어나기 전에 자신이 가지고 있던 아메바들을 친구들에게 분양했었는데 그중 일부를 돌려받았다. 그 아메바들은 한 번도 전염성 박테리아에 노출되지 않은 것들이었다. 그는 갈고리가 달린 유리 바늘을 사용해서 전염된 아메바와 전염되지 않은 아메바에서 각각 핵을 제거하여 그것들을 서로 교환했다.

새로운 핵을 갖게 된 전염성 아메바들은 분열을 거듭했다. 그러나 수년 동안 박테리아에 전염되었던 아메바에서 얻은 핵을 갖게 된 '깨끗한' 아메바들은 약 4일 동안 생존한 후 모두 죽고 말았다. 마치 이 현상은 전염된 세포에서 얻은 핵은 '건강한' 세포들과 조화를 잘 이루지 못한다는 사실을 뒷받침하는 것처럼 보였다. 그러면 한 번 전염되었던 적이 있는 아메바들에게는 박테리아가 계속 필요하지 않겠는가?

이 이론을 확인하기 위해 전광우 교수는 다른 아메바 여러 마리를 준비하여 구출 실험을 시도했다. 전염된 아메바가 분열해서 얻은, 핵은 있지만 박테리아는 없는 아메바들이 죽기 하루나 이틀 전에 그들 중 몇몇에게 약간의 박테리아를 주사했다. 박테리아는 새로운 아메바의 체내에서 급속히 증가하여 세포 한 개마다 약 4만 개씩으로 늘어났으며 그 결과 건강하지 않던 아메바들은 원래의 건강 상태로 회복되었다. 공생적 습관이 아메바에 형성되어서 이제 박테리아는 '필수불가결'한 존재가 되었다는 것이 입증된 셈이다.

전 교수의 아메바들은 페니실린에 치명적이었다. 페니실린은 아메바의 체내에서 생활하게 된 박테리아의 세포벽과 결합해서 박테리아를 죽게 만들어서 결국 상호 의존하는 아메바와 박테리아 공생 세포 역시 죽게 했다. 박테리아와 아메바 사이의 공생관계가 너무나 밀접해져서 이제 어느 한쪽의 사멸이 그 모두의 파국을 초래하게 된 것이다.

전 교수의 아메바 실험은 서로 죽이거나 피해를 주는 생물체, 공동생활을 하는 생물체, 그리고 아메바의 경우에서처럼 서로 필수불가결한 존재가 된 생물체들 사이에서 유일한 차이점이란 그저 정도의 차이일 뿐이라는 사실을 보여주었다. 치명적인 병원균이 10년이라는 짧은 기간에(35억 년 또는 그 이상의 생물학적 진화 역사를 고려하면 그야말로 찰나 같은 시간이다) 세포에 꼭 필요한 세포소기관으로 변화할 수 있었다. 이 새로운 종(박테리아를 가진 아메바가 대표적인 예이다)은 긴 세월에 걸쳐서 돌연변이가 축적되면서 나타나는 점진적인 진화 과정을 거치지 않고 만들어졌다.

아메바 실험으로, 진화는 언제든지 '개체의 이익'을 위해 진행된다는 개념의 오류가 지적되었다. '개체'란 무엇을 의미하는가? 그것은 세포 내부에 박테리아를 가진 '한 개'의 아메바를 말하는가, 또는 살아 있는 세포의 내부에서 생활하는 박테리아 중의 '한 개'를 의미하는가? 개체란 사실상 추상적인 용어이며 하나의 범주 개념일 뿐이다. 그리고 자연은 어떠한 좁은 범주나 개념을 넘어서서 진화를 진행시키는 경향이 있다.

전형적인 진화 개념 중 "진화는 오직 강한 자만이 살아남는 살벌한 투쟁이다"라는 말이 있다. '적자생존 survival of the fittest'은 철학자 허버트 스펜서가 제창했던 표어로, 19세기 말엽에 자본가들이 연소자 노동, 노예 임금, 잔혹한 작업환경 등의 몰염치한 행위를 정당화하기 위해 즐겨 사용했다. 그들은 이 말의 의미를 "생존을 위한 투쟁의 마당에서는 오직 가장 강한 자만이 살아남는다"라고 왜곡함으로써, 이윤착취가 자연법칙이므로 도덕적으로도 받아들일 수 있다고 주장했다.

만약 다윈이 자신의 아이디어가 어떻게 잘못 사용되고 있는지를 알았더라면 분명히 크게 놀랐을 것이다. 그는 스펜서가 제창했던 '적자생존' 용어를 큰 근육, 약탈적 관습, 십장의 채찍 등의 의미로 사용하지 않고, 더 많은 자손을 남긴다는 뜻으로 사용했다. 진화학에서 적응은 '다산'의 의미이다. 적자생존의 요점은 모든 생물의 회피할 수 없는 죽음의 문제를 강조했다기보다는 생물의 번식 문제를 강조하기 위한 것이었다.

강한 자만이 살아남는다는 논리는 협동보다는 경쟁을 크게 강조했다. 그러나 피상적으로 매우 연약해 보이는 생물이 집합체의 한 부분으로서 오랜 기간 생존했던 반면, 소위 강하다고 일컬어지는 생물이 협동 기술을 익히지 않은 나머지 결국은 멸망한 사례를 우리는 진화 역사에서 꽤 자주 보아왔다.

만약 공생이 생물 역사에서 그렇게 보편적이며 중요한 것이었다면 우리는 생물학을 처음부터 다시 생각해볼 필요가 있다. 지구상에서 생물의 생활은 어떤 한 생물체가 다른 생물체를 압도해서 승리를 얻는다거나 하는 그런 운동시합 같은 것이 아니다. 그것은 넌제로-섬 게임nonzero-sum game으로 알려져 있는 게임 이론의 수학적 영역이라 할 수 있다. 제로섬 게임은 탁구나 장기 같은 것으로, 한쪽 편이 다른 한쪽 편의 희생으로 점수를 얻게 된다. 이와는 대조적으로 넌제로섬 게임은 어린아이들의 집짓기 놀이나 전쟁놀이에서처럼 어느 한쪽 편, 또는 여러 편이 함께 이길 수 있으며 또 여러 편이 동시에 질 수도 있는 게임이다. 생물의 생활은 많은 사람들이 인식하고 있는 것보다 훨씬 복잡한 넌제로섬 게임이라 할 수 있다.

정치학자 로버트 액슬로드는 최근 게임이론학자, 경제학자, 진화생물학자, 수학자 등을 초청해서 학회를 개최했다.[32] 이 학회에서 참석자들은 넌제로섬 게임의 일종인 '죄수의 딜레마Prisoner's Dilemma' 게임을 할 수 있는 컴퓨터 프로그램들을 소개했다. 이 게임에 참여하는 두 사람은 스스로를 형무소의 죄수라고 가정하고, 탈출을 위해 서로 협조하면 3점을 획득하고, 만약 서로 기피하면 1점씩을 얻게 된다. 만약 한 참석자가 상대편이 협력했는데도 협력을 기피하면 기피자는 5점을 얻는 반면에 협력자는 전혀 점수를 얻지 못하게 된다. 그러므로 언뜻 보면 점수를 따기 위한 최상의 방책은 상대방을 협조하도록 부추긴 후에 자기 자신은 이를 피하는 것처럼 보인다. 하지만 그 일을 하기는 쉽지 않다. 액슬로드는 가장 효과적인 전략은 '인정 많음' '관용' '상응' 등이라는 것을 알게 되었다. '인정 많음'은 먼저 기피자가 되지 않는 것을 의미하며, '관용'은 만약에 상대방이 한 번은 기피했지만 이후부터는 기피하기를 멈추었을 때 "상대방에게 교훈을 가르치기 위해서" 나중에는 기피하는 일을 더 이상 하지 않음을 뜻한다. '상응'은 만약 상대방이 협력했다면 적어도 한 번은 협력하는 것(기피하는 것도 함께)을 의미한다. 이 프로그램들 중에서 특히 상대방 협력자를 기피함으로써 점수를 얻으려 했던 탐욕스러운 전략은 언제나 가장 점수가 좋지 않았다는 사실이 알려졌다. 다음에 액슬로드는 가장 많은 점수를 얻었던 전략들을 최대한 이용하도록 프로그램들을 '진화'시켰다. 이렇게 여러 차례에 걸쳐 진화된 프로그램들에는 이제 더 이상 탐욕스러운 전략이 포함되지 않았다. 이 연구로 액슬로드는 넌제로섬 게임에서는 시간이 지나면서 협력관계가 증가한다고 결론지었다. 액슬로드의 연구 결과에 따르면 모든 커다란 생물은 더 작은 원핵생물이 모여 서로 협력함으로써 만들어진다는 결론에 이르는데, 이는 우리 저자들의 주장과 일치한다. 상호 협조함으로써 공동 생존의 승리를 쟁취하는 것이다.

실제로 생물은 마치 대도시와 같다. 로스앤젤레스와 파리는 그 이름으로, 그 시 경계선에 의해, 그리고 주민들의 일반적 생활양식 등에 의해 구분된다. 하지만 자세히 관찰하면 도시 그 자체는 전 세계에서 모인 이민, 이웃, 범죄자, 박애주의자, 도둑고양이, 비둘기 등등으로 구성되어 있음을 알 수 있다. 도시와 마찬가지로 개개의 생물들도 경계가 뚜렷한 관념적인 형태가 아니다. 생물은 스스로 충족할 수 있는 다수의 작은 부분들을 가지고 무정형의 경향을 띠는 축적적 존재이다. 그리고 한 생물이 여러 종의 복합체로 구성되어 있는 것처럼 생물 그 자체도 더 큰 초생물의 움직이는 한 부분이 된다. 초생물의 가장 큰 단위는 지구의 미생물우주임이 분명하다. 이 행성의 한 삼림에서, 한 포유동물의 내장기관 속에 살고 있는, 한 아메바의 내부에 존재하는 한 세포소기관은 여러 세계 속의 한 세계에 살고 있는 존재이다. 이들 각 세계에는 각각의 좌표계가 있으며 각각의 생물 개체는 각각의 현실 속에서 생존한다.

마치 전광우 교수의 아메바처럼 우리 자신의 세포들은 성장하고 호흡하기 위해 고대의 박테리아 침입자가 필요했을 것이다. 우리의 태곳적 선조들은 우리 자신을 구성하는 세포 속에 유전적 지문을 남겨놓았다. 과거의 단순했던 원핵세포 상태의 생물은 유핵세포의 내부에 특별히 세 가지 세포소기관으로 변신해 보존되었다. 미토콘드리아, 색소체(엽록체), 그리고 파상족 undulipodia이 곧 그것이다. 이들이 없이는 우리 내부의 세계도, 우리 외부의 세계도, 그리고 우리를 인간으로 구분해주는 이들 두 세계 사이의 희미한 경계선, 그 어느 것도 존재하지 않을 것이다.

마이크로코스모스

8

상생을 위한 세포간 협력

3억 년 전 고생대 후기
미생물이 육상을 활보하는 동물들의 내장에
자리잡고 육지로 진출하다.

LIVING TOGETHER

8
상생을 위한 세포간 협력

원핵생물 세포는 화학물질 한 방울에 비유될 수 있을 만큼 생물 형태로는 대단히 단순하다. 세포막은 수백 개의 리보솜이 점점이 흩어져 있는 세포질을 둘러싸고 있으며 세포 중앙에는 약 4,000개의 유전자를 저장하는 순수한 형태의 DNA 가닥이 느슨하게 풀린 형태로 세포질 속을 떠다닌다. 이와는 대조적으로 유핵세포는 훨씬 크고 복잡하며 또한 미토콘드리아와 색소체를 포함하고 있다. 세포 내부는 소포체라는 그물 모양의 구조물로 얼기설기 얽혀 있고 그 사이를 세포질이 이동streaming한다. 핵 속의 DNA는 대부분 중복된 것이기는 하지만 염색체 속에 빽빽하게 감겨 있다. 염색체는 핵막으로 둘러싸인 핵 속에 있다. 현대 진화학에서는 유핵세포를 여러 다양한 생물이 합쳐진 형태로 간주된다. 살아 있는 주식회사라고도 할 수 있는 세포에서 합병은 한 생물이 다른 한 생물을 적대적으로 폐참으로써 시작되었다. 그렇지만 수억 년의 세월이 지나는 동안 그들은 조화를 이루고 잘 어우러져서 이제는 전자현미경이나 여러 정교한 생화학적 분석 방법을 동원해야만 세포 구성원들의 관계를 엿볼 수 있게 되었다.

진핵세포의 기원에 대한 실마리를 제공하는 세포 주식회사의 첫 번째 구성원은 미토콘드리아이다. 일찍이 1918년에 프랑스의 생물학자 폴 포르티에는 (그리고 1925년 이반 월린도 함께) 미토콘드리아의 작은 크기와 단순한 분열 방법에 주목해서 그것이 동식물 세포의 내부에 자리잡게 된 박테리아의 직접 후손임을 확신했다.

거의 모든 진핵세포에 존재하는 미토콘드리아는 짙은 색을 띠면서 막에 둘러싸인 형태인데, 대기 중의 산소에서 끄집어낸 풍부한 에너지를 그들 주위의 세포질에 제공한다. 바로 이 미토콘드리아 덕분에, 핵을 가진 세포로 이루어진 지상의 모든 생물(물론 인간까지 포함한, 박테리아를 제외한 모든 생물)은 물질대사 기능이 놀랄 만큼 비슷하다. 식물과 조류에 의해 독점되는 광합성 대사(이 메커니즘은 시안박테리아의 것과 본질적으로 같다)를 고려하지 않는다면 모든 기본적인 세목에서 진핵세포의 물질대사는 같다. 이와 대조적으로 박테리아는 진핵세포보다는 물질대사 변이가 훨씬 광범위하다. 박테리아는 다양한 발효 기능을 가졌고, 메탄기체를 생성하며, 대기 중에서 질소를 직접 '섭취'하며, 황 입자로부터 에너지를 취할 수 있고, 호흡을 해서 철과 망간을 침전시키며, 물을 만들기 위해 수소를 산소와 결합시키고, 끓는 물이나 염수에서도 생활할 수 있으며, 자주색 색소인 로돕신을 사용해서 에너지를 저장하는 등 매우 다양한 물질대사를 수행할 수 있다. 집단으로서의 박테리아는 식물 섬유와 동물체의 부산물 모두를 이용할 수 있는 교묘한 수단을 활용해서 먹이와 에너지를 얻는다(만약 박테리아가 그것들을 먹어치우지 않는다면 우리는 쓰레기더미 속에서 생활해야만 할 것이다). 그렇지만 우리는 에너지를 생산하기 위한 박테리아의 여러 대사 메커니즘들 중에서 오직 한 방법, 즉 산소호흡만을 이용할 수 있을 뿐이며 더욱이 그 메커니즘은 미토콘드리아만의 전담 업무라 할 수 있다.

진핵세포에서는 세포질 속에서 먹이 분자가 발효하면서 알코올이나 유산乳酸과 같은 부산물을 생성한다. 그 부산물은 미토콘드리아 내부로 들어가는데, 그곳에서 산소를 포함하는 반응 사이클과 호기성 박테리아에서 발견되는 것과 같은 종류의 전자전달 과정을 거친다. 미토콘드리아 내부에서 일어나는 이러한 반응은 미토콘드리아와 세포의 다른 부분들에게 필요한 대부분의 ATP를 생산한다. 먹이 분자가 산화되면 이산화탄소CO_2와 물 분자H_2O가 부산물로 남는다.

미토콘드리아는 그들의 선조가 자유생활을 했음을 보여주는 흥미로운 여러 가지 속성들을 지금도 지니고 있다. 그것은 비록 세포핵의 외부에 존재하지만 고유의 DNA, 전령 RNA, 운반 RNA, 리보솜 등을 포함해서 자신의 유전기구를 미토콘드리아 막 내부에 별도로 가진다. 박테리아 DNA와 마찬가지로 이 DNA도 염색체 속에 포함되어 있지 않으며 숙주세포의 핵 DNA에서 발견되는 히스톤(단백질의 일종) 외피에 둘러싸여 있지도 않다. 미토콘드리아는 리보솜에서 단백질을 합성하는데 그 리보솜은 박테리아의 것과 매우 유사하다. 더욱이 미토콘드리아의 리보솜과 호기성 박테리아의 리보솜은 스트렙토마이신과 같은 항생제에 똑같이 민감하다.

　대부분의 박테리아와 비슷하게, 그러나 진핵세포의 복잡한 생식 방법과는 판이하게, 미토콘드리아는 몸체의 가운데가 갈라져서 둘로 나뉘는 단순분열로 증식한다. 더욱이 그런 분열은 미토콘드리아 각각에서 각기 다른 시간에 이루어지며 또 유핵세포 자체의 분열과도 따로 진행된다. 코펜하겐의 칼스버그 실험실과 프랑스국립과학연구센터의 과학자들은 박테리아적 성sex을 규정하는 비체계적 유전자 전달이 미토콘드리아에서도 일어나고 있음을 밝혀냈다.

　미토콘드리아에서 발견되는 여러 속성들은 미토콘드리아가 과거 한때 자신보다 큰 박테리아의 세포 내부로 들어가서 결국 공생생활을 하게 된 박테리아의 일원이었다는 점을 말해준다. 축축한 원생대의 토양 속에서, 또는 진초록빛과 남색을 띠는 박테리아로 이루어진 미생물융단 속에서, 산소를 호흡하는 박테리아의 일종이 최초로 탄생했을 것이다. 그런 장소에서는 주변에서 광합성의 부산물로 막대한 양의 산소가 생산되었으므로 박테리아는 그것을 회피하든지 또는 그에 적응하도록 진화되든지 하는 양자택일의 결단을 해야만 했을 것이다. 미토콘드리아의 선조는 분명, 현대의 포식성 박테리아 중에서 특히 델로비브리오Bdellovibrio나 답토박터Daptobacter와 비슷한 종류였을 것이다.

　델로비브리오 박테리아는 산소호흡을 하고, 먹이가 되는 박테리아를 파괴해서 안쪽에서부터 먹어치운다. 이 박테리아의 이름은 그리스어에서 유래했는데 'bdello'는 거머리를 의미하고 'vibrio'는 진동하는 쉼표(,) 모양을 뜻한다. 델로비브리오는 먹잇감이 되는 박테리아 표면에 붙자마자 마치 드릴의 끝처럼 몸을 회전시켜서 박테리아 내부로 파고든다. 그리고 그 안에서 먹이 박테리아의 유전물질을 파괴한 후에 이 조각들을 사용해서 자신의 유전자와 단백질을 합성한다. 이후에 델로비브리오는 이제는 필요 없게 된 숙주 박테리아의 외피를 파괴하고 밖으로 탈출한다.

또 하나의 포식성 무핵생물인 답토박터 역시 맹렬한 공격성 박테리아이다. 1983년 스페인 바르셀로나 대학의 이사벨 에스테베 박사가 답토박터 박테리아(갉작이 박테리아 gnawing bacterium)는 델로비브리오와는 달리 먹이 박테리아 세포벽의 내부막과 외부막 사이를 뚫고 들어간다는 사실을 밝혔다. 그들은 이곳에서 교묘하게 분열을 거듭하는데 호기성 상태나 혐기성 상태 어느 쪽에서도 생존할 수 있다. 우리 몸 세포에 있는 미토콘드리아의 선조도 맹렬한 공격자였는데, 주위에 산소가 풍부해지면 산소를 호흡하고 또 필요한 경우에는 산소 없이도 생존할 수 있는 그런 박테리아였을 것이다. 미토콘드리아의 선조는 우리 몸의 다른 박테리아 조상에게 침입해 그 속에서 번식했다. 그들에게 침입당한 숙주세포는 처음에는 거의 생존할 수 없었을 것이다. 그러나 숙주세포가 사멸하면 침입자들도 역시 죽을 수밖에 없었으므로 결국에는 협력자들만 살아남았다. 침략당한 숙주와 공격성을 잃은 미토콘드리아는 마침내 적대적 관계를 청산했고, 그 후 역동적인 협력관계로 10억 년의 세월을 이어갔다.

치명적인 질병을 유발하는 미생물처럼 지극히 공격적인 박테리아가 자신의 숙주세포를 사멸시키면 결국 자신도 죽게 된다. 따라서 공격을 자제함으로써(숙주세포에 치명적이 아니거나 만성적으로 죽음을 유발하는 정도의 공격) 진화 역사에 더 자주 나타날 수 있었다. 침략 근성을 가진 미토콘드리아의 선조들은 그들의 숙주세포를 유린했지만 일부 숙주 박테리아는 살아남았다. 미토콘드리아의 선조들은 숙주 박테리아의 전체를 탐하지 않고 숙주에게서 취해도 좋은 부분(부산물)만을 얻도록 적응하면서 숙주세포를 죽이지 않고도 자신을 증식시킬 수 있게 되었던 것이다. 그 둘 사이의 적대적 관계는 오랜 기간이 지나면서 서서히 청산되었다. 증오는 연민이 되었다. 영국 리딩 대학의 필립 존은 어떤 종류의 암은 원핵생물 시대의 적대적 관계가 한동안 잠재해 있다가 부활한 일종의 사례로 설명할 수 있다고 했다. 존은 여러 암세포들에서 미토콘드리아가 비정상적으로 행동하는 것을 발견했는데 그는 이에 근거하여 미토콘드리아의 반동이 아직은 완전히 끝난 것이 아니라고 결론 내렸다.

궁극적으로 숙주 박테리아 중 일부는 호기성 침입자가 자신의 내부 환경 속에서 먹이를 먹으면서 생활할 수 있도록 관용을 베풀게 되었다. 이제 그 두 생물체는 서로 상대방의 대사산물을 먹이로 취할 수 있었다. 침입자가 숙주세포에게 해를 끼치지 않으면서 그 세포 내부에서 증식할 수 있게 되자 이들은 독립적인 자유생활을 포기하고 영원히 숙주세포 속에 안주하게 되었다. 마치 광포한 멧돼지가 이제는 집돼지가 되어 헛간에서 얌전히 지내는 것처럼, 또는 한때 늑대였던 개가 '인간의 가장 친밀한 친구'가 된 것처럼, 치명적인 '질병'을 유발했던 박테리아가 숙주세포 속에 갇혀서 무해해진 것이다. 핵막의 발생에 관해 널리 알려진 한 이론에 따르면, 핵막은 숙주세포가 대기 속에 점차 증가하는 유독성 산소로부터 DNA

를 방어하기 위해 자신의 세포 속으로 산소를 이용할 수 있는 외부 박테리아를 유입시킨 결과물이다.

숙주세포의 기원은 아마 테르모플라스마Thermoplasma와 같은 거대 박테리아의 일종이었을 것이다. 테르모플라스마는 산소를 호흡할 수 있지만 오늘날의 대기 중 정도의 산소 농도에서는 생존할 수 없고 아주 낮은 농도에서만 살 수 있다.[33] 아마도 숙주 박테리아는 미토콘드리아를 냉혹한 환경에서 보호할 수 있을 정도로 강인한 종류였을 것이다. 테르모플라스마 박테리아는 미국 옐로스톤 국립공원의 온천과 같은 고열과 강산성의 환경에서 생존할 수 있어서, 진핵세포의 핵과 세포질 부분의 박테리아 선조로 오늘날 가장 유력하게 생각하는 종이다. 테르모플라스마를 진핵세포의 가장 확실한 선조로 생각할 수 있는 또 하나의 증거가 있는데, 그것은 이 종의 DNA가 다른 박테리아의 DNA들과 달리 거의 모든 유핵생물에서 발견되는 히스톤과 비슷한 단백질에 둘러싸여 있다는 사실이다.

스테로이드 합성은 미토콘드리아와 숙주세포의 공생 과정에서 진핵세포가 갖게 된 기능이었다. 진핵세포는 세포막을 좀 더 유연하게 하기 위해 네 개의 고리를 가진 복잡한 지방 분자인 스테로이드를 막 구조에 첨가했다. 스테로이드는 막의 단백질을 '유연하게' 해서 세포의 내막과 외막이 온도의 변화에 따라 쉽게 파괴되고 또 쉽게 융합될 수 있도록 한다. 그런 스테로이드를 가진 막은 작은 주머니를 형성한다. 그 막은 미토콘드리아와 핵을 둘러쌌다. 스테로이드 합성에 필요한 생화학적 메커니즘은 세포질 속에서 이루어지지만 그 과정의 마지막 단계는 미토콘드리아 내부에서 진행된다.

스테로이드 합성에 산소가 필요하고 일정 부분 미토콘드리아와 관련 있는 것으로 미루어볼 때 그 전체 메커니즘은 산소를 호흡하는 박테리아와 산소를 기피하는 숙주 박테리아의 공생관계에서부터 비롯한 것으로 보인다.

    침입자는 숙주세포 내부의 생활에 적응하면서 점차 자신의 일부 DNA와 RNA를 잃었다. 자연선택 법칙은 공생관계가 성립되었을 때 열등한 쪽의 기능을 도태시킨다. 예를 들어서 만약 두 생물체가 모두에게 필요한 영양소를 합성할 수 있을 때는 한쪽이 점진적으로 그 기능을 상실함으로써 두 종 사이의 상호 의존도를 더욱 높이게 된다. 이 단계에 이르러서야 비로소 미토콘드리아는 세포의 나머지 부분에 자신을 전적으로 의존하게 되었다. 그들은 숙주세포의 유전자를 이용해서 자신의 DNA와 RNA 복제에 필요한 효소를 포함한 대부분의 단백질들을 합성했다. 세포는 미토콘드리아가 산소로부터 얻는 에너지를 사용하고, 미토콘드리아는 세포의 부산물인 유기산을 사용했다. 만약 그런 공생관계가 중단된다면 인간을 비롯한 모든 합성 생물체는 이내 죽게 될 것이다.[34]

    그러면 숙주세포는 무엇이었을까? 침입자들에게 공격당했던 더 커다란 세포들도 분명히 박테리아였을 것이다. 이들은 현대의 테르모플라스마 박테리아와 비슷했거나 또는 그의 친척뻘이 되는 술폴로부스Sulfolobus 종과 비슷했을 것이다. 고온과 강산성의 환경에서 생존할 수 있는 테르모플라스마의 강인하고 융통성 있는 기능들은 원생대 세계에서 더없이 귀중한 재산이었을 것이다. 테르모플라스마와 술폴로부스는 뚜렷하게 리보솜과 리보솜 DNA를 가져서 새롭게 분류된 박테리아군에 포함된다. 이런 박테리아를 고박테리아archaeobacteria라 총칭하는데, 그 이유는 그들이 가진 형질들이 진핵생물과 비슷해서 다른 박테리아들과는 오래전에 유리되어 독자적인 진화 과정을 거친 것으로 보이기 때문이다. 한편 우리와 좀 더 친밀한 박테리아들, 예를 들어 대장균이나 간균Bacillus 같은 종들은 진박테리아eubacteria로 불린다.

공생생활을 영위함으로써 고박테리아와 그들에게 침입한 진박테리아들은 그들 가운데 누구도 혼자서는 수행할 수 없는 일들을 할 수 있었다. 그래서 그 후손들은 거대생물우주macrocosm의 기초가 되었다. 해조seaweed에서부터 바다성게, 물개, 그리고 선원에 이르기까지 오늘날 지구에서 우리에게 익숙한 모든 생물은 진핵세포 합성체이다. 진핵세포 자체는 원핵세포들이 합병된 결과이다. 오늘날 모든 유핵세포는 한때 박테리아였던 호기성 미토콘드리아를 무수히 지니고 있다.

미토콘드리아가 공생생활에 적응한 이후 약 1억 년 정도 세월이 흐른 후에 새로운 형태의 생물이 여러 진핵세포의 세포질 속으로 유입해서 미토콘드리아와 함께하게 되었다. 하지만 이번의 합병은 전염에 의해서가 아니라 포식에 의해서였다. 마치 고래가 삼켰던 요나(《구약성서》〈요나서〉에 나오는 예언자로 고래에게 잡아먹히지만 사흘 후 다시 고래가 뱉어냈다-옮긴이)처럼 색소체 선조들은 굶주린 원시 진핵세포들에게 잡아먹혔을 것이다. 그 선조들은 아마도 미생물 융단을 구성하고 스트로마톨라이트의 맨 위층을 형성했던 바로 그 시안박테리아였을 것이다. 무수히 잡아먹혔던 시안박테리아의 일부가 숙주세포 속에서 소화에 견딘 결과, 마침내 자신이 가진 햇빛을 포획하는 색소를 세포 속에 그대로 지닐 수 있었으리라.

오늘날 색소체(진핵세포에서 광합성을 하는 부분)는 모든 식물과 여러 원생생물들(이동성 유글레나 등)의 내부에 있으면서 전 생물권에 먹이와 산소를 제공한다. 색소체는 물과 태양광선으로부터 먹이를 합성하는데 포유동물들(물론 우리 인간을 포함해서)은 그런 일을 하지 못한다. 지구적인 관점에서 본다면 포유동물의 역할은 광합성 식물에 비료를 공급하는 자이자 미토콘드리아 운반체에 불과한 하찮은 존재일 따름이다. 만약 모든 포유동물이 한순간에 사라져버린다면 곤충, 새, 기타 여러 동물들이 포유동물의 역할을 대신할 것이다. 그러나 색소체를 가진 모든 식물이 사라져버린다면 지상의 포유동물 역시 모두 사라질 것이다.

대부분의 식물과 녹조류에 있는 녹색의 색소체(엽록체라고도 한다)는 미토콘드리아보다 크고 박테리아와 매우 비슷하다. 색소체 안에도 고유의 DNA와 전령 RNA가 있다. 리보솜 역시 박테리아의 리보솜과 크기가 비슷하다. 미토콘드리아와 마찬가지로 그들도 막에 둘러싸여서 세포의 다른 부분과 격리되어 있다. 그 DNA는 염색체 속의 DNA에 포함되어 있는 히스톤 단백질이 전혀 없어서 박테리아 DNA와 유사하다. 세포 내부에서 색소체는 직접분열에 의해 둘로 나뉜다. 색소체에 의해 합성되는 DNA, RNA, 단백질 등은 박테리아가 가진 것들과 놀랄 만큼 비슷하며 특히 시안박테리아와도 매우 유사하다.

색소체는 자가 충족을 위한 도구들을 대부분 잃었는데도 많은 단백질을 스스로 합성할 수 있다. 다는 아니지만 색소체는 대부분 녹색, 적색, 또는 남색의 색소를 가지고 있어서 광합성 능력을 유지한다. 모든 식물 세포가 다양한 색소체를 지니는 반면에 색깔을 띠지 않는 일부 색소체는 광합성 기능이 없다. 이런 무색의 색소체가 어떤 역할을 수행하는지에 대해서는 현재까지 어느 누구도 정확히 밝히지 못했다. 그렇지만 그런 색소체의 존재 역시 완전히 이질적인 생물이 오랜 기간에 걸쳐서 연합하게 되었음을 시사한다.

1960년대 말엽에 캘리포니아 스크립스 해양연구소의 해양생물학자 랄프 르윈은 태평양 열대 해역의 여러 곳(바자 캘리포니아 연안, 싱가포르, 팔라우 제도 등)에서 진한 녹색을 띠는 이상한 박테리아를 발견했다. 그는 이 미생물을 '프로클로론'이라고 명명했다. 프로클로론은 우렁쉥이(멍게라고도 부른다-옮긴이)의 표면을 뒤덮어서 그것들을 초록색으로 보이게 했는데, 아마도 그들에게 어떤 영양소를 제공하는 것처럼 보였다. 심지어 어떤 우렁쉥이 유생에는 프로클로론이 가득 찬 주머니가 있는데, 다음 세대에게 공생관계를 전해주는 것 같았다. 프로클로론의 커다란 세포와 진한 초록색은 그들이 마치 원생생물인 클래미도모나스 또는 녹색 히드라의 공생체처럼 녹조류의 일원으로 보이게 했다. 그러나 전자현미경으로 관찰한 결과 놀라운 사실이 밝혀졌다. 프로클로론은 녹조류가 아니라 명백히 박테리아였던 것이다.

프로클로론은 박테리아 특유의 DNA를 가지며 막에 싸여 있고 내부에 분명한 색소가 있다. 만약 세포벽이 없고 또 우렁쉥이의 표면에 붙어 있지 않고 식물 세포의 내부에 존재한다면 틀림없이 엽록체로 불릴 것이다. 프로클로론은 박테리아적 구조를 가지면서 식물체의 생리적 특성도 함께 지니는, 공생의 역사에 나타나는 '잃어버린 고리'라 할 수 있다(시안박테리아도 녹색―실제로는 남색blue-green―을 띠지만 생리학적으로는 식물이나 녹조류와 뚜렷이 구별된다. 프로클로론은 클로로필 'a'와 클로로필 'b' 두 색소를 모두 가져서 물질대사 관점에서 볼 때 시안박테리아보다 식물에 훨씬 가깝다. 시안박테리아에는 단지 클로로필 'a'와 남색의 색소만 있다). 프로클로론의 조상은 수많은 종류의 원생생물에게 잡아먹혔을 가능성이 매우 크다. 그들의 일부는 세포 내부에서 소화되지 않고 살아남아서 결국 색소체로 진화했을 것이다. 오늘날의 식물은 모두 태양광선을 향하는데, 이는 햇빛이 없으면 색소체가 생존할 수 없기 때문이다.

캐나다의 노바스코샤에 있는 달하우지 대학의 생화학자 포드 두리틀은 홍조류에 속하는 해조의 일종인 포르피리디움Porphyridium의 적색 색소체에서 추출한 리보솜 RNA를 동일한 포르피리디움의 세포질 속에 있는 리보솜 RNA와 비교했다. 그는 이 두 RNA 사이에서 15퍼센트 이하의 유사성을 발견했다. 두리틀은 또 적색 색소체의 RNA 가닥 및 원생생물인 유글레나의 엽록체에서 얻은 가닥과도 비교했다. 이때 측정된 유사성은 각각 42퍼센트와 33퍼센트였다. 이 발견으로 두리틀은 시안박테리아가 홍조류 적색 색소체(또는 조홍체 rhodoplasts라고 불린다)의 조상이라고 확신했다. 유사한 방법으로(비록 세밀한 분자생물학적 연구는 아직 진행되지 않았지만) 식물에서 보통 나타나는 녹색의 색소체(엽록체) 역시 프로클로론에서 연유한다는 사실이 거의 확실하게 밝혀졌다.

  우리 주위의 자연계를 둘러보면 프로클로론의 후손들이 얼마나 큰 성공을 거두었는지 바로 알 수 있다. 밀림, 정원, 꽃가루, 갈대 초원 등은 모두 이 색소체의 번영을 증명한다. 포식되었지만 소화되지 않음으로써, 그리고 진핵세포로 불리는 협동체의 한 부분이 됨으로써 그들은 오늘날 세계 구석구석에서 번창하고 있다.

  새로운 진핵세포는 이제 다양해졌다. 어떤 종은 현재 ATP를 생산할 수 있는 두 가지 기본 수단을 가졌다. 그것은 호흡과 광합성이다. 물속에 부유할 수 있게 된 세포들은 바다 멀리까지 퍼져나갔다. 조류와 식물성 플랑크톤의 형태로 발전한 진핵생물이 대양과 기타 습지들을 점령하게 된 것은 놀라운 일이 아니다. 이제 그들은 물을 떠나서 육지를 점령하고 마침내 거대생물 우주를 형성하는 원시 식물체로 진화하는 시점에 이르렀다.

MICROCOSMOS
*Four Billion Years of
Microbial Evolution*

9

공생하는 두뇌

2억 년 전 중생대 초기
파충류가 바다와 공중을 차지하고 있는 동안
최초의 포유동물이 진화하다.

The
SYMBIOTIC
BRAIN

9
공생하는 두뇌

오랜 진화의 역사에서 정확히 언제부터인지는 지적할 수 없지만 대략 박테리아가 합병해서 산소와 햇빛을 이용할 수 있는 세포로 발전했을 즈음에 또는 그 직전에, 생물은 기동성이라는 또 하나의 중요한 기능을 가지게 되었다. 커다란 새 세포들에 행동이 민활한 박테리아가 유입되면서 유핵세포가 이동의 편리함(위험을 피하며 먹이와 숙소를 찾을 수 있는)을 즐길 수 있게 된 것이다. 이동의 다른 장점은 서식처를 좀 더 넓은 범위에서 찾을 수 있다는 점, 그리고 유전자 교환을 위한 기회를 좀 더 자주 가질 수 있다는 점이겠다.

만약 살아 있는 유핵세포를 현미경으로 관찰한다면 세포 내부 물질들의 기민한 이동성에 크게 놀랄 것이다. 박테리아의 세포 내용물은 거의 정체되어 있거나 또는 수동적으로만 움직이는데 반해, 진핵세포의 내부는 마치 바쁜 도시처럼 이동이 잦다. 세포질에는 어떤 흐름이 있다. 어떤 세포에서는 미토콘드리아, 리보솜, 기타 여러 세포소기관들이 마치 교통신호에 따라 2차선 도로를 질주하는 자동차들처럼 예정된 진로를 따라서 이동한다. 많은 세포들은 규칙적으로 팽창과 수축을 반복한다. 몸 표면의 색을 다양하게 바꿀 수 있는 카멜레온의 경우 색이 밝아질 때는 색소 입자가 몸 표면에서 내부로 이동한다. 원생생물의 일종인 축족충류actinopods의 경우에는 기다란 침 모양의 돌기가 세포의 표면에서부터 뻗어나와서 먹이를 움켜쥐거나 또는 '걸어다니는' 다리 역할을 한다. 대부분 이런 세포 이동은 미세소관microtubules으로 구성된 세포 내의 정교한 수송 시스템에 의해 조절된다. 미세소관은 단백질로 만들어진 직경 240옹스트롬(빛의 파장을 표시하는 데 쓰는 단위. 1옹스트롬은 1억분의 1센티미터─옮긴이)의 가는 관으로 다른 단백질의 도움을 받아서 세포 이동을 일으킨다.[35] 이것들은 오직 전자현미경으로만 관찰할 수 있다.

  우리는 진핵세포의 세포 내 또는 세포 외 이동 기능이 또 다른 공생 박테리아가 유입되어 생긴 것이라고 생각한다. 이때 기여한 박테리아는 아마도 민활하게 움직일 수 있는 채찍 모양의 스피로헤타였으리라. 그러나 미토콘드리아나 색소체 이론과는 달리 이 이론은 생물학자들 사이에서 아직 폭넓은 지지를 얻지 못했다. 진핵세포의 내부에서 발견되는 어떤 DNA도 한때는 외부의 박테리아였을 미세소관 구조체의 형성을 유도하는 유전정보를 가지지 못했다. 따라서 많은 생물학자들은 미세소관들로 형성된 세포의 돌기물이 외부 박테리아에서 기원했을 거라는 주장에 대한 판단을 주저하고 있다. RNA는 미세소관의 여러 부분에서 발견되는데 아마도 DNA의 직접 도움이 없는 조건에서 이동성 구조물의 형성과 복제를 담당하고 있는지도 모른다. 3장에서 이미 이야기했듯이, RNA는 스스로 복제할 수 있는 능력이 있고, DNA보다 일찍 진화되었을 것이다. 만약 스피로헤타의 RNA와 단백질이 진핵세포 내부에서 임의로 가진 RNA와 단백질보다 같은 세포의 이동성 구조물에서 가진 물질들과 더 비슷한 것으로 판명된다면 스피로헤타의 공생 이론은 더욱 많은 지지를 받을 수 있을 것이다.

공생과 이것의 증명 사이에는 역설적인 도치관계가 성립한다. 두 생물체가 거의 완벽한 조화를 유지하면서 같이 생활하게 되면 그 관계를 인식하기가 오히려 쉽지 않기 때문이다. 옥스퍼드 대학의 식물학자 데이비드 스미스는 그런 완전한 합병의 결과로 남는 흔적을 체셔 고양이의 미소에 비유했다. 체셔 고양이는 《이상한 나라의 앨리스Alice in Wonderland》에서 불가사의한 미소만 남긴 채 서서히 사라져버린다. 마찬가지로 "공생 생물은 자신의 부분들을 점진적으로 잃으면서 천천히 숙주세포의 몸으로 섞여 들어가 결국 그들 사이의 공생관계를 증명할 수 있는 증거들은 무형의 것이 되고 만다."[36] 이런 점에서 진상을 밝힐 수 있는 증거들은 오히려 그 반대 역할을 할 수도 있다.

여러 진핵세포들에서 발견되는 아주 작은 채찍 모양의 파상족을 세밀히 관찰하면 그 구조가 모든 생물에서 놀라울 만큼 균일하다는 것을 알 수 있다. 이 유연한 돌기물은, 정자의 꼬리처럼 길고 그 수가 많지 않으면 '편모flagella'[37]로, 또 길이가 짧고 머리카락처럼 많으면 '섬모cilia'로 불렸는데 그 사이에 근본적인 차이는 없다. 거의 모든 조류, 섬모충류, 변형균류slime molds 등, 말하자면 진핵생물로 진화된 최초 생물들에는 파상족이 있다. 파상족 채찍이 흔들리는 것 같은, 또는 물결 치는 것 같은 움직임은 자유유영 세포를 앞으로 추진시키고, 만약 숙주세포가 고착되어 있다면 먹이가 되는 조각들이 그 사이를 통과하게 한다. 양치식물의 정자에서부터 생쥐의 콧구멍 표피에 이르기까지 고등생물의 수많은 세포에도 이런 파상족이 있다.

어떤 세포나 생물을 막론하고 파상족의 지름은 언제나 약 4분의 1미크론이며, 그 횡단면은 마치 전화기의 다이얼처럼 아홉 쌍의 미세소관들이 주위를 둘러싸고 그 중앙에 다시 한 쌍의 미세소관이 자리잡은 형상을 하고 있다. 이런 구조는 9+2 배열이라고 부르는데 ('9'는 원 주위의 아홉 쌍을 의미하고 '2'는 중앙에 있는 한 쌍의 미세소관을 뜻한다), 그 형태는 황소, 고래, 은행나무 등의 정자 꼬리에서, 사람을 포함한 모든 포유동물의 허파, 기관, 난관 등에서, 바닷가재의 소촉각antennules에서, 우리에게 익숙한 원생생물인 짚신벌레의 체표면을 뒤덮고 있는 섬모에서, 물곰팡이의 유주자zoospore 등 여러 곳에서 공통으로 발견된다. 실제로 위에 열거한 것들은 9+2 배열의 무수한 세포들 가운데 아주 일부에 지나지 않는다.

더욱이 파상족은 언제나 세 개씩의 미세소관 다발 아홉 개가 원형으로 배치된 구조인 키네토솜kinetosome이라는 기관으로부터 형성된다. 이런 모든 미세소관의 벽에는 알파와 베타 튜불린alpha and beta tubulins이라는 서로 비슷한 두 개의 단백질이 있다. 약 200개의 단백질이 9+2 구조의 나머지 부분을 구성하는데, 그 중에는 다이닌dynein

이라는, 구조가 매우 복잡한 단백질이 포함되어 있다. 튜불린 단백질을 제외한 다른 대부분의 단백질들은 아직 분리되지 않았기 때문에 이름도 없다. 그렇지만 현재까지 얻은 모든 증거가 매우 분명하므로, 진화생물학자들은 9+2 배열 구조가 원생생물, 식물, 동물들에서 각기 독립적으로 진화되었다고 생각하지 않는다(균류에는 파상족이 없지만 비슷한 미세소관 구조와 튜불린 단백질이 있어서, 그 조상이 한때는 세포채찍을 가졌다가 잃은 거라고 추측한다). 따라서 모든 생물의 파상족은 공동 조상으로부터 기원했다고 말할 수 있다.

우리가 생각하는 파상족의 공동 조상은 미생물우주에서 가장 민첩한 박테리아로, 자체 추진력을 갖춘, 나사못처럼 생긴 실처럼 가는 스피로헤타이다. 원생대의 진흙탕이나 늪지처럼 비교적 덜 유동적인 장소에서 스피로헤타는 유일하게 기동성을 가진 박테리아였다. 스피로헤타의 특기는 운동성이다. 어떤 스피로헤타에는 미세소관까지 있다. 그러나 현재까지 그들의 미세소관들 중 전화기의 다이얼판 같은 배열을 하고 있는 것이 있다는 사실이 보고된 적은 없다. 이런 관찰은 먼 옛날 세포 연합체를 형성했던 핵을 갖게 된 숙주세포와 스피로헤타 사이, 또는 스피로헤타와 유사한 박테리아와의 사이에 어떤 협약이 맺어졌음을 시사하는 증거처럼 보인다. 스피로헤타는 처음에는 비스피로헤타성 숙주세포의 내부와 외부에서 배회했을 것이다. 그러다가 결국 숙주세포가 필요하지 않은데도 그들에게 운동성을 부여하게 되었을 것이다. 물론 이런 가정은 아직은 이론에 불과하다. 이 이론은 단순하지만 서로 다른 자료들을 묶어서 설명하는 데 큰 도움을 준다. 다윈은 1859년에 출간된 《종의 기원

The Origin of Species》에 다음과 같이 썼다. "독자들 중 누구든, 잘 알려진 몇 개의 사실을 설명하려고 노력하기보다는 설명할 수 없는 난제에 집착하여 더욱 큰 비중을 둔다면, 그런 사람은 나의 이론을 분명히 반박할 것이다."[38] 똑같은 논리가 스피로헤타 가설에서도 적용될 수 있다. 이 이론은 얼핏 보면 기이하다고 할 수 있다. 그러나 이 이론이 아니고서는 미생물우주의 형성, 성의 진화, 고등생물에서의 감수분열 등 여러 현상들을 설명하기가 곤란하다.

으레 그렇듯이, 기아가 스피로헤타의 합병을 촉진시켰을 것이다. 우리 원생생물 선조들은 때때로 먹이 부족으로 고통을 겪었고, 간혹 기아에 처하기도 했을 것이다. 새로운 세포 속에서 생활하게 된 박테리아 공생자는 먹이가 필요했지만 숙주세포가 이동할 수 없어서 주위 환경 조건에 운명이 좌우될 수밖에 없었다. 특히 건조한 기후 동안 새 세포들은 그저 주위 환경이 나아지기만을 기다리면서 기아의 고통을 견뎌야만 했으리라. 이때 어떤 세포는 오늘날의 많은 세포가 그런 것처럼, 저항력 있는 두꺼운 세포벽을 가진 포낭을 형성해서 환경의 위협에 대처했을 것이다. 이렇게 고대의 단세포생물이 어려운 환경 조건에 놓였을 때 다양한 종류의 이동성 박테리아가 먹이를 찾기 위해 움직이다가 원시 진핵세포와 충돌하여 그 속으로 들어가기도 하고 또 튕겨나오기도 했으리라. 채찍 모양의 유영성 박테리아 중 어떤 종류는 포낭의 주위를 맴돌면서 그 표면에 붙어 있는 지방과 기타 유기물질을 먹으며 생활할 수 있었다. 분명 그중 일부 침투성 스피로헤타는 자신이 공격하는 세포에 해를 입히는 병원성 박테리아였을 것이다. 그렇지만 다른 박테리아는 전혀 해를 입히지 않는 종류였을 것이다.

  자유생활을 하는 육식성 스피로헤타는 오늘날에도 잘 알려져 있는데 그 대부분은 곤충, 연체동물, 포유동물 등의 공생자 또는 기생자들로서 생활양식이 다양하다. 어떤 스피로헤타는 우리 잇몸에서 발견되는데 인체에 아무런 피해도 주지 않는다. 그러나 트레포네마Treponema pallidum 같은 종류는 매독에 걸린 사람의 피 속에서 발견된다.

  스피로헤타는 생물과 무생물을 막론하고 물체에 달라붙는 성향이 있다. 그들이 서로 연대해서 액체 속을 유영할 때는 서로가 매질 속에서 매우 가까이 있기 때문에 마치 스스로 조화를 이루면서 파상운동을 하는 것처럼 보인다. 기생성의 스피로헤타가 숙주세포 표면에 붙어서 먹이를 섭취할 때, 특히 그들이 세포의 한쪽 면에 밀집하여 부착했을 때는 통일된 파상운동을 일으켜서 숙주세포를 매질 속의 한 방향으로 몰아갈 수 있다.

  공진화에 성공한 스피로헤타와 원생생물들은 우수한 유영 능력을 갖게 되었다. 따라서 그런 세포는 더욱 많은 먹잇감을 얻을 수 있었고 좀 더 자주 번식할 수 있는 등 뚜렷한 장점을 가졌다. 자연선택은 의심의 여지없이 두 동반자가 결합해서 점차 하나가 되는 그런 공생관계를 선호했을 것이다. 오늘날 어떤 종류의 아메바는 먹이가 풍부할 때는 파상족을 자신의 몸속으로 끌어넣고 아메바의 전형적인 이동 방식으로 완만히 움직인다. 그들은 먹이를 게걸스럽게 섭취하면서 분열을 거듭한다. 그렇지만 일단 먹이가 부족해지면 아메바들은 키네토솜을 발전시켜서 파상족을 형성하고 그것을 이용해서 맹렬하게 먹이를 찾아서 이동한다.

마치 증기기관이 인류 문명을 급변시켰듯이 약 20억 년 전에 나타난 스피로헤타 합병은 미생물우주를 크게 변화시켰을 것이다. 새로운 이동성을 지닌 진핵세포는 미생물의 이동과 정보 전달을 급격히 촉진해서 박테리아 세계를 눈에 띄게 변혁했다. 세포 이동이 잦아지면서 유전정보 교환 역시 빨라졌다. 마치 증기기관이 더 많은 증기기관의 생산까지 포함해서 모든 공업 생산 사이클을 촉진시켰듯이, 스피로헤타의 동반관계는 공생관계의 빈도와 다양성 증가까지 포함해서 생물 세계의 모든 발전을 가속시켰을 것이다.

공생적 스피로헤타가 진핵세포에 유용하게 부착됨으로써 미생물의 분화 역시 빠르게 진행될 수 있었다. 오늘날 지상에는 자유생활을 하는 섬모충류ciliates라 불리는 단세포 원생생물이 약 8,000여 종 존재한다. 각각의 섬모충류는 그 표면에 존재하는 섬모의 분포 양상과 수에 의해 분류된다. 실제로 어떤 미생물에 나타나는 섬모의 부착 유형은 세포핵 속의 유전자와 관계 없이 독립적으로 유전된다. 만약 미세수술로 세포 표면의 일부분을 제거하고 그 윗부분과 아랫부분을 바꾸어놓으면 세포분열 후의 자세포는 그런 전도된 방식을 그대로 이어받는다. 이런 실험은 세포의 파상족이 숙주세포와 상관없이 따로 기원했다는 이론을 강력하게 뒷받침한다.

현대의 스피로헤타도 이동 목적을 위해 쉽게 공생관계를 만들 수 있다. 오스트레일리아에서 발견되는 흰개미의 한 종은 섬모를 가진 믹소트리카Mixotricha paradoxa라는 원생생물을 자신의 내장 속에 지녔다. 믹소트리카는 앞 끝에 간단한 9+2 배열의 파상족을 네 개 갖지만 그것은 세포를 움직이게 하는 데 어떠한 역할도 하지 않는다. 나머지 모든 '섬모'는 실제로는 약 50만 개에 이르는 트레포네마 스피로헤타들이다. 그들은 숙주세포 표면에 부착해서 조직적인 파상운동을 하면서 믹소트리카를 먹이가 있는 쪽으로 나아가게 한다. 네 개의 작은 파상족은 단지 방향타 역할을 맡아서 숙주세포의 방향 전환에 기여할 뿐이다.

흰개미는 공생 미생물을 풍부하게 가지고 있다. 만약 그런 미생물이 없으면 흰개미는 생존할 수 없다. 왜냐하면 흰개미는 나무를 먹지만 스스로 셀룰로스를 소화할 수 있는 능력이 없어서 분해 기능을 미생물에 의지하기 때문이다. 그런데 흰개미는 새로운 박테리아군을 자신의 유전자를 통해서 스스로 만들어내지 못하고, 동료 흰개미가 항문으로 배설한 분비물을 섭취해서 획득한다. 스피로헤타는 단독으로 또는 무리를 지어서 좀 더 큰 입자나 미생물체를 이동시킨다. 스피로헤타는 흰개미의 내장 속에서 생활함으로써 풍부한 먹이 공급을 보장받으며 또 산소에 노출되는 것을 피할 수 있다.

세포가 어떻게 내부에 스피로헤타적 미세소관을 가지며, 그것으로부터 조직적인 이동을 위한 훌륭한 장치를 만들 수 있었는지는 자연의 가장 불가사의한 비밀 가운데 하나이다. 세포 내 미세소관에 관해서는 수많은 연구 업적이 쌓여 있다. 그렇게 많은 연구가 이루어졌던 이유는 미세소관 시스템이 세포 분비, 세포분열, 신경세포의 형성 등에 관여하기 때문이다. 따라서 미세소관은 암의 발생에 일정 부분 어떤 역할을 하고, 또한 두뇌 발달에도 관여한다. 신경세포, 두뇌, 정자, 파상족을 가진 원생생물 등에서 나타나는 미세소관과 그것의 튜불린 단백질에 대해 연구하는 많은 과학자들은 진화학적인 관점에서 미세소관이 어디에서 기원했는지에 대해서는 그다지 알려고 하지 않는다. 영국 사우스햄튼 대학의 생물학 교수인 마이클 슬레이가 한때 "미세소관 조직은 아마도 세포의 추진, 방향 전환, 액포의 순환을 유도하기 위해 발달했을 것이다 (……) 따라서 이런 발달기원설이 스피로헤타 공생기원설보다 더 가능성이 높다고 생각한다. (……)"라고 말했듯이, 그들은 스피로헤타 기원설을 어쩌면 맹렬하게 반박할지도 모르겠다.[39] 그러나 그런 주장은 "진화는 결코 계획적으로 진행되는 것이 아니다"라는 기본 입장을 무시하고 있다. 단지 세포에게 미세소관과 파상족이 필요했다는 가정만으로 세포 스스로 그것들을 진화시켰다는 주장을 뒷받침해서는 곤란하다. 그보다는 굶주렸던 이동성 박테리아가 스스로 생존을 위해 좀 더 큰 세포에 붙어서 결국 아무 장래 계획도 없이 세포 속의 파상족으로 발전했다는 이론이 훨씬 타당하다고 생각한다. 이런 이론은 이미 논의했듯이, 맹렬한 공격, 타협, 정복자와 피정복자 사이의 궁극적인 동반자적 관계 수립의 공식에 잘 들어맞는다. 먹이를 찾기 위해 끊임없이 노력하던 과정에서 스피로헤타는 자신의 희생자(숙주세포)를 완전히 멸망시키는 데 실패하고, 대신 그들에게 재빠르게 이동할 수 있는 기능을 주었다. 하지만 스피로헤타로 보이는 흔적물이 모든 진핵생물의 미세소관 조직을 구성하고, 또 숙주세포에 갇히게 된 스피로헤타의 행동양식이 많은 정교한 기능을 유발하는 공통 분모가 된다는 이론은 아직까지 순수한 가설로 남아 있다.

가장 흥미를 불러일으키는 미세소관의 역할은 우리 인간을 포함한 모든 동물에서 세포가 분열할 때 나타나는 '염색체 춤'에서 관찰할 수 있다. 동물 세포의 유사분열은 한 세포가 두 개의 세포로 나뉘는, 그 어떤 발레보다도 훨씬 더 복잡한 세포 내 현상이다. 분열하려는 세포는 먼저 자신의 염색체를 두 배로 증가시킨다. 각각의 염색체 쌍의 특정 부위에 동원체kinetochore라는 조그마한 원판이 부착된다. 동원체는 염색체를 미세소관과 연결해주는 갈고리나 단추 역할을 한다. 마치 지구의 남극과 북극을 연상시키는 두 개의 극점이 동물 세포에 지정되는데, 이 극점이 되는 작은 모양을 중심체centrioles라고 부른다. 이어서 일련의 섬유사들이 신비롭게도 두 극점 사이에서 생겨나서 마치 방추 모양을 이룬다. 이때 섬유사를 자세히 관찰하면 그것이 수백 개의 미세소관들로 이루어졌음을 쉽게 알 수 있다. 두 배로 양이 증가한 염색체들은 세포 중앙에 정렬하고 동원체에 섬유사가 붙는다. 동원체는 이제 두 개로 나뉘면서 각각의 염색체를 분리한다. 동원체가 미세소관에 연결된 채 염색체들은 양쪽의 극점으로 이동한다. 염색체가 각각의 극점에 자리를 잡으면 막이 그들을 둘러싸서 두 개의 핵을 만들고 차례로 세포가 둘로 갈라져서 두 개의 독립된 세포를 형성한다.

우아한 춤을 연상시키는 진핵세포의 분열 메커니즘은 유전물질을 정확히 복제해서 자손들에게 전달될 수 있게 한다. 진핵세포의 핵에 박테리아보다 수천 배나 많은 DNA가 있다는 사실을 고려할 때 이는 대단한 기능이 아닐 수 없다. 이미 앞에서 살펴보았듯이, 우리 몸의 DNA를 모두 합해서 끝에서 끝으로 이어간다면 지구에서 달까지 100만 번 이상 왕복할 수 있는 길이가 나온다. 그렇지만 그 DNA가 우리 몸의 염색체에 잘 포장되어 있음으로써 세포분열시 이동이 쉬운 것이다. 과연 어떻게 그런 메커니즘이 나타날 수 있었을까 생각해보면, 자연선택의 압력이 혹독하게 작용했다는 점을 반드시 상기해야겠다. 유사분열 과정에서 유전자의 일부를 상실한 세포, 그리고 불완전한 DNA 쌍을 갖게 된 세포는 이내 죽고 만다.

그러나 체세포분열이라는 발레의 비밀을 완전히 이해하기 위해서는 먼저 스피로헤타의 안무를 연구해야 한다. 방추사는 미세소관들로 만들어지는데 그것들은 세포의 파상족에서 발견되는 미세소관과 동일하다. 세포 극점의 중심체는 세 쌍의 미세소관들로 이루어진 다발 아홉 개가 모여서 마치 전화기의 다이얼판 같은 배열을 만들어낸다. 중심체는 실제로 동원체와 특성이 같고, 그 둘 사이의 차이점은 중심체에는 세포채찍이 없다는 기술적인 점뿐이다. 지금도 많은 생물에서 세포분열이 완료되자마자 중심체가 세포채찍(파상족)을 만들어서 동원체로 간단하게 변화하는 현상을 관찰할 수 있다.

세포 내 메커니즘이 진행되는 시간을 살펴보면 진화에서 스피로헤타가 수행했던 다양한 역할들을 알 수 있는 실마리를 얻을지도 모른다. 동물과 식물에서 파상족 출현과 유사분열은 서로 배타적이다. 그 두 현상은 한 세포에서 결코 동시에 나타나지 않는다. 균류는 유사분열의 대가로 세포채찍을 영원히 포기한 것처럼 보인다. 어떤 원생생물은 세포분열을 위해서 먼저 자신의 파상족을 세포 속으로 끌어들여야만 한다. 포유동물의 그 어떤 세포(다른 종류의 세포는 말할 필요도 없이)도 유사분열로 세포가 분리될 때 파상족을 지닐 수 없다. 이는 마치 세포가 둘 중의 어느 한 목적을 위해서 스피로헤타 공생자를 이용했지만 결코 두 목적을 동시에 충족시키지는 못했음을 시사하는 것이라 할 수 있다.

마치 만화에서 슈퍼맨이 평상시에는 다른 사람으로 위장하고 있듯이, 과학자들은 두 개의 미세소관 구조물이 본질적으로는 동일한 실체라고 생각한다. 그래서 지구를 구하는 슈퍼맨과 일상 세계에서 생활하는 위장한 슈퍼맨이 동시에 한 장소에 나타나지 않는 것처럼 미세소관도 세포 내에서 두 가지 다른 형태로 동시에 관찰되지 않는다고 믿는다. 그러나 우리는 아직까지 그 두 구조물이 동일체라는 증거를 확보하지 못했다. 우리는 세포분열시 나타나는 방추사와 세포를 움직이게 하는 파상족이 모두 스피로헤타의 후손에서 유래했다는 것을 실험으로 증명할 수 없었다. 그렇지만 현재까지의 자료를 보면 생물학적 동질성identity을 지닌다는 점을 알 수 있다.

불행하게도 과학자들은 스피로헤타의 민첩한 몸체가 진핵세포의 내부에 파묻혀서 마치 엽록체나 미토콘드리아처럼 직접 분열하는 것을 아직 관찰하지 못했다. 대신 연구자들은 전자현미경을 사용해서 미세소관 구성 조직으로 알려진 세포소기관들, 즉 미세소관 그 자체나 중심체, 동원체, 축족actinopod spikes 등의 성장을 진행시키는 미소한 중심점을 발견했다. 많은 생물학자들은 세포가 왜 "굳이 정교한 전화기 다이얼판 형태의 구조물을 가지려 하는지"에 대해 의문을 품는다. 그들은 중심체를 생물학에서 '가장 중요한 수수께끼'라고 부른다.[40] 만약 미세소관 구조물이 스피로헤타적 공생에서 기원한다는 우리 이론이 옳다면 모든 9+2 배열 구조물들은 그들이 진화한 결과라 할 수 있다. 미세소관 구성 조직들은 한때 숙주세포가 받아들인 스피로헤타들의 실질적인 후손이라 할 수 있다.

미생물군이 진핵세포로 전환될 때 그들은 가장 먼저 스피로헤타 침입자들에게서 핵산을 가져갔다. 아마도 핵산은 숙주세포가 자기 집단 번성을 위해 더 많은 스피로헤타 자손을 생산하는 데 이용했을 것이다. 하지만 스피로헤타가 새로운 세포 속에 동화하면서 숙주세포는 세포분열시 성가셨던 유전물질(핵산)의 반분을 쉽게 하기 위해 이를 통제할 수 있는 유전자를 스피로헤타에게서 도입했다. 이렇게 세포 내부에서 유전자를 도입한 결과, 어떤 세포는 세포 외부에 파상족을 갖지 못함으로써 기동성을 잃어버리게 되었다.

오늘날 모든 균류와 홍조류, 많은 종류의 아메바들, 녹조류 및 기타 여러 진핵세포들은 유사분열을 할 수 있지만 파상족은 없다. 그런 생물은 세포분열시에 염색체 이동을 위해 고도로 정교한 내부 조직을 가지려는 희망과, 그런 기능을 가지면서 동시에 세포 외부에 파상족을 가질 수는 없다는 문제점을 함께 보여준다. 세포 내부의 염색체 이동 수단과 세포 외부의 세포 추진 수단을 함께 가질 때 발생하는 문제들을 해결할 수 없었음을 시사한다고 하겠다. 그 두 기구는 모두 미세소관 조직에 뿌리를 둔다. 앞의 생물들에서는 염색체 이동이 세포 이동보다 더욱 중요했기에 후자를 포기했던 것으로 보인다.

세포채찍 운동을 희생시키지 않으면서 어떻게 유사분열을 유지할 수 있는가 하는 문제는 많은 생물들로 하여금 실험적인 여러 해결 방안을 낳게 했다. 이 문제를 해결할 수 있었던 많은 생물종들은 오늘날까지 번성했다. 어떤 생물은 유사분열과 이동 능력을 모두 지니지만 그 두 기능을 동시에 발현하지 않고 생활사의 다른 부분에서 따로따로 표출한다. 수백 개의 섬모를 가진 섬모충류는 섬모를 잃지 않는 대신 정상적인 유사분열이 아닌 다른 방법으로 핵을 이분한다. 또 어떤 생물은 정자 생성시에만 파상족을 만드는데 그러다 마침내 그들의 일부가 식물체로 진화했다. 정자 꼬리는 파상족이기 때문에 그 세포 자체는 유사분열로 증식할 수 없다. 비록 번식의 주체이기는 하지만 파상족이 없는 난자에 정자를 진입시키고 죽는 것이 정자 꼬리의 숙명이다.

아마도 수천 가지 다양한 해결책들이 많은 생물에 의해 시도되었지만 그 대부분은 이미 사라져버렸을 것이다. 너무 완벽한 발달은 더 이상의 개선의 여지를 아예 없애버리기 때문에 종종 미완의 결말을 낳는다. 이것이 자연계의 법칙이다. 하나의 세포 속에 기동성과 세포분열 능력을 동시에 유지할 수 있었던 생물은 오늘날까지도 대부분 단세포생물로 그대로 남았다.

가장 놀라운 성공이란 여러 가능성을 열어두고 유지하는 것이었다. 파상족을 가진 세포는 그대로 남아 있지만 그 세포에 붙어 있는 다른 세포는 유사분열을 할 수 있는 생물체가 나타났다. 파상족 하나로 두 세포를 동시에 이동시킬 수 있게 되었던 것이다.

그런 세포 분화의 혁신은 생물이 구조적 복합성을 발전시킬 수 있는 새로운 전기를 마련했다. 이제부터 진화하는 생물은 배세포 germ cell와 체세포를 함께 소유하게 되었다. 배세포는 오직 생식 목적을 위해서만 존재하며 다세포로 구성되는 몸체는 무수히 많은 특별한 기능들을 위해 고도로 분화되었다. 현재의 우리 몸도 사실상 이런 기본 설계에 의해 이루어진 것이다. 비록 우리 몸 세포들은 모두 똑같은 유전자를 지니고 있지만 오직 배세포(정자와 난자세포)만이 후손을 만들 수 있다.

생물의 몸체는 유전자를 규제하는 데 전체주의자라 할 수 있다. 한 세포가 일단 근육세포로 결정되면 그 세포는 영원히 근육세포로 남는다. 생물체 내에서 그런 영구적인 역할 분담의 원리를 따르지 않는 유일한 예외가 바로 암세포이다. 암세포는 체내에서 자신이 위치하는 장소나 역할에 개의치 않고 연속적으로 분열하는데, 이는 마치 과거 원시 지구의 상태로 되돌아간 것 같은 인상을 준다. 정상 세포가 암세포로 발전할 때는 염색체가 분열하고 미토콘드리아가 급격히 증가하는데, 그 속도는 그것들이 들어 있는 세포의 분열 속도보다 훨씬 빠르다. 일반적으로 한 세포가 일단 파상족을 만들기 시작하면 그 세포는 진화학적으로 죽은 것이 된다. 즉 그 세포는 다시 성장할 수 없게 되는 것이다. 그런데 마치 모든 권력에 복종하지 않기로 작정이라도 한 듯이 어떤 암세포는 심지어 조직 배양을 할 때조차도 파상족을 형성했다가 세포분열 직전에 사라지게 한다. 이런 현상을 보면, 마치 진핵세포를 구성했던 불편한 공생적 동반관계가 마침내 와해되어버린 것 같다는 생각이 든다. 공생자들은 본래 역할에서 이탈해서 이제 다시 자신들의 독립적인 성향을 확인하고 자신의 과거로 복귀하는 것처럼 보인다. 세포가 그렇게 변화해야만 하는 뚜렷한 이유는 아직 밝혀지지 않았다. 하지만 암세포로의 발전은 질병이라기보다는 시기를 놓친 과거 회귀라는 것이 더 적당한 설명일지 모른다. 유전자 규제와 세포 몸체의 분화는 전적으로 인체 내 화학물질들의 복잡한 상호작용에 의한 것이다. 그 생화학물질들이 담배 연기, 질산나트륨, 기타 수많은 발암물질들에 의해 희석되면 자신의 역할을 충분히 수행할 수 없게 된다. 따라서 세포들은 마치 선생님이 잠깐 자리를 비운 교실에 남겨진 어린 학생들처럼 마구잡이로 행동하게 된다. 그들은 점차 자제력이 없어져서 함부로 '자리'를 이탈하며 제멋대로 끊임없이 번식한다. 이것이 곧 암의 발생이다.

현재도 전 생물계에 걸쳐서 공생이 진행되고 있다는 사실을 우리는 곧잘 잊어버린다. 스피로헤타는 지금도 숙주세포와 함께 공존할 수 있도록 노력하고 있다. 공생생활을 하는 스피로헤타는 파상족의 임무를 수행하고 또 진정한 파상족은 마치 독립된 생물체처럼 행동한다. 절단된 정자의 파상족, 즉 그 꼬리는 스스로 유영할 수 있고, 몇 분 또는 몇 시간 동안 생존할 수 있다. 반면에 건강한 스피로헤타는 원생생물의 세포를 뚫고 들어갈 수 있다. 그들은 세포 내부의 안식처에서 유영하며 돌아다니기도 하고 때로는 불가사의하게 증식하기도 한다. 그들이 세포 속에서 하는 역할은 아직까지 분명하게 밝혀지지 않았다. 그렇지만 역사가 어떻게 반복되는지를 잘 알고 있는 우리가 바로 그런 공생적 시도의 성공작이자 실패작 아닌가.

우리는 곧잘 역사가 돌고 돈다고 말한다. 현미경을 들여다보는 우리 눈 속에는 미세한 간상세포와 원추세포(빛을 감지할 수 있도록 특별히 발달된 신경세포)가 빛에 반응하여 서로서로 화학물질과 전기적 신호를 축삭돌기와 수상돌기(신경세포가 길게 뻗어 나와 있는 부분)를 따라서 전달하여 뇌에 이르게 한다. 간상세포와 원추세포를 절단해보면 그들이 9+2 배열의 미세소관으로 구성되어 있다는 것을 알 수 있다. 두뇌의 축삭돌기와 수상돌기에는 모든 미세소관 단백질이 있는데 9+2 배열이 아닌 미세소관이 결집하여 형성된 특수한 구조를 이룬다. 우리 눈 속의 무엇인가가 두뇌 속에 빽빽이 들어 차 있는 축삭돌기와 수상돌기 사이의 세포 연접부synapses를 건너뛰어서 신호가 전달될 수 있도록 계기를 마련한다. 그러면 신호가 전달되면서 사고가 이루어진다. 이렇게 이루어진 우리의 사고는 "미생물우주의 스피로헤타성 이동 조직이 어떻게 다세포생물의 잘 정돈된 환경 속으로 유입되어 신경조직의 주축이 될 수 있었을까?"라는 질문을 던진다.

뇌세포 속에 미세소관(신경소관neurotubules이라고도 한다)이 풍부하게 존재한다는 증거 외에도 기타 여러 증거들은 스피로헤타성 구조물이 뇌세포의 실체라는 것을 보여준다. 알파 튜불린과 베타 튜불린은 두뇌에 가장 풍부한 수용성 단백질이다. 흰개미 내장 속에서 생활하는 스피로헤타의 단백질 중에서 두 개 또는 세 개는 두뇌와 모든 파상족에게서 발견되는 튜불린과 면역학적으로 비슷하다. 두뇌세포는 성숙한 후에는 결코 분열하지 않으며 또 세포 이동도 하지 않는다. 그러나 우리는 포유동물의 뇌세포(튜불린 단백질이 다른 어느 곳에서보다 더 풍부하게 존재하는)가 풍부한 미세소관적 유산을 낭비하지 않았음을 알고 있다. 일단 성숙한 뇌세포의 유일한 기능은 신호를 받아서 전달하는 역할이다. 마치 미세소관들이 처음에는 세포 추진체였다가 염색체의 이동 수단이 되었듯이, 그 후에는 사고 기능을 떠맡기 위해서 앞의 두 기능을 빼앗겼던 것 같다.

알베르트 아인슈타인이 자신의 사고 과정을 설명하기 위해 자크 하다마드에게 보낸 편지 내용 속에는, 그가 물리적 세계를 추구하기 위해 비언어적 기호, 즉 '재현 가능한 요소들'이라는 추상적 언어를 사용했다고 적혀 있다. 자신이 어떻게 놀라운 발견을 할 수 있었는지를 설명하면서 아인슈타인은 "우리가 종이 위에 쓰거나 말하는 단어나 문장은 내 사고 메커니즘에 아무 역할도 하지 못하는 것 같다. 사고에서 기본 요소로 작용하는 것처럼 보이는 정신적 실체는 '자발적으로' 재현되거나 결합될 수 있는 어떤 기호들과 다소 분명한 영상들이라 할 수 있다"고 했다. 이어서 그는 자신에게는 "재현 가능한 요소들을 결합시키는 것과 그것 자체를 이해하는 것" 사이에 아무런 근본 차이점도 없다고 강조했다.[41] 만약 스피로헤타가 두뇌세포와 신경세포의 진정한 조상이라면 사고 개념과 사고의 전달은 박테리아 속에 이미 잠재해 있는 화학적 물리적인 기능에서 나오는 것이라고 할 수 있다. 아인슈타인 두뇌의 '재현 가능한 요소들'은 30억 년 전 혐기성 환경 조건에서 번성했던 스피로헤타가 다른 형태로 나타난 것이리라.

아인슈타인은 자신의 사고 과정이 "위에서 언급한 요소들이 어떤 불명확한 역할을 함"으로써 진행된다고 믿었다. 심리학적인 관점에서 아인슈타인은 "(……) 그런 결합적인 역할은 생산적 사고에 있어서 필수불가결한 것으로 여겨진다. 서로 의사소통이 가능하도록 단어나 또는 다른 형태의 기호를 구성하는 것에 우선한다"라고 했다. 이와 비슷한 맥락에서 천재 수학자였던 요한 폰 노이만은 지각 기능을 하는 인간의 신경세포에서 이루어지는 전달 과정을 컴퓨터의 역할에 비교했다. 신경세포는 오로지 자신들과 밀접한 세포들에만 신호를 전달하며 더욱이 그 반응은 상당히 완만하고 부정확하다. 따라서 노이만은 엄청나게 많은 세포의 수가 동시에 작용함으로써 (즉 병렬적으로 작동해서) 그런 완만함을 보충한다고 고찰했다. 반면에 현대의 컴퓨터는 계산을 하나씩 차례로 하는 직렬식 작동을 한다(그런데 일본인들은 소위 제5세대 컴퓨터로 일컬어지는, 인간 두뇌를 더 많이 닮은 병렬식 컴퓨터를 개발하려고 맹렬히 노력한다). 또한 노이만은 덧셈, 뺄셈, 곱셈, 나눗셈의 네 가지 기본 '계산 종류'가 디지털 컴퓨터의 기본이 되지만 신경세포 조직의 수학으로는 맞지 않는다고 생각했다. 마치 그리스어나 산스크리트어가 역사적인 사실이기는 하지만 논리학적 필수품은 아닌 것처럼, 노이만은 논리학과 수학 역시 역사적으로 비슷하게 발달한 표현의 임의적인 형태들에 불과하다고 믿었다. 그의 마지막 저서《컴퓨터와 두뇌The Computer and the Brain》의 끝부분에서 그는 "중추신경 조직에서의 논리학과 수학을 언어에 빗대 말한다면, 우리 일상의 경험에서 체험하는 그런 언어들과는 구조적, 근본적으로 다른 언어이다"라고 지적했다.**42** 그렇다면 신경조직의 진정한 언어는 과거 스피로헤타의 자취에 불과한 것이 아닐까? 호르몬, 신경 호르몬, 세포, 그리고 우리가 인체라고 부르는 세포 부산물 네트워크에 공생적으로 통합된 자가촉매적

RNA와 튜불린 단백질의 혼합체로서 말이다. 각자의 사고 그 자체가 초생물적이며 동시에 집합적 현상의 한 부분이 아닐까?

미생물우주에 대한 연구가 활발해지면서 우리는 인간의 능력이 다른 현상과 직접 관련되어 성장한다는 것을 점점 더 인지하게 되었다. 자연은 명백히 일종의 포용적인 지성을 가졌다. 지극히 작은 한 부분에 불과한 생물권에 견주어 생각할 때 우리의 재능은 언제나 미약할 수밖에 없다. 하지만 우리는 진화의 일반적인 경로에서 결코 벗어나 있지 않으며 물질, 에너지, 정보 전달과 유출입 등에서도 고립되어 있지 않다. 또 우리의 사고 기능(인간의 '고등함'을 주장하는 사람들의 마지막 위안이기도 하다)은 이전 생물들의 업적과 분리되지도, 유리되지도 않는다. 우리가 즐겨 자랑하는 인류의 발명품들은 우리의 지구 형제인 다른 생물들이 이미 활용했던 것에 지나지 않는다. 그런데 어떻게 사고가 예외일 수 있겠는가? 박테리아의 '냉광, 즉 생물발광bioluminescence'은 전등보다 20억 년 이상 앞서서 발명되었고, 원생생물인 스티콜론치Sticholonche는 미세소관으로 만들어진 노를 이용해, 로마의 노예선들이 횡단했던 지중해를 이미 오래전에 휩쓸고 다녔다. 자동차, 잠수함, 비행기 등의 교통수단이 발달하기 이미 오래전에 말들은 평원을 누비고 고래는 바다를 헤엄치고 새는 하늘을 날았다. 그런데 어떻게 공생 박테리아가 양자역학이나 상대성이론만큼 중요한 생물권적 정보 전달 시스템을 발명했다는 것을 부정할 수 있겠는가? 어떤 의미에서 우리는 박테리아 '이상'이라고 할 수 있다. 왜냐하면 우리 몸이 비록 박테리아로 형성되었다 할지라도 우리 사고 능력은 미생물 부분들이 가진 능력의 합보다 훨씬 큰 힘을 발휘할 수 있기 때문이다. 그렇지만 또 어떤 관점에서는 우리가 오히려 박테리아보다 못하다고 할 수 있다. 그 실체가 본질적으로 박테리아라고 할 수 있는 거대한 생물권 속에 소속된 한 작은 부분으로서 우리 인간은(다른 생물도 함께) 일종의 공생적 두뇌의 정상을 이룩했다. 하지만 그렇다고 해서 우리 자신이 생물권을 진정으로 인식한다거나 그것을 대표할 수 있는 것은 결코 아닐 것이다.

우리 인류 역사는 박테리아에서 두뇌로 도약하는 것에 비길 수 있을 정도의 거대한 약진을 거듭하면서 세계를 넓혀나가고 있다. 우리 몸의 생물학은 인류의 기술문명을 발전시켰는데 그 기술문명은 다시 우리가 자신의 생물학적 한계라고 생각하는 수준을 뛰어넘어서 앞으로 나아가게 한다. 한 예로, 원시시대의 인간들은 장거리 통신을 위한 수단으로 오직 자신의 육체밖에 사용할 수 없었던 데 비해서(즉 달리거나 소리를 지르거나 북을 치거나 해서) 현대의 우리는 말, 자동차, 전파, 전기통신, 인공위성 등을 사용해서 통신 속도를 가속하고 있다.

기술 발달이 인류의 활동 영역을 넓혀감에 따라 정보나 물자를 수신하고 전달하는 데 몸을 사용하는 기회는 점점 줄고 있다. 한 예로, 예전에는 먼 곳에 편지를 전하기 위해 직접 집을 나서야만 했다. 그러나 지금은 집을 떠나지 않고서도 전화를 할 수 있고, 이메일을 보내고 홈쇼핑으로 물건을 사고 텔레비전으로 세계 뉴스를 듣는 등 모든 활동을(사생활과 공적 생활) 집안에서 하는 것이 가능해졌다. 예전의 지도 제작자들은 자신이 그리고자 하는 지역을 반드시 걸어다니면서 확인해야 했다. 그러나 이제 컴퓨터 앞에 앉아서 그저 손가락만 몇 번 놀리기만 하면 인공위성으로부터 대륙 사진을 직접 받아볼 수 있다.

한때 현미경적 스피로헤타들은 자신의 생존을 위해서 맹렬하게 유영해야 했을 것이다. 그러다가 그들은 수억 년의 세월이 흐른 뒤에 드디어 '두뇌'라는 기관을 만들어냈다. 뉴클레오티드와 단백질 유물들은 이제 고도로 복잡하게 구성된 박테리아 연합체, 즉 인간 몸체의 활동을 인지하고 통제하고 있다. 이제 인류는 마을과 도시, 그리고 전자기적 통신 네트워크에 파묻혀 안주하면서 마치 과거에 스피로헤타의 결연한 유영에서 사고 능력이 탄생했듯이, 그렇게 자신의 사고 영역을 넘어서는 새로운 네트워크 건설에 막 착수하고 있는 것인지도 모른다.

비록 아직까지는 스피로헤타 이론이 완전히 증명되지 않았지만 이 이론은 숙주세포와의 공생관계가 색소체나 미토콘드리아보다도 더 오래되었을 수도 있음을 시사한다. 우리는 스피로헤타 공생이 시작된 시기를 숙주세포와 산소를 호흡하는 박테리아가 서로 연합해서 진핵세포를 형성하는 과정 중의 어느 한때라고 추정한다. 그 이유는 오늘날에도 존재하는 트리코님파Trichonympha와 같은 원생생물이 호기성 박테리아가 숙주세포에 침입하기 이전, 그렇지만 스피로헤타가 침입한 이후에 출현했다는 것을 증명할 수 있기 때문이다. 트리코님파는 유사분열을 하기 때문에 스피로헤타성 이동 시스템을 가졌다고 믿기지만 미토콘드리아를 갖고 있지는 않다. 따라서 호기성 박테리아가 숙주세포 속에 갇히고 핵 주위에 막 발달이 시작되기 이전에 이미 혐기성 스피로헤타들이 우리의 조상 세포에서 번창하고 있었다고 보인다. 그들은 거의 완벽한 생식 시스템 속에서 염색체를 끌어서 이동시키는 중요한 임무를 수행했다. 그리고 그들은 파상족을 만드는 기능을 함께 유지함으로써 민활한 세포 이동 능력을 현재까지 보전할 수 있었다. 그러한 세포 이동 기능은 오늘날에도 정자가 난자를 찾아서 맹렬하게 유영할 때 쉽게 관찰할 수 있다.

마이크로코스모스

10

성의 수수께끼

7000만 년 전 중생대 후기
미생물우주가 거대 파충류, 거대한 삼림,
미생물의 탄산칼슘 껍질로 만들어진 웅장한
백악 절벽 등 여러 형태로 확장되다.

The
RIDDLE
of
SEX

10
성의 수수께끼

정자는 난자를 만나기 위해 유영한다. 파상족인 정자의 꼬리는 세포를 앞으로 나아가게 한다. 정자와 난자가 만나면 난자 표면에 화학적 변화가 일어나서 정자 머리가 난자 속으로 들어갈 수 있다. 그런데 이때 정자의 꼬리는 마치 소진된 로켓 연료탱크처럼 머리에서부터 이탈한다. 세포핵을 가진 정자의 머리는 난자 속에서 난자 핵과 융합해서 꼭 두 배만큼의 염색체를 가진 한 개의 새로운 진핵세포를 만든다.

이것이 바로 감수분열적 성의 한 부분으로, 이는 세포핵이 있는 세포들의 전형적인 성이다. 원핵생물의 성은 약 30억 년 전 태고대 시대에 진화한 것으로 추정되지만, 감수분열적 성은 훨씬 후에 원생생물과 그들의 다세포 후손인 진핵세포들에서 진화했다. 감수분열적 성은 약 10억 년 전 원생대에 진화했을 것이다. 이 성은 약 7억 년 전에 번성했던 부드러운 몸체의 에디아카라 동물군보다 먼저 나타났음이 분명하다.

언뜻 보기에는(자세히 관찰해도 마찬가지겠지만) 감수분열과 같은 형태의 성은 필요없고 괜히 귀찮기만 한 것으로 생각할 수도 있겠다. 이 성은 전 세계적으로 미생물우주와 연계되어 자유로이 유전자를 교환할 수 있는 박테리아적 성의 이점을 가지지 못한다. 그러나 생물학자들이 즐겨 쓰는 경제학적인 용어를 빌려 말하자면, 감수분열적 성의 수행을 위한 '비용'(즉 체세포 염색체 수의 반밖에 되지 않는 염색체를 가진 특별한 성세포를 만들고, 배우자를 찾아야만 하며, 수정 시간을 조정하고 실제로 그 행위를 해야만 하는 등의 노력이 별도로 필요하다)은 그로부터 얻을 수 있는 잠재적 혜택에 비례할 수 없는 것 같다.

현재의 시점에서 본다면 유성생식을 하는 동식물들은 가장 성공적으로 진화한 생물집단이라 할 수 있고 여기에는 이론의 여지가 없다. 따라서 생물학자들은 그런 성의 존재를 설명할 수 있는 논리를 찾아내려고 노력했다. 그 결과 양성이 존재함으로써 진화의 다양성이 증진되고 그 속도가 촉진된다는, 그렇고 그런 논리가 만들어졌다. 그런데 우리 저자들은 고등한 동식물은 양성과는 직접적인 관련이 없는 다른 이유들 때문에 현재까지 잘 보전될 수 있었다고 생각한다. 실제로, 동물과 식물은 암컷과 수컷이라는 양성을 가졌는데도 전 세계적으로 전파될 수 있었다.

생물학적인 관점에서 성sex이란 이미 앞에서도 말했듯이, 새로운 개체를 창조하기 위해 한 가지 근원 이상으로부터 얻은 유전물질을 단순히 결합시키는 것에 불과하다. 성은 교미와는 상관이 없으며 또 본질적으로 생식이라든지, 남성이니 여성이니 하는 성gender과도 무관하다. 이러한 엄격한 성의 정의에 따른다면 바이러스, 박테리아, 또는 기타 여러 근원에서 세포 속으로 핵산(유전물질)이 옮겨지는 현상이 모두 성이다. 여러 박테리아 사이에서 바이러스 같은 유전물질 조각이 전달되는 것도 성이 된다. 인간의 두 배세포germ cell 속의 핵이 융합하는 것도 성이다. 심지어 우리가 인플루엔자 바이러스에 전염되는 것도 유전물질이 우리 몸 세포 속으로 들어오는 현상이므로 성이라 할 수 있다. 공생은 다른 개체의 유전물질이 결합하여 새로운 개체를 형성하는 것이므로 성과 비슷하다고 할 수 있다. 따라서 공생은 '의사 성parasexual'으로 간주할 수도 있다.

현대의 우리에게까지 이르는 오랜 진화 행로에서 두 가지 유별난 사건이 일어났었는데 그 둘은 서로 관련 없는 별개의 것이었지만 궁극적으로는 서로 연계해서 작용하게 되었다. 그 한 가지 사건은 자세포offspring cells의 핵에서는 염색체 수 감소였고, 다른 한 가지는 세포와 핵의 융합이었다. 이 두 과정은 서로 전혀 관계 없는 우연한 사건이었고 처음에는 생식과 아무런 관련도 없었다.

그렇지만 결국 이 두 과정이 서로 연결되었는데, 세포융합은 시간적 공간적으로 격리되어 있는 두 근원으로부터 DNA를 혼합하는 것을 의미하기 때문에 성의 한 형태라 할 수 있다. 결론부터 먼저 말한다면, 정확하게 두 개 근원으로부터 오는 유전물질을 결합시키는 이 특수한 예는 생식 메커니즘과 연결되어서 이후부터의 진화 과정에서 중요한 역할을 하게 된 유성생식으로 발전했다. 그런데 우리는 여기에서 양성 생식 그 자체가 그렇게 중요한 역할을 했다고 생각하지 않는다. 그보다는 동식물이 정교한 조직 분화에 성공하고 고도로 복잡한 체형을 가짐으로써 진화 과정에서 보전될 수 있었다고 주장한다. 생물체의 복잡한 구조는 감수분열과, 그리고 감수분열 과정에서 염색체가 쌍을 이루는 동안에 나타나는 DNA, RNA, 단백질 등의 합성과 매우 직접적인 관련이 있는 반면, 성이 두 부모에게서 온다는 사실과는 간접적으로만 관련된 듯 보인다.

우리는 선조인 단세포생물이 감수분열적 성의 수단에 의해서 생존할 수 있었기 때문에 오늘날에도 생식을 위하여 감수분열적 성을 이행할 뿐이라고 생각한다. 이제 고등생물은 더 이상 무성생식적 수단으로는 생존할 수 없을 정도로 양성생식에 치우치게 되었다. 진핵세포에서는 세포분열과 파상족이 동시에 출현할 수 없었으므로 죽을 운명에 놓인 모세포로부터 분열한 생식세포는 유영 능력을 잃었다. 그런데 그런 생식세포를 생산하는 체세포는 사실상 민활한 유영 능력이 있으며, 크기가 크고 효과적인 먹이 포획 수단을 가짐으로써 생식세포에 유용했다. 따라서 우리의 선조 생식세포들은 양성생식 방법을 택해서 두 성으로부터 유전물질을 받지 않으면 번식할 수 없게 되었다.

대부분의 동물은 처음부터 양성생식 수단을 택했다. 그런데 그런 양쪽 부모를 가진 성이 자연선택에 의해서 유지된 것은 아니었다. 실제로, 만약 진화 과정이 양성생식을 무시하고도(딱정벌레에서 나타나는 처녀생식, 인간 복제cloning, 또는 기타 방법을 통해서 번식할 수 있었다고 가정하자) 복잡한 다세포적 조직체를 여전히 보전할 수 있었다면 현재의 우리가 되는 데 별로 문제가 없었을 것임은 의심의 여지가 없다. 생물학적으로는, 양성생식은 여전히 에너지와 시간 낭비에 불과하다.

* * *

인간의 성생활에서는 (다른 동식물에서도 마찬가지로) 생식을 위해서 기본적이면서 서로 보완하는 두 가지 단계가 반드시 필요하다. 첫째, 생식세포가 되는 세포는 염색체 수를 정확하게 절반으로 감소시켜야 한다. 이 과정의 세포분열을 감수분열이라고 하는데 그 결과 난자와 정자가 형성된다. 둘째, 그런 생식세포는 서로 만나서 수정을 통해서 세포융합이 이루어져야 한다. 이 과정으로 반감되었던 염색체 수는 새로 탄생한 세포 속에서 원래의 수로 회복되고 그 세포가 분열해서 새 생명을 잉태한다. '배우자 형'이라든지 또는 소위 '젠더genders'로 일컬어지는 암수 구별은 실제로는 나중에 나타난 진화의 정교한 산물이었다. 원시 배세포들은 처음에는 서로 비슷한 형태였다가, 시간이 지나면서 스스로 이동할 수 있는 작은 정자세포와 더 크고 이동성이 없는 난자로 각각 발전했다. 이 세포들은 후에 결합하기 위해 서로를 인지해야만 하는 비교적 복잡한 문제에 부딪혔다. 오늘날에도 양성생식에 의해 새로운 개체가 탄생하기 위해서는 앞에서 언급된 모든 조건이 충족되어야 한다.

그런데 이런 양성생식 과정에는 수수께끼가 존재한다. 왜 두 반쪽이 서로 결합해서 필연적으로 다시 두 반쪽을 만들게 되는 온전한 한 개를 만들어야만 할까? 우리는 감수분열, 즉 반수체(원래의 체세포가 가진 염색체의 반만을 가진 세포)를 만드는 메커니즘이 과거 생물에게 커다란 위협이 되었던 기아에서 발단했을 것으로 추정한다.

우리 선조 원생생물은 기아에 직면했을 때 서로 같은 종끼리 잡아먹는 습관을 가지게 되었을 것이다. 그런데 이때, 어떤 경우에는 잡아먹힌 세포가 완전히 소화되지 않아서 포식세포가 두 세트의 유전물질을 갖게 되었으리라. 세포생물학자들은 이러한 현상을 '배수체diploid' 상태라고 부른다. 달리 말한다면, 동료 세포를 잡아먹음으로써 두 세포가 융합되었고 따라서 핵도 융합되었다. 수정fertilization 방법이 진화되기 이전에 배수체를 형성할 수 있었던 다른 한 방법은 세포분열시 핵이 먼저 분열하고 이어서 나타나는 세포질 분열이 채 이루어지기 전에 새로 핵융합이 진행되는 것이다. 심지어 오늘날에도 많은 세포가 완전한 체세포분열을 수행하지 못한다. 현미경 관찰자들은 종종 세포가 체세포분열 과정에서 실수를 하는 장면들을 보아왔다. 세포는 분열을 시작할 때 핵을 반분해서 두 개로 만들지만 그 후에 두 핵이 다시 융합하는 경우가 가끔 있다. 동료 세포의 포식에 의해서든, 세포핵의 재융합에 의해서든 이런 우발적인 염색체 증가가 미생물우주에서 다반사로 일어났을 게 분명하다.

그런데 배수체는 본질상 비정상적인, 과도하게 증가한 세포 상태를 의미한다. 따라서 이러한 비정상 상태를 정상 상태로 되돌리기 위해서 세포는 염색체 증가 과정을 역전시킬 수 있는 수단을 찾아야만 했다. 배수체 세포가 다시 분열할 때 그 자손이 자신이 가진 염색체의 반만을 갖게 하기 위해 발전시킨 수단이 곧 감수분열이다. 이 수단은 자신의 양친과 똑같은 수의 염색체를 가진 자세포를 만드는 유사분열을 일부 수정한 것이다. 감수분열은 양친 세포의 염색체 중에서 단지 반, 즉 한 세트의 염색체만을 다음 세대로 넘기는 것을 의미한다.

현대의 감수분열에서는, 먼저 각각의 양친 세포에게 전해 받은 대응적인 염색체들이 방추사의 중심을 따라서 서로 마주하고 열을 짓는다. 만약 이때 세포가 분리되면 각각은 원래 세포가 가진 염색체의 반만을 가진 별개의 두 세포가 될 것이다. 그런데 이런 세포분열이 일어나기 전에 각 염색체는 자가복제로 염색체가 두 세트씩 서로 마주하는 형상을 만든다. 이런 뒤에 세포분열이 진행된다.

먼저 염색체 각 쌍에 붙어 있는 동원체는 양쪽의 극점을 향해 이동한다. 염색체는 아직 분리될 상태에 이르지 않았으므로 세포가 분리되어도 염색체들은 여전히 쌍 구조를 지니고 있게 된다. 결국 두 개의 자세포에서 각 동원체가 절반으로 나뉘면서 염색체 쌍을 나누고, 다시 세포분열이 일어난 결과 네 개의 세포가 생겨난다. 따라서 각각의 세포들은 한 세트씩 염색체를 지닌다.

감수분열 실험은 수많은 종류의 원생생물들에 의해 수없이 반복되었을 것이다. 그 과정에서 염색체 수가 줄게 된 세포들은 자신의 생존에 필요한 모든 단백질을 생산할 수 없었으므로 이내 멸망했다. 동료를 포식함으로써 염색체 수를 두 배로 할 수 있었던 세포들도 자신에게 필요한 모든 유전자를 갖지 못했을 경우에는 죽어버렸다. 그렇지만 자신의 유전물질을 정확하게 반으로 나눌 수 있었던 세포들은 단지 한 세트의 염색체만을 가진 반수체 상태로 돌아가게 되었다. 한발旱魃과 같은 극단적인 환경 조건에서는 두 배로 증가한 염색체를 가진 세포가 생존에 유리하다. 그러나 성장하여 활발하게 먹이를 찾는 시기에 이르면 반수체 상태가 더 유리하다. 따라서 바닷가 조간대처럼 건조가 규칙적으로 나타나는 환경에서는 세포가 배수체와 반수체 상태를 교대로 유지하는 것이 바람직했다. 결국 어떤 세포는 만족스러운 성장을 위해서 감수분열과 세포융합을 번갈아가면서 할 수 있도록 발전했다. 이런 기능을 더욱 복잡하게 할 수 있게 한 특별한 기능이 바로 유성생식이다.

 그래서 유성생식, 즉 양성생식이 시작되었다. 오늘날에도 기아, 한발, 어둠, 질산염 부족 등의 조건은 원생생물이 동료를 포식해서 세포융합을 유발하게 한다. 그런데 이 과정에서 단지 나중에 두 배로 수를 늘리기 위해서 현재의 염색체 수를 반감한다는 것이 어쩌면 시간 낭비로 여겨질 수도 있겠다. 하지만 그런 시간 낭비가 때로는 어쩔 수 없는 유일한 대안일 수도 있다. 마치 어떤 사람이 직장에서 집까지 가는 어떤 길을 알게 되면 그 길이 시간이 꽤 걸리더라도 다른 지름길을 찾기보다는 언제나 같은 길을 걸어서 귀가하는 것처럼, 진핵세포도 일단 한 가지 생식 방법을 습득했기 때문에 다른 방법을 찾지 않고 언제나 그 방법을 고집하게 되었던 것이다. 고대의 세포가 점점 더 복잡해져갔다는 점도 그런 먼 길을 부추겼던 것이리라. 원래 세포 상태와 세포융합 상태를 교대로 취할 수 있었던 세포들 중에는 우리 선조 세포도 있다.

 많은 원생생물과 대부분의 동물, 식물, 균류 등이 감수분열적 성의 형태를 갖기 때문에 감수분열과 수정은 유핵세포 역사의 초기에 발전되었던 것으로 추정된다. 원생생물은 먼저 동족잡아먹기cannibalism를 경험했고, 스피로헤타적 체세포분열 방법이 이미 정착된 후에는 감수분열 수단을 갖게 되었다. 유사분열에 의해서 원생생물 각자의 자세포들은 양친 세포가 분열될 때마다 충분한 양의 염색체를 가질 수 있었다. 어떤 생물에서든 확실한 유사분열은 감수분열에서 필수 조건이었다.

하버드 대학 교수였던 L. R. 클리블랜드는 1947년에 독자적으로 연구한 결과, 염색체에 붙어 있는 동원체가 복제되는 시간을 변화시키면 유사분열에서 감수분열로 진화할 수 있음을 증명했다. 그러나 미시시피 지방 사투리를 쓰는 독특한 개성의 소유자였던 클리블랜드 교수는 자신이 감수분열적 성의 기원을 밝혔다는 사실을 동료들에게 확신시키지는 못했다.

어떤 메커니즘에서 사건의 시간이 우연히 변경되는 일은 생물학에서 흔히 발생한다. 클리블랜드는 생식 과정에서 두 개가 아닌 네 개의 세포가 형성되는 경우와 또 어떤 경우에는 세 개의 세포가 교잡하는 현상을 필름에 담았다. 그는 약간 이상한 세포의 행동이 비정상적이라고 하기보다는 차라리 정상이라고 말할 수도 있다는 것을 경험으로 알고 있었다. 클리블랜드는 필름과 논문, 그리고 성의 기원을 설명하는 시나리오를 학회에 제출했다. 그의 연구는 더할 나위 없이 훌륭했다. 그러나 동료들은 그것을 일축해버렸다.

클리블랜드는 초편모충류hypermastigotes라고 불리는 원생생물에서 세포가 동족잡아먹기로 서로 융합하는 현상을 기록했다. 심지어는 핵들이 융합하는 것을 관찰하기도 했는데, 그때마다 세포가 금세 죽어버렸다. 또 그는 염색체에 방추사의 미세소관 다발을 연결시키는 '단추' 역할을 하는 동원체가 복제되는 시간이 각기 다른 것을 알고 이를 기록했으며, 동원체 복제가 제 시간에 일어나지 않았던 세포는 대부분 사멸함을 관찰했다. 클리블랜드는 또 어떤 세포에서는 염색체 수가 비정상적으로 많이 증가하는 현상을 관찰했다. 이런 관찰 결과 그는 유사분열 과정 중에 일련의 사건이 일어남으로써 감수분열적 성이 만들어진다는 사실을 깨달았다. 동족잡아먹기, 세포핵 융합, 세포소기관 복제의 부정확성, 한때는 반수체를 선호했다가 또 어떤 때는 배수체를 선호하는 환경의 규칙적인 변화 등은 모두 세포가 사멸하는 결과를 낳았다. 그런 여건들 속에서 생존할 수 있기 위해서는 우회적인 길을 갈 수밖에 없었다. 그것은 유성생식에 의존하는 방법이었다.

성공적인 다른 예에서와 마찬가지로 유성적으로 번식하는 생물은 환경과 조화를 잘 이루고, 다른 생물과 함께 공진화됨으로써 번성할 수 있는 계기를 얻을 수 있었을 것이다. 오늘날 유성생식을 하는 많은 종류의 생물이 서로 복잡하게 얽혀서 공진화되었다는 사실을 보여주는 많은 예가 있다. 인동덩굴honey-suckle 꽃이 수정하기 위해서는 벌새hummingbird가 반드시 방문해야 하며, 북아메리카산 용설란 종의 꽃은 야간에 날아다니는 박쥐에 의해서만 수정될 수 있다. 인주솜풀 속의 식물인 박주가리milkweed 꽃은 박주가리나방의 애벌레를 그 속에 감추어서 성장시킨다.

실질적으로 배우자를 찾아야 하는 수고를 하지 않으면서도 자신의 복제물을 만들 수 있는 무성생식을 하는 대부분의 생물들은 다양한 환경 조건에 잘 적응할 수 있었다. 그런데 유성생식으로 번식하는 생물은, 분명히 부분적으로는 그들이 다세포생물이기 때문이겠지만, 생식에 긴 시간이 걸린다. 바로 이런 점 때문에 우리나 우리와 유사한 생물들은 박테리아 같은 비감수분열적 생물들과는 매우 다른 독특한 지위를 차지할 수 있었다. 이들의 개체 발생과 성장에는 좀 더 긴 시간이 필요하고, 아마도 순환적으로 변화하는 환경 조건에 좀 더 적합할지 모른다. 또 구조가 복잡한 생물은 정자와 난자가 융합해서 수태가 이루어지는 순간부터 매우 복잡한 발생 단계를 거쳐야 하기 때문에 자신의 존재와 죽음에 대해 특별한 의미를 갖게 된다. 그들은 잠재적으로 불멸성을 가지는 유전자를 난자와 정자라는 서로 분리된 형태로 보전한다. 그리고 각각의 생물체들로 생활하면서 다세포들이 다시 만나서 수정하여 잉여 세포를 가진 몸체를 형성하고, 그 몸체는 각각 본질적으로는 여전히 미생물이라 할 수 있는 존재를 전파하기 위한 매개체로서 요구받지 않은 임무를 수행한 후에 결국은 죽게 된다.

죽음과 존재의 문제는 우리가 양쪽 부모에게서 얻는 각각 다른 유전자가 상호 보완하는 데 좌우되기보다는 감수분열 자체의 과정에 많이 좌우된다. 감수분열은 중요한 각각의 유전자 중 적어도 한 세트를 다음 세대로 전달하는 중요한 도구이다. 섬모충류에 대한 연구는 생물의 복잡성이 새로운 유전자 유입에 의해 유지되는 것이 아니라, 감수분열에 의해 유지된다는 것을 보여주었다. 즉 섬모충류 세포는 자가수정되어서 새로운 세포를 형성하기도 하는데 이때 만들어지는 세포는 배우자와의 수정으로 형성되는, 즉 유전자의 반을 다른 세포에게서 얻는 세포들 못지않았다. 마찬가지로, 처녀생식을 하는 동물은 배우자가 필요하지 않지만 반드시 감수분열 과정을 거쳐서 생식한다.

　사람들은 성과 생식을 함께 묶어서 생각하는 경향이 있다. 유성생식의 세 요소를 이제는 한데 합쳐 이해하지만 과거에는 각각 별개의 것으로 취급했다는 점을 기억하면 앞으로도 이해하는 데 도움이 될 것이다. 염색체 감소, 두 근원으로부터 오는 핵의 융합, 그리고 다세포생물의 생식에서 그런 과정이 순환적으로 연계되어 있다는 점은, 적어도 과거 한때 그것들이 분명히 서로 별도의 과정이었음을 말해준다. 그 각 단계들은 사실상 서로 독립적이기 때문에 당연히 별개의 것으로 연구되어왔다. 앞에서 이미 말했듯이, 클리블랜드 교수는 초편모충류 원생생물의 두 세포가 서로 수정하고 난 후에 핵융합을 일으키는 현상을 관찰했다. 그는 또 스피로헤타적 이동 시스템의 또 다른 유물이라고 할 수 있는 염색체에 속한 단추 모양의 동원체가 복제되는 시간이 달라지는 현상을 자주 관찰했다.

　많은 학자들은 한 세트의 염색체만을 지니다가 어떤 환경 조건에서는 두 세트의 염색체를 만드는 생물들을 관찰하고 기록했다. 감수분열(또는 염색체 감소)에 보완적으로 필요한 수정은 원생생물 세계에서 약 12억 년 전에 진화한 것으로 추측된다. 수정이 배의 발생과 연결되었던 것은 그 후 동물의 세계에서부터였으며 약 7억 년 전의 일이다. 생식이 수정과 특별히 밀접하게 관련된 것은 약 2억 2500만 년 전에 포유동물에게서 처음 나타난 현상이었다. 따라서 현재의 우리와 같은 형태의 성을 이루기 위한 모든 필요한 단계(원생생물의 동족잡아먹기와 세포핵 융합, 세포 내 메커니즘에서의 부정확한 시간 조절, 반수체와 배수체 상태를 각각 선호하는 주변 환경이 번갈아가며 순환하는 것 등)는 모두 다세포적인 유핵생물의 기원과 합쳐졌다.

생물학자들은 오랫동안 성sex이 다양성 증진, 즉 자손을 새롭게 하도록 증진시키기 때문에 지속되는 것으로 생각해왔다. 이런 다양성 때문에 그동안 유성생식을 하는 생물은 무성생식을 하는 생물들보다 더 신속하게 환경 변화에 적응할 수 있다고 생각했다. 그런데 이런 이론이 정당하다는 증거는 어디에서도 찾아볼 수 없다. 이 이론을 검증하기 위해 과학자들은 무성생식과 유성생식을 마음대로 할 수 있는, 민물 플랑크톤의 일종인 윤충rotifers과, 무성생식에 의존하는 도마뱀을 서로 비교했는데, 환경이 바뀜에 따라서 무성적 개체가 성을 지니는 개체와 비슷하거나 또는 더 많아지는 현상을 관찰했다. 윤충과 도마뱀 암컷들은 모두 수정란을 낳았고 그것들은 수정란을 생산할 수 있는 암컷 성체로 성장했다. 그 윤충과 도마뱀들은 급변하는 환경에 잘 적응하면서 충분히 불어났지만 똑같이 수컷을 만들지는 않았다.

성에 대한 또 하나의 이론은 성이 유전적으로 회춘할 수 있는 메커니즘을 가지기 때문에 중요하다는 주장이다. 이 이론은 짚신벌레에서 무성적 세포분열에 의해 형성된 세포는 불과 몇 달밖에 살지 못하는 반면에, 유성접합에 의해 생성된 세포는 무한정 생존한다는 관찰에 근거한다. 그러나 어떤 짚신벌레 종에서는 이런 현상을 관찰할 수 없다.

짚신벌레의 일종인 아우렐리아 종Paramecium aurelia에는 한 개의 커다란 대핵macronucleus과 두 개의 소핵이 있다. 대핵은 수천 개의 유전자를 포함해서 전령 RNA를 만드는 것을 비롯한 모든 일을 수행하는 반면에 배수 염색체를 가진 두 소핵은 아무런 역할도 하지 않는다. 그런데 이 짚신벌레가 유성접합을 할 준비를 갖추었는데도 배우자를 찾지 못하면 소위 자가수정이라는 번식을 하게 된다. 두 개의 배수성 소핵들이 각각 두 번씩 감수분열을 해서 꼭 네 개씩의 반수성 소핵을 만드는 것이다. 그런데 자연의 부조리를 보여주는 전형적인 예라고 할 수 있는 다음 단계에서 짚신벌레는 오직 한 개의 소핵을 제외하고 모든 소핵을 사멸시킨다. 이렇게 남은 한 개의 소핵은 유사분열을 거듭하여 정확하게 같은 유전자를 가진 두 개의 소핵이 된다.

아우렐리아가 모든 준비를 갖춘 후에 배우자를 만나게 되면 접합이 이루어지는데, 이때는 두 소핵 중 하나를 배우자에게 보내 상대방의 것과 교환한다. 이제 반수체의 새로운 소핵과 기존의 소핵은 융합해서 생활사를 완료한다. 그런데 배우자가 없을 때는 유전적으로 똑같은 두 개의 반수체 소핵들이 한 세포의 내부에서 서로 융합하게 된다. 짚신벌레는 결과적으로 한 개의 대핵과 한 개의 소핵을 갖게 되는데, 성적으로는 외부에서 유전자를 받지 않았으므로 무성이라 할 수 있다. 그러나 이 짚신벌레도 유전적으로 다시 젊어져서 세대를 이어가면서 번식할 수 있다.

그러니까 우리의 감수분열적 성의 형태는 우리가 그렇게 되도록 창안한 그런 대단한 과정이 아니다. 이는 생물권적인 입장에서 본다면 박테리아적 성보다 훨씬 덜 중요하다고 할 수 있다. 박테리아적 성은 우리가 감기에 쉽게 걸리는 현상에서도 알 수 있듯이, 미생물이 새로운 유전물질을 받아들여서 신속하게 계속 생존할 수 있도록 하는 전략이다. 짚신벌레 아우렐리아 종에서 볼 수 있는 것처럼 짚신벌레의 생존을 지탱하는 것은 암컷과 수컷에게서 유전자를 받는다는, 쉽게 말해 암컷과 수컷이라는 양성을 갖는다는 사실이 아니라 그것이 감수분열이라는 사실이다. 우리는 세포 메커니즘으로서의 감수분열이 복잡한 동물의 진화에 필수적이었다고 생각한다. 심지어 한 개의 식물 세포를 주의 깊게 복제만 해도 고도로 다양한 자손들을 생산할 수 있다. 이런 점에 비춰볼 때, 감수분열적 성의 사이클이 고등생물에 다양성을 더해주기 위해 유지된다는 이론에는 의심의 여지가 있다. 실제로, 고등생물에서는 세포 내 다양성을 증진할 수 있는 수단들(아마도 그 일부는 고대의 공생적 관계에서 연유했겠지만)이 너무 많아서 그것에 너무 치우치지 않게 하는 방법을 모색해야 할 지경이다. 감수분열은 다양성을 증진하는 수단이라기보다는, 다양성을 조절해서 안정되게 하는 수단이라고 말할 수 있다.

감수분열, 즉 염색체가 서로 쌍을 이루고 특별한 DNA, RNA, 단백질 등이 합성되는 그 과정은 점호를 하거나 창고의 재고 조사를 하는 것과 비슷하다. 그 과정은 고등생물에서 배 발생이라 할 수 있는 다세포화가 시작되기 이전에 세포 내의 미토콘드리아와 색소체의 것을 포함해서 모든 유전자가 제대로 되어 있는지를 확인하는 메커니즘이라고 볼 수 있다. 결국 동물 세포와 식물 세포는 모두 각 세대에서 한 개의 유핵세포로 일단 복귀하는 셈이다.

성은 공생과 마찬가지로 우주 보편의 현상, 즉 혼합시킨 후에 짝을 맞추는 원리의 한 표현이라고 할 수 있다. 두 개의 잘 발달된, 그리고 잘 적응된 생물체 또는 조직 또는 대상이 서로 결합하고, 반응하고, 재발전하고, 재정의되고, 재적응해서 결국 새로운 어떤 것이 창출되는 현상이 바로 그것이다. 인간의 발명은 끊임없이 이런 혼합과 짝짓기의 원리를 통해 만들어진다. 예를 들어서 간단한 손목시계는 벽시계와 팔찌가 합쳐진 것이고, 탱크는 트럭과 대포의 합성으로, 음향합성 장치는 컴퓨터와 피아노의 합성으로, 디지털 신디사이저는 컴퓨터와 피아노의 합성으로, 그리고 헬리콥터와 비행기의 합성으로 회전날개 비행기가 만들어졌다. 바이러스 전염, 조류와 균류의 결합에 의한 지의류의 형성, 아메바의 동족잡아먹기, 두 사람 사이의 결혼, 영상 화면과 카세트 녹음기의 합체인 VCR 등 재조합 원리는 지상의 모든 생물에게 널리 적용되는 원칙이다. 정말로 중요한 것은 번식이지 감수분열적 성이라는 좁은 의미에서의 재조합이 결코 아니다.

인간은 성에 몰입했을 때 쾌락을 느끼기 때문에 성에 강박관념을 가진다. 그러나 성행위의 배후에는 생식이라는 세포적 절박성이 놓여 있다. 성적 쾌락이라는 재생적 자극에 의해 부추겨지는 것은 성행위 그 자체가 아니라 생식 바로 그것이다. 반복되는 쾌감의 경험은 성행위라는 부수적 행동을 통해 유전자의 혼합과 짝짓기를 유도하는 도구에 불과하다는 것이다. 만약 복제와 같은, 양쪽 부모의 성 sex (그리고 이에 따르는 충분한 쾌락의 부추김)을 무시하는 '지름길'이 발달된다면, 고등생물은 이 새로운 수단을 이용하더라도 충분히 다양성을 보이면서 생식을 빠르게 수행할 수 있을 것이다. 실제로, 복제 기술로 만들어지는 동물은 매우 다양한 변화를 보이므로 단지 그런 다양성을 적절히 통제하기 위해서라도 감수분열에 의한 염색체 짝짓기 메커니즘이 필요하다고 본다.

MICROCOSMOS
*Four Billion Years of
Microbial Evolution*

11

동식물의
뒤늦은 번성

5000만 년 전 신생대 초기
포유동물과 미생물이 연합해서 극지방, 나무 꼭대기, 고산 지대 등 사방으로 거주 영역을 확대하다.

LATE BLOOMERS: ANIMALS *and* PLANTS

11
동식물의 뒤늦은 번성

현존하는 동물 중에서 가장 원시적이라 할 수 있는 트리코플랙스 Trichoplax는 1965년 필라델피아의 한 수족관에서 어항의 벽을 기어가고 있는 상태로 발견되었다. 트리코플랙스는 9+2 배열의 미세소관 구조의 세포채찍을 가진 유핵세포들이 엉성하게 한데 뭉친 상태였다. 트리코플랙스의 선조라 할 수 있는 생물은 아직 밝혀지지 않았다. 트리코플랙스는 정자와 난자를 가져서 수정란을 형성하며 그 수정란은 배 세포군을 형성하기 때문에 동물임이 분명하다. 그러나 이 생물의 동물적 특성은 여기서 그친다. 트리코플랙스는 머리와 꼬리의 구분이 없으며 좌우 양쪽 구분도 없다. 이 생물은 겉모습을 보면 다세포적 구조의 아메바보다 크게 복잡하다고 말할 수 없을 지경이다.

　세포채찍을 가진 원생생물이 처음으로 다른 세포와 연합해서 자신과 함께 다른 세포까지 이동시킬 수 있게 되자 두 번째 세포는 미세소관 구조물을 다른 목적으로 사용할 수 있게 되었다. 이렇게 해서 동물로 나아가는 진화의 길이 열렸다. 바로 이것이 세포 분화의 시작으로, 동물은 그로부터 고등 예술의 기능을 획득하게 되었다. 어떤 세포는 물에서 수영을 즐길 수 있었으며, 어떤 세포는 유사분열과 감수분열 기능을 함께 가지게 되었고, 또 어떤 세포들은 외부 세계의 상태를 감지할 수 있는 스피로헤타 구조물을 형성했다. 촉각세포, 평형세포, 신장세포, 두뇌세포, 기계수용기(고막은 외부의 음파라는 물리적 신호에 반응하는 대표적 기계수용기이다-옮긴이), 후각세포 등은 일단 성숙한 후에는 결코 분열되지 않는다. 아마도 세포가 자신의 미세소관을 유사분열시 필요한 방추사로 활용하지 않아도 좋게 되자 다른 특별한 목적으로 사용하게 되었기 때문일 것이다.

세포분열 과정에서 자세포가 만들어졌지만 서로 떨어지지 않고 붙어 있게 되는 일은 진화 과정에서 일상적으로 나타난다. 이러저러한 종류의 다세포화는 생물 발달사에서 나타났고 그 결과 명백한 세포적 계획에 의하여 더 크고, 더 복잡한 생물체로 점점 발전했다. 그런데 미생물우주의 구성원이 모두 단세포 구조물은 아니다. 점액세균Myxobacteria, 시안박테리아, 방선균actinobacteria 등은 모두 일차적으로 다세포생물이고, 곰팡이는 다세포성 효모이며, 많은 녹색 해조류는 클래미도모나스 세포가 다세포적으로 형성된 것이다. 따라서 동물과 식물이 단지 다세포적인 구조라고 해서 기타 생물과 구별되는 것은 아니다.

원생생물 중에는 자세포가 서로 뭉쳐서 다세포적 구조물을 형성하는 예가 매우 많다. 점균류slime molds, 바닷말과 홍조류를 포함한 다세포성 조류들, 해면과 같은 다세포성 편모충류 등은 그 대표적인 예이다. 진화 역사에서 다세포화는 박테리아에서는 적어도 10여 차례에 걸쳐서, 그리고 원생생물에서는 50여 차례에 걸쳐서 따로따로 진행되었던 것으로 추측된다. 현재의 관점에서 보았을 때, 세 차례에 걸쳐서 원생생물 조직화가 특별히 성공적으로 진행되어 오늘날의 동물군, 식물군, 균류라는 고귀한 세 생물계를 낳았다고 할 수 있다.

일반적으로 다세포적 존재의 세포들은 한 개의 모세포를 복제해서 만들어진다. 그런데 어떤 생물들(예를 들어서 점균류, 활주박테리아, 소로지나Sorogena 같은 섬모충류 등)에서는 여러 근원에서 유래하는 세포들이 서로 모여서 다세포적 구조를 형성한다. 이렇게 복제되든지 또는 합체를 형성하든지 다세포적 생물은 서로 접촉하고 미묘하게 반응하면서 조화로운 구조물을 만들어낼 수도 있게 되었다.

박테리아, 원생생물, 균류, 식물, 동물의 다섯 생물계는 모두 다세포적 생물들을 포함한다. 그러나 앞의 네 생물계(식물까지 포함해)의 다세포생물은 몸체를 구성하는 세포들 사이의 소통이 최소한에 그칠 뿐이다. 반면에 동물계에서는 다세포화와 세포들 사이의 상호작용이 전문화되었다. 동물체의 다세포화는 특별히 잘 세분되어서 조직화되었다. 동물 세포는 고도로 전문화되어 있으며 다양한 세포간결합(중격결합, 갭결합, 밀착결합, 접착반 등은 극히 일부의 예라 할 수 있다)에 의해서 이웃 세포들에 연결된다. 세포들 사이에서 이루어지는 소통의 정도와 질을 결정하는 것은 사실상 이런 세포간결합인데 최근에서야 전자현미경으로 연구할 수 있게 되었다. 배를 형성하는 세포들의 집합체라 할 수 있는 포배blastula와 함께 이런 신비스러운 세포간결합은 동물체를 의미하는 진정한 표징이다.

원생대 중기, 약 10억 년 전부터 최초의 동물들에서 동물적인 특성이 크게 발달하기 시작했다. 이때부터 그들은 단순히 세포가 밀집해서 이루어진 다세포성 미생물 집단들과 뚜렷이 구별되었다. 마치 그물의 눈처럼 촘촘히 엮여 있는 거대한 미생물 공동체 속에서 강력한 진화학적 상호작용에 의해서 한 무리의 세포들이 상호 조화하고 조절할 수 있는 기능을 가지게 되었다는 사실은 거의 믿어지지 않을 정도로 놀라운 일이다.

최초의 식물 선조라 할 수 있는 조류는 엽록체가 풍부한 세포들로 여러 세포가 길게 연결되어 사슬 형태를 이루었다. 식물 포자들은 약 4억 6000만 년 전에 처음으로 육상에 진출한 것으로 알려져 있다(동물이 본격적으로 진화된 것은 약 7억 년 전으로 그보다 앞섰지만 육상으로 진출한 것은 4억 2500만 년 전으로 식물보다 늦었다). 초록빛을 띠는 연못에 자주 나타나는 조류의 일종인 볼복스 세포volvocines를 관찰함으로써 조류 선조에서부터 식물체 비슷한 세포가 진화되기까지 가능했던 과정을 더듬어볼 수 있다. 각각의 볼복스 세포에는 9+2 배열의 세포채찍, 안점eyespot, 엽록체가 있다. 볼복스 집단의 개별 세포는 단세포 조류인 클래미도모나스와 비슷한 것으로 알려져 있다. 네 개의 볼복스 세포가 한데 모여서 안정된 교질의 주머니 속에 들어 있으면 고니움Gonium sociale이라는 조류의 한 종으로 인정된다. 고니움 세포들이 분리되면 독자적인 유영 능력을 가지며 새로운 고니움을 구성할 수 있다.

고니움 종보다 복잡한 중간적인 종들은 16~32개의 볼복스 세포들로 구성된 세포합체이다. 가장 잘 조직된 종은 볼복스라 할 수 있는데, 약 50만 개의 볼복스 세포들로 이루어진, 속이 텅 빈 공 모양을 하고 있다. 볼복스는 한 축을 중심으로 회전할 수 있으며 비교적 덜 발달된 볼복스 개별 세포와는 달리 후반부에 있는 일부 세포들만이 자세포를 형성해서 새로운 볼복스를 탄생시킬 수도 있다. 자세포들은 자신의 모세포에서 분리되면 볼복스의 텅 빈 내부 속으로 들어가서 분열을 계속하여 소규모적 다세포체를 구성한다. 시간이 흐르면 이 자세포 덩어리들은 효소를 분비해서 모세포의 교질을 분해한다. 원래의 볼복스 공 형태가 파열되면 자세포 공들이 튀어나와서 다시 새로운 볼복스 구로 발전한다. 이러한 생식 방법은 비록 무성적으로 진행되는 것이지만 어떤 볼복스 종들은 성을 갖기도 한다. 고도로 정교한 반투명의 녹색공들은 보통 정자 또는 난자 중 한 가지를 방출하는데, 어떤 공은 그 두 가지를 동시에 방출하기도 한다. 방출된 세포들은 녹조류의 선조 세포들과 비슷한 모습을 하고 있는데 이동성 세포채찍이 있어서 서로 만나 융합한다. 수정이 완결되면 세포채찍은 융합된 세포 속으로 후퇴하고 감수분열이 일어나면서 계속해서 유사분열도 진행된다. 이런 메커니즘의 결과, 수많은 자세포가 형성되면 그 세포들은 서로 밀집해서 새로운 볼복스의 구로 성장하게 된다.

조류는 햇빛이 비치는 얕은 물속에서 생활했다. 때때로 물이 말라버리면 세포 외부는 건조해지지만 내부에는 여전히 수분이 남아 있을 수 있었는데 이런 상태는 진화학적으로 좋은 조건이었다. 즉 그런 조건 속에서 살아남을 수 있게 된 일부 조류가 번식을 거듭해서 초기 식물들(오늘날의 이끼류나 태류 liverworts와 비슷한데 줄기나 잎이 없고, 물에 젖지 않으면 자신의 몸체를 지탱할 수 없으며, 물속 바다에 넓게 펼쳐진 상태로 있는 식물들)이 되었다. 조류는 몸속에 수분을 유지함으로써 육상식물로 진화할 수 있었다. 이 최초의 식물들은 두 가닥의 꼬리를 가진 자신의 정자들을 난자로 유영시키기 위해 액체상의 매질이 필요했다. 모체 조직세포들의 보호벽 속에서 수정란이 배 embryos로 발생하는 메커니즘 덕에 이 식물들은 다세포체 원생생물과 구분되어 진정한 식물이라 불릴 수 있었다.

건조한 육상은 식물들에게 혹독한 환경 조건이었다. 조류의 교질 조직들이 건조해지지 않고 부서지지 않도록 유지하는 것은 어려운 일이었다. 육상에 정착하기 위해 원시 식물들은 바닥에 넓게 퍼져서 생활하던 과거 습관을 바꾸어서 더욱 탄탄한 3차원적인 구조를 발전시켜야만 했다. 원시 식물은 (시안박테리아의 오랜 부산물이었던) 대기 속 산소를 사용해서 리그닌이라는 세포벽 구성 물질을 만들게 되었다. 셀룰로스와 함께 리그닌은 관목과 교목들을 강하고 유연하게 만든다. 식물체가 단단해지면서 뿌리에서 빨아올린 물을 상부로 전달하고 가지 끝에 붙은 잎에서 생산된 영양물질을 하부로 보낼 수 있는 소위 도관조직이라는 구조가 발달했다. 유관속의 새로운 식물은 자신의 세포 속에 한 세트가 아닌 두 세트의 염색체를 가짐으로써 자신의 선조들과 구별되었다.

미생물우주가 아름다운 식물 형태를 가진 거대생물우주로 확장되어 번창할 때, 눈에 보이지 않는 미생물들도 함께 여기저기서 번성했다. 식물이 건조에 견딜 수 있고 리그닌을 생산해서 육상세계를 정복할 수 있게 된 것은 미생물과 나눈 공생작용 덕이 클 것이다.

캐나다의 생물학자 K. 피로진스키와 D. 멀로크는 최초 식물이 조류와 곰팡이의 공생관계에서 비롯했을 거라고 추측했다. 이 과학자들은 식물의 기원은 마치 지의류의 기원의 역순과 같다고 했다. 그들은 식물에서 우점적인 역할을 했던 것은 곰팡이가 아니라 조류였다고 주장한다. 오늘날 육상식물의 95퍼센트가 뿌리혹박테리아라는 사실상의 곰팡이와 공생관계를 맺고 있는 것은 분명 우연이 아닐 것이다. 토양 안에 있는 공생 곰팡이를 제거하면 많은 식물이 생장을 멈추거나 죽어버린다(그런 곰팡이와 공생관계를 맺지 않은 5퍼센트 식물 중 대부분은 물속에서도 자랄 수 있어서 본질적으로 수중식물이라 할 수 있다). 이러한 사실에 비춰볼 때 원시 식물이 곰팡이와 공생함으로써 건조한 육상 환경을 정복할 수 있었다는 가설은 이해할 만하다. 곰팡이와 협동함으로써 어느 한쪽으로서는 할 수 없었던 어려운 일을 수행할 수 있게 된 것이다. 과거 한때 부드러운 몸체에, 수분을 듬뿍 포함한 조류에서 리그닌을 가진 육상식물이 진화할 수 있었다는 사실 그 자체도 역시 곰팡이와의 공생관계를 시사한다.

약 4억 년 전쯤, 턱이 있는 어류(유악어류 jawed fish)가 해안 지대에서 최초로 유영을 시작하고, 날개가 없는 원시 곤충이 처음 출현하기 시작했던 즈음에 유관속 식물은 이미 크게 번성했다. 식물이 새로운 육상 환경에서 직면했던 가장 큰 문제는 수분 부족이었다. 식물은 그 해결책으로 종자를 발전시켰다. 외부 환경에 저항성을 가진 씨앗은 식물의 배가 발생하기에 가장 적절한 시간이 될 때까지 수분을 저장하는 역할을 했다. 이런 발명품이 포유동물의 경우에도 적용될 수 있었다면 그 진가가 더욱 빛날 수 있었으리라. 상상의 날개를 펴보자. 인간의 수정란이 조그마한 보호 캡슐에 싸여서 부모의 경제 사정이 나아질 때에야 비로소 발생을 시작할 수 있다고 가정하자. 뜻하지 않게 임신을 하게 된 젊은 여성이 있다. 만약 그녀가 대학을 졸업하고 집을 장만하거나 경제적 장래가 확실해질 때까지 미래의 아기를 캡슐 속에 보존할 수 있다면 얼마나 편리할까. 씨앗은 배 상태의 식물체를 보관하면서 조용히 주위 환경을 감시하다가 환경이 좋아진 후에 비로소 발생을 시작한다. 식물은 수분이 풍부한 자기 조직 속에서 수정과 발생을 진행할 수 있기 때문에 불규칙한 강우 조건에도 불구하고 번성할 수 있게 되었다.

원시 삼림은 거대한 '씨앗을 가진 고사리류'로 이루어졌다. 이들은 지나치게 성장한 고사리처럼 보이는 나무들로, 오늘날의 고사리와는 달리 씨가 있었다. 약 3억 4500만~2억 2500만 년 전까지 1억여 년의 기간은 날개를 가진 곤충, 어뢰 같은 모습의 오징어, 공룡(및 기타 여러 생물)이 진화하는 시기였는데, 이때 씨앗고사리들은 웅장한 열대의 숲으로 번성했다. 진정한 의미의 고사리도 아니고 또 그렇다고 꽃피는 식물도 아닌, 시카도필리케일cycadofilicales이라는 씨앗고사리 종이 만든 거대한 삼림이 대륙의 광대한 지역으로 퍼져나갔다. 그들은 곤드와나 대륙 남반부에서 로라시아(원래는 판게아라는 초대륙이 있었는데 중생대에 이르러 곤드와나와 로라시아 대륙으로 나뉘었다–옮긴이) 대륙의 구릉이 많은 지대까지 널리 퍼져서 따뜻한 열대의 미풍에 흔들렸다. 때때로 대륙이 이동하면서 일으키는 지각운동 때문에 지하에 묻혔던 씨앗고사리 삼림 덕에 이 지역은 오늘날 세계에서 가장 풍부한 석탄 매장량을 자랑하게 되었다.

약 2억 2500만 년 전에는 씨앗고사리의 후손인 침엽수, 즉 구과식물conifers이 나타나서 최초의 초식성 공룡들에게 먹이를 제공했다. 오늘날의 소나무와 전나무들과 비슷한 구과식물은 추위에 강한 내성을 지녀서 씨앗고사리보다 생존에 유리했다. 그 시대에는 여러 대륙에서 빙하가 출현했는데 이때 침엽수들이 더 잘 적응할 수 있었다. 석탄층 속에 화석으로 흔적을 남긴 씨앗고사리들과 기타 여러 식물들은 대부분 열대성이었다. 씨앗고사리의 씨앗들은 과실들처럼 껍질에 싸여 있지 않고 노출된 채 있었기 때문에 분명 추위에 매우 민감했을 것이다. 따라서 그들은 빙하시대의 오랜 겨울 기간을 견딜 수 없었다. 그러나 많은 침엽수들은 마치 오늘날의 상록수처럼 빙점 이하의 온도에서도 별다른 피해를 입지 않았다. 그들은 뿌리에 곰팡이의 공생체를 풍부히 가지면서(그들 중 일부는 버섯으로 출현하기도 했다) 이제까지 식물이 자랄 수 없었던 고산 지대나 위도가 더 높은 지역으로 생활 영역을 넓혀나갔다.

추위에 강했던 침엽수의 후계자는 꽃피는 식물들이었다. 이들은 씨앗고사리의 선조였던 최초 육상식물들의 또 다른 후손이었다. 야자수 같은 일부 식물의 화석으로 평가해보면, 현화식물은 이미 1억 2300만 년 전쯤에 진화했고, 곧이어 약 1억 1400만 년 전에 이르러서는 전 세계의 모든 지역에 퍼져 있었음이 확실했다. 지상에서 가장 성공적인 엽록체 표출이라고 할 수 있는 현화식물 진화는 처음부터 동물의 진화와 나란히 진행되었다. 오늘날 구혼자가 처녀에게 바치는 꽃다발은 오랜 동식물 관계에서 나온 하나의 표현이라 할 수 있다. 곤충은 꽃에게서 달콤한 꿀을 얻어 생활하는 대신 그 보답으로 다른 꽃에서 꽃가루를 옮겨와서 이화수분(타가수분)을 돕는다. 새와 포유동물은 현화식물의 열매와 잎을 먹어치움으로써 식물이 마구 퍼지는 것을 방지하고, 반면에 현화식물 또는 피자식물 angiosperms은 동물이 자신의 배embroys를 함부로 소화시키지 못하도록 열매를 단단히 하거나(견과류) 씨를 강하게 만들고(복숭아씨), 이외에도 동물이 가까이 하지 못하도록 유독성 물질이나 마취제를 분비하도록 진화했다. 씨앗이 단단하게 진화되어 얻은 부차적인 효과는 동물들로 하여금 잘 보전된 현화식물의 배를 널리 퍼트리게 해서 식물체의 전파가 빨라졌다는 점이다.

알을 낳는 온혈동물과 작은 유대류 같은 원시 포유동물이 현화식물이 출현했던 약 1억 2500만 년 전에 처음으로 진화를 시작했다는 것은 결코 우연이 아닐 것이다. 기민하고, 식물체를 먹이로 섭취할 수 있었던 포유동물은 진화에서 또 하나의 놀라운 협동의 예를 보여준다. 이 포유동물이 식물성 먹이를 선호했던 습성 덕분에 분명 피자식물의 씨들이 널리 퍼졌을 것이다. 한편 현화식물들 중에서 씨앗이 없는 바나나 나무나 오렌지 나무 같은 종류는 오늘날 가장 효과적인 종족 전파의 수단을 가졌다고 할 수 있다. 즉 우리가 그들 대신 매년 매계절 경작지를 넓혀주고 있는 것이다. 이런 식물은 과실의 맛이 좋아서 무성적으로 퍼져나갔다. 우리보다 먼저 육상에 출현했던 식물은 자신이 가질 수 없었던 이동 능력을 동물에게서 빌리기 위해 그들을 유혹하는 수단을 발전시켰던 셈이다.

식물은 구조적으로 복잡한 행동양식을 가지는 방향으로 진화가 이루어지지 않은 것으로 보인다. 그러나 그들의 인상적인 과거 기록들을 잘 살펴본다면 겉보기만큼 그렇게 무력하지만은 않았음을 알 수 있다. 우리의 중추신경계와 두뇌는 식물을 섭취하고, 또 식물을 섭취하는 다른 동물을 포식하는 데에도 적합하도록 진화되어왔다. 식물은 실제로 그런 두뇌 조직을 갖고 있지 않다. 대신 그들은 우리 것을 차용한다고 할 수 있다. 식물은 대뇌피질의 배열보다는 광합성 화학과 유전자 계획에 의해 주도되는 전략적인 지능을 가져서 동물들로 하여금 자신들을 위해 행동하도록 통제한다고 할 수 있다. 그러면 이러한 유별난 식물체의 지혜의 이면에는 과연 무엇이 존재할까? 그것은 고대 미생물우주 그 이하도 그 이상도 아니다. 미생물이 엽록체, 미토콘드리아, 스피로헤타적 이동 조직의 흔적물 등의 형태로 나타나서 식물적 성공의 기반이 된 것이다.

동물은 물에서 벗어나서 육상으로 상륙하기 위해서 조금 특별한 경로를 거쳤다. 아마도 동물은 식물보다 일찍 진화했는데도 자신의 빈약한 유산(그들의 세포에는 미토콘드리아와 스피로헤타적 조직은 있었지만 엽록체는 없었다) 때문에 3500만 년이나 늦게 육상에 도착했을 것이다.

최초의 동물은 단단한 부분이 없어서 화석으로 보존되기가 쉽지 않았다. 그렇지만 해변의 모래밭에 밀려온 일부 동물의 사체는 박테리아가 먹어치우기 전에 모래 속에 파묻혀 오늘날 사암 지층 속에서 화석으로 발견된다. 이런 원시 동물은 점차 세포 수를 증가시키면서 둥그스름하거나 긴 벌레 모양으로 형태가 다듬어졌다. 세포들은 분열을 거듭하면서 점차 합체를 형성하는 기간이 길어졌고, 따라서 생존을 위한 새로운 전술 전략을 추구하게 되었다. 예를 들어, 어떤 동물은 9+2 세포채찍을 사용하여 아주 작은 먹이나 박테리아, 미소한 원생생물 등을 자신의 소화기관 안에 집어넣도록 진화했다. 시간이 지나면서 더 큰 먹이를 더 효과적으로 섭취할 수 있는 동물들이 생겨났다. 그 일부는 분명 현대 생물계의 주요 설계자들이었을 것이다. 그러나 우리 인간의 관점에서 본다면 아직 그들은 그리 크지 않았다. 그 군집들은 거대한 산호초를 형성했고, 일부는 박테리아 시대에 번성했던 부드러운 미생물융단 위에서 먹이를 섭취했다. 그러나 그런 미생물융단은 오늘날 바닷가 조간대처럼 염도가 강한 환경 같은, 유핵생물이 별로 좋아하지 않는 고립된 지역에서만 존재한다.

우리가 가장 오래된 동물이라고 직접 인정할 수 있는 사암 속에 남겨진 최초의 자취는 오스트레일리아 남부 시드니 근처의 에디아카라에서 발견되었다. 이 때문에 약 7억 년 전에 형성되었던 유약한 몸체의 동물 화석은 세계 어느 곳에서 발견되더라도 에디아카라 동물군이라고 부른다. 에디아카라 동물군의 자취 중에는 발달이 잘 된 동물문의 일부가 나타난다. 초기의 에디아카라 동물군 그리고 그들과 밀접한 동물들에게서 진화한 중요한 동물문의 하나로, 부드러운 몸체에 체절이 있는 해양성 생물인 환형동물문이 있다. 진화학적으로 크게 성공한 집단이었다고 할 수 있는 절지동물문(외골격이 있는 삼엽충, 게, 새우, 바퀴벌레, 바닷가재 등)과 강장동물문(거의 1밀리미터의 길이로 과대 성장한 파상족에서 진화한 유독성의 촉수로 먹이를 잡아먹는 해파리, 히드라 같은 동물군)의 선조들이 에디아카라 동물군 속에서 출현했는지 여부는 아직도 논란거리이다. 그렇지만 오늘날 멸종된 많은 동물들이 당시에는 생존했다는 점만큼은 분명하다.

외골격이 없는 중요 동물군으로서 극피동물문(불가사리와 성게) 같은 동물은 약 7억 년 전부터 존재했다. 그러나 이런 동물은 단단한 골격이 없었으므로 약 5억 6000만 년 전까지는 그 존재를 명확히 인정하기 곤란하다. 그럼에도 불구하고 지질시대의 격동과 혼란 중에서 많은 무골격의 동물softbodied forms이 다행히 비교적 잘 보존될 수 있었다. 에디아카라 동물군의 화석은 오스트레일리아 시드니 대학 교수였던 마틴 글래스너에 의해 처음으로 학계에 소개되었는데, 이는 마치 바람이 휩쓸고 다니는 사막 속에서 골동품을 발견하거나 캄보디아의 정글 속에서 고대 크메르 사원과 우연히 마주친 것에 비할 수 있다. 우리는 이제 동물의 존재가 화석 형태로 출현하기까지 오랜 '지연' 기간이 있었음을 명확히 이해할 수 있다. 마치 연약한 인간이 고도로 복잡한 인공물들을 만든 후에야 비로소 그 자신을 보호하기 위해 철갑으로 무장한 기사단을 구성했던 것처럼, 고도로 복잡한 구조였지만 단단한 골격은 없었던 동물들은 골격이 있는 동물들보다 앞서서 크게 번성했다. 따라서 최초의 원시 동물군(에디아카라 동물군보다 훨씬 덜 진화한 다세포생물군 집합체, 해면동물과 유사한 원시 동물류, 또는 원시 트리코플랙스 비슷한 종류 등)이 비록 화석화되지는 못했지만 실제로는 존재했음이 분명하다. 트리코플랙스 같은 원시 동물군의 후손들은 몸속에 많은 양의 수분을 지녀서 몸체가 연약했는데, 그다지 흔하게 볼 수 없었고 일반적으로 눈에 잘 띄지도 않아서 오늘날에도 별로 연구되지 않는다. 원시 동물들은 몸체에 단단한 부분이 없고 또 내부 골격도 제대로 갖추지 못해서 마치 대부분의 원생생물들처럼 죽으면 완전히 분해되고 말았다. 그렇지만 그 후손들은 백악chalk과 실리카silica로 만들어진 견고한 껍질과 골격을 가져서 고생대 이후의 생물상을 밝히는 데 크게 유용한 자취들을 무수히 남겼다.

캄브리아기의 시작은 지금으로부터 약 5억 8000만 년 전으로, 이는 현대의 우리가 살고 있는 시대인 현생누대의 첫장을 의미한다. 캄브리아기 동안에는 화석으로 나타나는 생물상이 매우 명확하고 전 세계적으로 풍부하게 출현해서 오랫동안 학자들은 생물이 이때야 비로소 나타난 것으로 생각했다. 지난 20여 년 동안, 화석화된 미생물우주의 자취가 연구되기 이전에는 고생대 이전의 암석들은 모두, 선캄브리아기로 불리는 지구 탄생 시기에서부터 캄브리아기 직전까지 오랜 기간의 신비한 시대에 속하는 것으로 함부로 단정되어 무단 방치되었다. 하지만 오늘날에는 생물이 삼엽충이나 그와 비슷한 현생누대의 잘 발달된 동물들에서 갑자기 출현한 것이 아니라는 사실을 잘 알고 있다. 현생누대 시대에는 골격과 조개껍질, 견고한 외피, 기타 여러 단단한 부분들이 발달하기 시작했는데, 이는 외부의 험한 환경과 포식자들의 공격으로부터 동물이 자신을 보호하기 위한 것이었다. 그런 보호물들은 결과적으로 화석 기록 속에 동물들의 명확한 자취를 남기는 부수적인 역할을 했다.

17세기와 18세기 유럽의 많은 박물학자들은 어떤 복잡한 형상을 한 화석들을 '무늬가 있는 돌figured stones'이라 불렀다. 어떤 사람들은 화석을, 지하에서 계속 생존하다가 어느 순간 지상에 모습을 드러낸 동물 '형태'의 증거로 간주했고, 또 어떤 사람들은 화석이 노아의 홍수에서 기원한다고 주장하기도 했다. 예를 들어, 런던 그레스햄 칼리지의 물리학 교수였던 존 우드워드는 영국에서 발견된 식물 화석들을 근거로 해서 언제 대홍수가 발생했는지를 추정할 수 있다고 생각했다. 그는 1695년에 다음과 같이 썼다. "(……) 이제까지 내가 관찰했던 암석들 속에 들어 있던 모든 다양한 잎 중 그 어느 것도 생장 단계에 있지 않았던 것은 없었고, 어느 것에서도 열매를 발견하지 못했다. 그것들은 모두 늦봄에 흔히 나타나는 성숙을 향한 단계에 있었다." 또 어떤 책에서 우드워드는 "침엽수 열매들은 모두 막 자라기 시작하는 단계였고, 그 껍질들은 그다지 단단하지 않았다. 따라서 대홍수는 5월 말경에 갑자기 시작되었고 이때 식물들이 생장을 중단했음이 틀림없다"고 기술했다. 19세기에 이르러서도 화석은 모든 자연현상과 마찬가지로 성경의 문맥 안에서 해석되었고 오직 신의 말씀을 증거하기 위한 눈으로 연구되었다. 그러나 프랑스의 박물학자였던 조르주 루이 뷔퐁, 영국의 에라스무스 다윈(찰스 다윈의 조부), 프랑스의 진화론자 안톤 라마르크, 영국의 작가이자 예술가였던 새뮤얼 버틀러 등 많은 사람들은 이미 그런 암석들에 대해 다른 관점에서 생각하기 시작했다. 런던의 백과사전 발행인이었던 로버트 챔버스는 1844년에 발행한 《창조의 자연사학적 흔적Vestiges of the Natural History of Creation》이라는 책에서 신은 생물종을 하나하나 창조하지 않았으며 그들을 능동적으로 감독하지도 않았다는 생각을 익명으로 발표했다. 대신 그는 신은 오직 한 번 태초에 생명을 창조했고 그 후에는 그들이 스스로 방향을 정해서 발전하도록 했다고 주장했다.

생명에 대한 새로운 생각들이 등장하면서 신에 대한 개념이 점차 바뀌었다. 찰스 다윈은 처음에는 "성경의 구절구절에 대해 털끝만큼도 의심하지 않았다"라고 기록했다. 그러나 후에 그는 "아프리카 몽구스는 잡은 먹이를 갈기갈기 찢어놓는데, 어떻게 거룩한 창조주가 그토록 잔인한 습성을 갖도록 했는가?"라고 회의하기 시작했다. 1844년 다윈은 친구이자 식물학자였던 조지프 후커에게 "(내가 처음에 했던 생각과는 거의 정반대로) 마침내 새로운 생각의 섬광이 나타나서 나는 '생물종은 불변하는 것이 아니다'라고 확신(마치 살인을 고백하는 것처럼)하게 되었네"라고 고백했다.[43] 19세기 후반에 이르러 생물진화 이론이 널리 알려지면서 캄브리아기의 화석들은 신이 처음으로 창조했던, 소위 하등동물로 일컫는 생물을 대표하는 것으로 재해석되기도 했다. 그러나 오늘날 우리는 박테리아, 원생생물, 에디아카라 동물군 화석 등을 발견함으로써 캄브리아기 암석에서 보이는 생물의 '돌연한 출현'은 환상에 불과하며, 그 당시에는 단단한 외피를 가진 동물들이 갑자기 번성했을 뿐이라는 사실을 명백히 인정한다. 우리 조상들은 동물들이 외피와 골격을 형성하기 훨씬 이전인 약 30억 년 전에 지상에 출현했다.

동물의 단단한 껍질은 약 5억 8000만 년 전부터 나타났는데, 인산칼슘과 키틴이라는 유기물질로 이루어졌다. 키틴은 삼엽충과 캄브리아기의 주요 절지동물이었던 바다전갈eurypterids이 사용했다. 때때로 길이가 3미터를 넘었던 거대한 '바다전갈'은 이후 완전히 멸종되고 말았다. 기타 캄브리아기 동물에는 쐐리조개로 알려진 조개류 비슷한 완족류가 있다. 거의 대부분의 완족류들 역시 멸종했다. 그러나 이 원시 연체동물 중 일부는 아직까지 생존하여 북아메리카 대서양 연변에서 현재도 잠수부들에게 종종 발견된다.

아마도 가장 널리 알려진 캄브리아기 화석은 지질학자인 찰스 월콧이 1910년 캐나다 브리티시컬럼비아의 작은 도시 필드 근처에서 발견한 버제스 사암층Burgess Shales에 있는 것들이다. 월콧은 탐사대를 조직하여 화석이 특별히 풍부했던 사암층을 폭발물을 사용해서 노출시키고 1미터 또는 그 이상을 파헤쳤는데 그 장소는 과거에 해양의 진흙바닥이었던 곳이었다. 오늘날에는 과거 진흙바닥이었던 그 장소가 미국 워싱턴 주와 오리건 주에서부터 캐나다 서부에 걸쳐 뻗어 있는 캐스케이드 산맥의 고지대에 해당한다. 월콧과 그 일행은 이후 약 10년 동안 3만 5,000점의 화석 표본을 채집했는데 그 대부분은 현재 워싱턴 D.C.에 있는 스미소니언박물관에 소장되어 있다.

거의 대부분의 캄브리아기 화석들은 현대의 모든 동물이 소속되어 있는 30개 또는 그 이상의 잘 정리된 동물문 중에 포함된다. 그러나 일부 화석들은 이 문들 중 어느 것에도 속하지 않아서(따라서 '문제화석Problematica'이라는 학명이 붙었다) 아무런 분류학적 기재 없이 고생물학 문헌에 나타나기도 한다.

캄브리아기 초기와 중기 지층에서 대량 나타나 전 세계적으로 분포했던 화석생물의 하나로 원시 해면동물류archeocyathids가 있다. 원추형의 골격 구조를 한 이들은 열대 해양에서 크게 번성했다. 단단하고 원추형 비슷한 그들의 몸체와 닮은 생물은 오늘날 어느 곳에서도 발견되지 않았다. 그래서 정보가 빈약한 분야에서는 늘 그러하듯이 갖가지 추측이 난무했다. 그들은 산호 같은 것이었을까, 또는 해면과 더 닮았을까? 또는 아예 동물이 아니었을까? 그 추측이 어떻든 원시 해면류들은 캄브리아기 말엽에 갑자기 사라져버렸다. 이 동물군에 속했던 수많은 과, 속, 종들은 모두 처음 출현하고 난 후 8000만 년이 채 안 되어 돌연 멸망했다. 그 화석들은 영국, 시베리아, 캐나다 등 세계 도처에서 발견된다.

불완전한 화석 기록에 의해 존재가 불명확하게 알려진 종들의 사례는 다른 생물에서도 찾을 수 있다. 석회석에 새겨진 작은 무늬처럼 보이는 '물체들'은 층공충stromatoporoids으로 알려져 있다. 캄브리아기 후반에 출현해서 고생대 거의 전 기간 동안 존재했던 이 생물군에 대해 최소한 한 사람 이상의 고생물학자가 남조류 박테리아라고 주장했다. 다른 학자들은 층공충을 해면이나 그와 비슷한 동물군으로 믿고 있다. 따라서 현재까지는 어떤 학자도 문제의 층공충이 박테리아인지, 동물인지, 또는 그 어느 것도 아닌지 명확한 답을 못 찾았다.

만약 캄브리아기 해변을 거닐면서 해안의 미생물융단을 무시하고 바다 쪽만을 바라본다면, 대부분의 사람들은 약 5억 년의 역사를 지닌 그때의 동물상과 오늘날의 동물상에서 특별히 다른 점을 찾지 못할 것이다. 해양생물의 차이점이란 단지 분류학적인 세목에 있을 따름이며, 당시 대부분의 동물 형태들은 오늘날의 것들과 유사했다. 더욱이 어떤 생물은 그 형태가 캄브리아기에서 현대에 이르기까지 거의 변하지 않았는데, 그 예로 리물루스(투구게horseshoe crab를 말함)를 들 수 있다. 투구게는 사실 게의 종류가 아니고 절지동물문의 다른 한 종류에 속한다. 북아메리카 대륙의 대서양 연안인 해터라스 곶과 코드 곶에서는 오늘날에도 리물루스 자손들이 널리 퍼져 있는 것을 볼 수 있다. 투구게는 두 마리가 서로 맞붙어서 천천히 물을 향해 이동하거나 도리깨질하는 다리를 움직이면서 등을 노출시키는데 그 형상은 4억 년 전의 생물이 현세에 출현한 듯하다.

  탐구하기 좋아하고 포용력 있는 사람에게는 캄브리아기 시대의 수중 탐사가 육상 관찰보다 훨씬 더 매력적이며 커다란 기쁨을 줄 수도 있을 것이다. 당시의 모든 종은 오늘날의 생물종들과 세부적으로는 전혀 달랐다. 캄브리아기 생물 가운데 어느 한 종도(현재까지 수천 가지 종류가 알려져 있는데) 오늘날까지 살아 있는 것은 없다. 우리에게 익숙한 홍합류, 바닷가재, 굴, 대합조개, 게 등은 당시에 전혀 존재하지 않았다. 또 그때까지는 한 마리의 물고기도 나타나지 않았다. 그 대신 물결 모양의 운동을 하는 벌레 집단, 마법사의 모자처럼 생긴 원시 해면동물류, 괴이하게 보이는 층공충류, 완족류 일부, 독립생활을 하는 산호류, 불명료하게 보이는 해면 등이 크게 번성했다. 크기가 거대하고 파상운동을 하는 둥근 모양의 해양동물의 모든 종류가 번성해서 그 시대 바닷속을 누볐을 것이 분명하다. 그런 동물의 몸체는 거의 대부분 부드러운 교질로 되었기 때문에 일부를 제외하고는 화석화되지 못했음을 이해할 수 있겠다. 캄브리아기의 수중동물 중 일부는 해변으로 진출했다가 웅덩이에 갇혀서 몸이 건조해지는 쓰라린 경험을 겪었으리라. 그렇지만 그들 중에서 환경에 적응할 수 있었던 종들은 마침내 뭍에 오를 수 있게 되었다.

어떻게 생각하면 수중동물들이 육지에 정착한다는 것은 인간이 다른 행성에 안주하는 것에 비유할 수 있는, 한편으로는 바람직하고 다른 한편으로는 그렇지 못한 상황에 적응한다는 기술적인 문제로 간주할 수 있다. 대기 속에서 많은 양의 산소를 호흡할 수 있고, 아직 동물들에게는 처녀지였으므로 개척의 여지가 있다는 것이 육지생활의 매력이었다. 그러나 또 한편으로는 특별한 장애가 될 수도 있는 조건들이 있다.

육상으로의 이주와 새로운 환경에서의 번식은 동물들에게 큰 도전이었다. 물속에서의 부력에 익숙했던 동물은 뭍에 오르자마자 자체 몸무게 때문에 땅바닥에 주저앉아버렸다. 따라서 부력 결손을 보완하기 위해 동물들은 더 강인한 근육과 튼튼한 골격 배열을 갖추어야만 했다. 대기 중에서 기능을 발휘할 수 있는 호흡기관을 갖는 것도 절박한 문제였다. 수중의 산소는 겨우 수 ppm(100만 분의 1)의 농도로 존재하는데 비해 대기 속의 산소 농도는 그보다 수천 배나 높았다. 또 동물들은 지상에 직접 내리쬐는 강력한 태양빛을 견디기 위해 가죽껍질, 표피, 각질 등 보호용 외피가 필요했다. 그렇지만 가장 심각했던 위협은 건조함이었다. 육상에서는 항상 한발의 위협이 있었고 동물의 몸체가 건조해진다는 것은 그들에게는 곧 죽음을 의미했다. 따라서 이 절박한 어려움을 극복하기 위해 동물들은 체내에 수분을 유지할 수 있는 장치를 발전시켰고 그렇게 하지 못한 일부 동물들의 운명은 그리 밝지 못했다.

동물들이 육상으로 진출하게 된 동기는 동물들이 생활하던 해양의 일부에서 물이 주기적으로 빠져나가는 지질학적 대변동이 일어났기 때문이었을 것이다. 실제로 동물계의 모든 생물 중에서 육상생활에 성공적으로 적응할 수 있었던 종류는 극히 일부에 불과했다. 동물계의 어떤 문phylum도 그 구성원 모두가 육상에 안주하지는 못했다. 오늘날 건조한 육상 환경에서 자신들의 생활사를 완전히 영위하는 동물은 해안에 상륙했던 고대의 수중동물들 중에서도 오직 몇 개 문에 속한 종류들뿐이다. 즉 곤충과 거미류가 속한 절지동물문 일부, 달팽이 같은 극히 일부의 연체동물, 환형동물 일부, 그리고 우리 인간이 속한 척삭동물문 중 일부 구성원들에 불과하다. 척삭동물은 몸체의 등 부분에 관 모양의 신경조직이 있고, 생활사 중 어느 한때 아가미 구멍gill slits을 발전시키는데, 이 모두는 그들이 해양성 선조에서 기원한다는 것을 증명한다. 우리 인간은 척삭동물문의 한 아문subphylum인 척추동물아문에 속한다. 무척추동물 집단은 30개 또는 그 이상의 동물문으로 구성되는데, 그중 어느 한 문도 구성원 모두가 건조한 육상에서 일생의 전부를 보내지는 않는다.

물에서 생활하던 동물 가운데 많은 종류는 다른 동물이 뭍으로 진출하는 것에 덩달아서 육상생활을 하게 되었다. 그 예로, 척추동물 내부에서 항상 수분이 있는 비강과 내장에 기생하는 펜타솜pentasome과 촌충tapeworm을 들 수 있는데, 이들은 지구 표면의 3분의

1을 차지하는 육상에 그저 표면적으로만 안주했다고 할 수 있다. 척삭동물문의 여섯 강(class: 경골어류, 연골어류, 양서류, 파충류, 조류, 포유동물) 중에서 가장 최근에 진화한 세 강(파충류, 조류, 포유동물)만이 생활사의 일부를 물속에서 보내야 하는 불편을 완전히 넘어서는 데 성공했다.

현재 생존하는 동물들 중에서 조상이 바다에서 기원하고 몸체의 일부가 단단하고 또 한때 육상동물로 진화했다가 다시 해양으로 되돌아간 종류는 의외로 많다. 중생대에 번성했던 파충류인 어룡 ichthyosaurs은 육상에서 진화했는데 이후에 일련의 자연선택 과정에서 해양으로 다시 돌아가게 되었다. 역시 마찬가지로 우리가 수족관에서 흔히 볼 수 있는 물개와 강치는 그저 '바다의 개'에 불과하다. 진화학적으로 물고기와는 전혀 관련 없는 물개, 강치, 돌고래, 고래 등의 선조는 육상생활을 영위하던 네발짐승들에게서 진화했다. 육상생물은 모두 수중에서 생활하던 선조에게서 진화했다. 수정을 한다는 것은 모든 현대 동물이 공동의 해양성 조상을 가졌다는 사실을 말한다. 동물 탄생의 본질적인 행위는 지금도 여전히 물속에서 진행된다. 바다나 강, 연못, 생물체 내의 조직액 등으로 인해 정자와 난자는 항상 수분이 있는 환경에서 만나는 것이다.

이를 조금 다르게 해석하면, 자신이 생활하던 예전의 환경을 몸속에 그대로 유지함으로써 육상이라는 새로운 조건에 완전히 적응하게 되었다고 볼 수 있다. 어떤 동물도 수분이 충분한 미생물우주와 완전히 유리되지는 못했다. 포배와 배는 아직도 자궁 안의 태곳적 수분과 부력 속에서 성장한다. 수분을 발산하지 못하는 조개 껍질과 거북 껍질은 원시의 환경을 체내에 보전하는 수단이다. 바닷물과 혈액의 염분 농도는 실제로 거의 동일하다. 우리 신체 조직 속의 나트륨, 칼륨, 기타 염화물 조성은 흥미롭게도 전 세계 해양 속 조성과 매우 비슷하다. 이런 염분은 동물이 바다를 떠나 육상으로 험난한 여행을 시작할 때 그들과 함께 떠나온 화합물들이다. 우리가 더울 때 흘리는 땀과 슬플 때 흘리는 눈물 역시 근본적으로 바닷물과 같은 성분이다.

동물이 육상으로 이주하면서 겪어야 했던 혹독한 고난의 여정을 우리 몸의 한 구성 원소인 칼슘에서 엿볼 수 있다. 칼슘은 인간의 두개골이나 영국 도버 해협의 백악절벽에서 볼 수 있듯이, 수많은 장엄한 생물학적 구조물을 형성하는 데 긴요한 재료이다. 진핵세포의 세포질 용액 속에 포함된 칼슘의 양은 언제나 1,000만 분의 1 정도의 농도를 유지한다. 그런데 바닷물 속의 칼슘 농도는 이보다 10,000곱절 또는 그 이상의 고농도다. 칼슘은 농도가 높은 곳에서 낮은 곳으로, 즉 바닷물에서 세포 속으로 들어가려는 성향을 갖는데 세포는 끊임없이 이것을 다시 외부로 내보낸다. 오늘날의 모든 진핵세포가 그러하듯이 원시의 동물세포들도 정상을 유지하기 위해 쉬지 않고 칼슘을 몸 밖으로 내보내야 했을 것이다. 탄산칼슘은 막 주머니의 안쪽에 있는 특별한 세포에 의해서 만들어진다. 여기에서 만들어지는 분필 비슷한 물질은 선결정체의 형태로 관을 통해(세포 속 도처에 존재하는 미세소관을 따라서) 세포 외부로 내보내진다.

칼슘은 모든 진핵세포의 물질대사에서 중추 역할을 담당한다. 이것은 아메바적 세포 이동, 세포 분비, 미세소관 형성, 세포 유착 등의 기능에 필수적인 존재다. 세포질 속에 녹아 있는 칼슘은 미세소관에 의한 유사분열, 감수분열적 성, 두뇌작용 등의 기능이 원활하게 수행되도록 끊임없이 주위 용액으로부터 제거되어야만 한다. 두뇌 속 신경세포에 의해 전달되는 전기화학적 신호의 '화학적' 부분은 주로 칼슘에 의한 것이다. 따라서 마치 전화통신망이 구리선에 크게 의존하듯이, 두뇌 속의 뉴런 조직망은 칼슘에 크게 의존한다. 약 6억 2000만 년 전에 이르러 비로소 최초의 동물 두뇌가 진화되기 시작했다.

원시 동물들에게 칼슘이 특히 중요했던 더 큰 이유는 칼슘이 분명히 근육 운동에 이용되었기 때문일 것이다. 근육은 수용성 칼슘과 ATP가 그 주위에 일정량 방출되었을 때 수축한다. 이때 칼슘은 바닷물에서의 농도보다 훨씬 낮은 농도를 정확하게 유지해야 하며, 만약 그렇지 않으면 수용성의 칼슘이 인산칼슘이 되어 고체로 석출된다(과로한 운동선수가 근육 속에 칼슘 침전물이 생기는 것은 바로 이런 이유 때문이다). 모든 동물의 근육조직과 그것을 구성하는 액틴 미오신 단백질은 같다. 근육 속 액틴 단백질의 기원은 진화학적으로 불가사의한 일이다. 액틴 비슷한 단백질이 인간 세포의 가상의 조상이라고 일컬어지는 테르모플라스마에서 발견되었다는 보고가 있었다. 만약 이 보고가 확실하다면 우리는 박테리아의 미생물우주 속에서 기원했던 또 하나의 발명품을 우리 자신의 몸속에 소유하고 있는 것이다.

에디아카라 동물군의 구성원이었던 수중생활을 하는 연약한 몸체의 동물들은 근육을 사용해서 유영했을 것이다. 그렇게 하기 위해서 그들은 이미 칼슘 대사 기능을 조절할 수 있었을 것이다. 근육의 수축은 칼슘 방출에 반응하는 것이기 때문에 캄브리아 시대 초기의 해양성 동물들은 비록 가장 원시적인 환형동물이었다고 해도 칼슘 농도의 변화로 통제되는 근육 시스템을 갖췄음이 틀림없다. 마치 그리스 로마 시대 병사들의 투구나 갑옷처럼 당시 원시 동물들 중 일부는 잉여의 칼슘을 분비해서 아직 완전한 골격에까지는 이르지 못했지만 그런대로 몸체의 일부를 보호할 수 있는 장비를 갖출 수 있었을 것이다.

모든 점에서 완벽할 정도로 비슷한 두 종의 동물이 한 종은 칼슘 호신장비를 만들 수 있었던데 비해서 다른 한 종은 그렇지 못했다는 것은 자못 놀라운 일이다. 예를 들어, 산호초에서 생활하는 홍조류는 매우 유연성이 높은 종류들인데, 어떤 종은 탄산칼슘으로 만들어진 견고한 껍질에 뒤덮여 있는가 하면, 어떤 종은 완전히 유약한 몸체를 가졌다. 이스라엘 와이즈만 연구소의 스테판 웨이너는 잉여 칼슘을 이용할 수 있는 동물이 충분한 양의 단백질을 만들어서 그 단백질들의 틈 사이에 탄산칼슘의 결정체를 채워 넣는다고 주장했다. 그는 다른 동물들은 너무 적은 양의 단백질을 생산하거나 또는 간격이 없는 변형된 단백질을 만든다고 생각했다. 반면에, 수백만 년 전에 갈라졌던 다른 종류의 생물이 오늘날 똑같이 탄산칼슘을 생산하는 경우가 종종 발견된다. 따라서 정상적인 방법으로 칼슘 화합물을 침전시킬 수 있는 기능은 여러 다른 생물종에 의해서, 다양한 목적을 위해서, 여러 차례에 걸쳐서 성공적으로 진화했을 것이다.

　진핵세포들에 의해 사용되고 남은 잉여 칼슘은 외부로 배출되거나 용액 속에서 석출되어 무해한 상태로 축적되어야만 했다. 캄브리아기 이래로 생물은 치아와 뼈 형태를 만드는 인산칼슘이나 백악 껍질을 형성하는 탄산칼슘으로 칼슘을 축적할 수 있는 길을 열었다.

　골격은 캄브리아기에 갑자기 아무것도 없는 상태에서 출현한 것이 아니고, 에디아카라 동물군이 근육조직을 발달시킨 뒤에 나타났다. 세포 속에 칼슘 잉여물이 점차 축적되자 어떤 동물은 체내와 체외에 칼슘염을 저장할 수 있게 되었는데, 이렇게 해서 쌓인 덩어리들은 궁극적으로 골격 구조와 기타 몸체를 보호할 수 있는 구조물을 형성했다. 마치 흰개미 둥지가 개미의 타액과 배설물로 만들어지듯이, 골격과 이빨은 원래 부산물로 배출되어야 했던 칼슘 침전물로 만들어졌다.

　오늘날 대부분의 동물의 외피는 탄산칼슘으로 되어 있다. 미세한 해양성 원생생물이었던 유공충foraminifera과 원석조류coccolithophorids 등은 오랜 세월에 걸쳐 막대한 양의 칼슘을 물속에 침전시킴으로써 영국의 귀중한 자연유산의 하나인 도버 해협 백악절벽을 형성했다(석탄 석유와 마찬가지로 이런 유기탄소 매장분은 그냥 버려진 것이 아니라, 새로운 생물에 의해서 재사용될 수 있을 때까지 생물권 내에 저장되는 것으로 이해해야 할 것이다).

　오랫동안 수중생활에 적합하도록 진화했던 신체 부분들은 이제 새로운 기관organ으로 대체되어야만 했다. 수중에서 산소를 흡수하는 데 적합했던 아가미는 육상의 대기 속에서는 무용지물이었다.

이후 수억 년 동안 아가미는 단지 흔적물로만 존재해 오늘날에도 인간 태아의 귀 밑에 작은 형태로 남아 있는 흔적기관이 되었다. 그 대신 순환기에 공기를 전달할 수 있는 허파조직이 진화해 양서류, 파충류, 포유류 등의 척삭동물들에게서 나타났다. 한편 거미나 곤충 등과 같이 육상에 적응했던 절지동물들에게서는 허파와 비슷한 기관trachea조직이 발달했다.

지극히 어려운 환경 조건에 직면했을 때 생물은 절대 확실한 과거의 것에 새로운 것을 더함으로써 근본적인 변화의 필요성을 줄였다. 유영성 어류에서 진화한 골격 구조 덕분에 양서류가 나중에 육상생활을 할 수 있게 되었고, 또 공중생활을 하는 조류는 기체역학적으로 진화했다. 또한 근육 주위에 축적된 칼슘의 부산물은 뼈의 구성원이 되었다. 원시 척추동물은 먼저 어류로 진화했다. 물고기는 좌우대칭의 존재로 근본적으로 위기를 모면하는 곡예사이자 속도광이라 할 수 있는데, 포식자를 피하고 먹이를 추적하는 데 적합한 구조를 발전시킨 덕분이다.

얕은 물구덩이에서 간헐적으로 건조 현상이 일어나자 사나운 포식자들 사이에 경쟁이 치열해졌고, 이 때문에 원시 동물은 육상에서 생활할 수밖에 없었다. 그러나 강력한 햇살 아래의 육지는 포식 위험이 상존하는 바다보다 바람직한 장소는 아니었다. 물론 처음에는 위험한 포식자가 전혀 없었으므로 에덴의 낙원이었을 것이다. 하지만 다른 한편으로는 극심한 태양열, 혹독한 바람, 부력 상실 등 때문에 또 하나의 지옥일 수도 있었다. 달팽이 껍질 같은 것은 처음에는 잉여 칼슘을 처분하는 수단으로 형성된 구조물이었지만, 궁극적으로는 중력에 대항해서 몸체를 지탱하는 구조체로, 햇빛과 포식자에게서 몸을 보호하는 방패로, 또 건조의 위험으로부터 구출해주는 '유기물 저장고'로 이용되었다.

　동식물 진화와 육상으로의 진출을 다룬 대부분의 책들에서는 균류fungi의 역할을 쉽게 무시하는 경향이 있다. 균류는 진핵세포의 진화에서 (동물 및 식물에 이어) 세 번째 대집단이다. 균류, 즉 곰팡이는 포자에서 발생해서 균사라고 부르는 홀쭉한 관으로 자라나는데, 그 관은 '격벽'이라는 횡단면에 의해 나뉘기도 한다. 곰팡이 구조에서 볼 수 있는 특성은 세포마다 여러 개의 핵을 가지고, 세포질이 격벽을 통과해 다소 자유롭게 세포에서 세포로 이동할 수 있다는 점이다. 위가 있는 동물들과는 달리 곰팡이는 먹이를 몸체의 외부에서 소화한다. 그들은 광합성이나 포식에 의하지 않고 대신 화학물질을 써 영양분을 흡수한다. 곰팡이, 그물버섯, 송로버섯, 효모, 버섯 등은 균류의 대표적인 예이다. 10만여 종으로 추정되는 균류의 대부분은 육상생활을 한다.

　균류는 비록 독립된 하나의 생물계를 구성하고 있지만 식물에 가깝다. 아마도 그들은 조류, 식물, 동물 등의 생체나 사체로부터 직접 먹이를 섭취했던 곰팡이 비슷한 원생생물에서 진화했을 것이다. 균류는 육상으로 진출하는 과정에서 식물과 공진화를 했을 거라고 추측된다. 균류 화석은 특히 식물 조직의 화석 중에서 많이 발견되는데 약 3억 년 이전의 것이 알려져 있다. 식물의 뿌리와 공생적으로 생활하는 균류는 전 세계에 걸쳐 인산과 질소 영양염을 식물에 전달한다. 균류가 존재하지 않으면 식물은 영양분이 결핍되어 제대로 성장하지 못한다. 이 때문에 원시 삼림이 번성하기 위해서는 균류의 존재가 필수적이었을 것이다. 균류는 생존력이 매우 강해서 어떤 종류는 강한 산성 환경 속에서도 성장하고, 또 어떤 종류는 질소가 결핍된 환경에서도 자랄 수 있다. 그들의 키틴질 세포벽은 특히 단단하고 치밀해서 건조에 견딜 수 있기 때문에 육상생활에 적합하다.

모든 균류는 포자를 형성한다. 만약 건조의 위험에 직면하거나 배우자가 발견되지 않거나 하면 균류는 배우자 성을 찾을 필요 없이 즉시 무성포자asexual spores를 만들 수 있다. 한편으로, 대부분의 균류는 감수분열적 성에 크게 의존한다. 길가에서 흔히 볼 수 있는, 치마버섯Schizophylum commune이라 불리는 버섯은 최고 7만 8,000가지의 서로 다른 배우자형 또는 '성'을 가질 수 있다.

균류는 실로 과소평가되었던 생물계였다. 예전에는 박테리아와 기타 동물계에 속하지 못했던 종류들을 합하여 함께 식물계라고 불렀다. 그런데 버섯, 효모 등과 같은 생물은 그 특징이 너무 특이해서 오늘날 생물학자들은 이들에게 균계kingdom Fungi라는 별개의 분류학적 지위를 부여하는 것이 타당하다고 믿게 되었다.

균류는 인간 문화에 기여하기도 한다. 남부 프랑스에서는 돼지에게 송로버섯truffles의 향기를 맡을 수 있도록 훈련시키는데, 이 버섯은 요리의 귀한 재료로 특정한 나무에서만 자라기 때문에 인공재배가 불가능하다. 우리는 빵과 과일에서 자라는 푸른곰팡이Penicillium에서 처음 만들어진 항생제인 페니실린을 사용한다. 페니실린은 화농성 박테리아가 세포벽을 형성하지 못하게 하여 증식을 저지한다. 푸른곰팡이는 자신을 보전하는 수단을 발전시킨 것뿐인데 부수적으로 많은 인간의 생명을 구하게 되었다.

그러나 균류는 역시 박테리아와 마찬가지로 항상 유익한 존재만은 아니다. 맥각곰팡이ergot fungus가 호밀밭에 퍼지면 그 곡식을 먹은 가축들은 자연유산을 하게 되고 또 인간에게는 '단독丹毒'이라는 무서운 고통을 준다. 특히 중세시대에는 맥각곰팡이에 전염된 보리로 빵을 구워먹고 단독에 걸린 사람이 많았다. 특히 이 곰팡이에는 리세르긴산이 포함되어 있는데, 스위스의 화학자 알베르트 호프만이 처음으로 맥각곰팡이에서 리세르긴산 디에틸아마이드, 즉 LSD를 합성했다. 그는 분만을 촉진하고 산후 증세를 완화해주며 동맥의 혈전증에 도움이 되는 약제인 리세르긴산에 대해 연구하던 중에 지금까지 알려진 환각제로서는 가장 강력한 LSD를 우연히 발견했다.

곰팡이의 특이한 경향, 즉 자신과는 본질적으로 다르다고 할 수 있는 동물이나 박테리아의 대사기능을 방해할 수 있는 기능을 한다는 것은 균류의 방어 메커니즘이 점진적으로 진화했음을 암시한다. 그 예로, 버섯의 한 종류인 광대버섯Amanita과 좀환각버섯Psilocybes 등에서 얻는 환각물질이 유발하는 심리학적 약리학적 효과는 우리 동물 선조들의 공진화적 생존 양식을 보여준다. 우리 조상인 굶주렸던 포유동물에게 가해졌던 자연선택의 압력을 생각해보자. 먹이가 부족했던 초기에는 유독성 먹이라도 소화할 수 있었던 동물이 생존에 더 유리했을 것이다. 그들이 먹은 먹이의 일부는 주위에 풍부했던 식물, 곰팡이, 또는 식물-곰팡이 공생체들이었을 것이다.

그러나 동물에 의한 포식 위협이 커지자 식물과 곰팡이들은 모두 자신을 보전하기 위한 방편으로(동물의 과도한 포식에서 살아남기 위해서) 맥각과 같은 훨씬 강력한 독성을 지닌 알칼로이드 화합물을 재발전시켰다. 알칼로이드가 포함된 유독성 먹이를 섭취한 동물은 새로운 물질대사 기능을 미처 발전시키지 못했으므로 해를 입게 되었다. 이렇게 정신적, 육체적인 변화를 유발시키는 물질을 통해 일종의 물질대사 전쟁(포식자와 피식자 사이의 불완전한 공진화 관계)에 대해서도 더듬어볼 수 있다.

진화 과정을 거쳤던 모든 종이 결국 공진화를 한 것이라는 논리는 추론적인 것이기는 하지만 명백한 사실이다. 이 논리는 미생물우주뿐만 아니라 거대생물우주에도 마찬가지로 적용된다. 식물과 곰팡이들이 서로 성장 속도를 조절하기 위해서 또는 동물 포식자를 통제하기 위해서 알칼로이드 화합물을 발전시켰던 것은 오늘날의 현실에 비춰본다면 화학무기 경쟁이라고 할 만하다. 또한 이런 관계는 다른 한편으로 미생물우주의 공생관계를 연상시킨다. 곰팡이는 식물 질병의 주 원인이면서도 식물체 생장에 필수적이다. 포식자와 피식자 사이의 험악한 관계는 때때로 좀 더 대규모 공생관계의 한 부분으로 간주할 수 있다. 포식자를 죽일 수도 있는 (피식자의) 유독물질 발산은, 피식자에게 먹이 제공이 허용되는 범위 내에서 포식자의 성장을 규제할 수 있기 때문에 포식자에게도 유리하다.

약 5억 7000만 년 전부터 현재에 이르기까지 현생누대 시대에는 특별히 새롭다고 할 수 있는 생물학적 변혁이 별로 없었다. 뱀의 독, 식물과 균류가 만드는 환각물질, 두뇌피질의 발달 등과 같은 정교한 발전을 제외한다면 (25억~5억 8000만 년 전까지) 원생대 말엽에 이르러서는 오늘날의 생물이 이용하는 거의 모든 주요한 생존 기술이 발전했다. 녹색을 띠는 광합성 박테리아, 스피로헤타 흔적물, 미토콘드리아 등은 생물적 작용의 주역이 되었다. 변화하는 지구 환경 속에서 생물은 태양빛을 이용해 먹이를 합성하고, 유전정보를 서로 교환하며, 유독했던 산소를 연소시키는 등 자신의 고유 기능을 유지하면서, 동시에 새로운 형태로 진화하면서 원시 생물의 태곳적 변혁을 보전하는 데 성공했다. 재조합 미생물 중 일부는 해변에서 생활하면서 칼슘을 조절할 수 있었다. 그러나 동물들에게 나타났던 외형적 변화는 미생물에게는 거의 우연적인 것에 불과했다. 중요한 점은 외부 골격과 같이 태곳적 환경을 유지할 수 있고 수분 발산을 방지할 수 있는 장치를 가짐으로써 미생물이 동물 형태로 번성하게 되었다는 사실이다. 그렇게 함으로써 미생물우주는 동물의 자취를 지층 속에 남겼고, 그 화석은 오랜 세월에 걸쳐서 최초의 생물화석으로 간주되었다. 하지만 우리는 이제 더 많은 사실을 알게 되었다.

지상의 생물 역사는 매우 흥미진진해서 그 시작을 밝히지 않을 수 없다. 역사학자들이 인류의 문명을 연구하는데 로스앤젤레스의 탄생부터 시작할 수 있을까? 만약 우리가 미생물우주를 무시한다면 이는 마치 자연사 natural history의 중간에서부터 자연을 연구하는 것이다. 식물, 균류, 동물은 모두 미생물우주에서 나타났다. 우리의 외형적인 차이의 저 밑바닥에는 우리 모두가 걸어다니는 박테리아 집단이라는 공통점이 존재한다. 이 세상은 미소한 생물이 하나하나 모여서 구성하는 장엄한 풍경이라고 말할 수 있다. 거대한 삼나무와 고래, 모기와 버섯 등은 절묘한 공생 연합체들이며 또 진핵세포의 단위 부분들이 모여서 이룩된 완성품이다. 미생물이 동물, 식물, 균류라는 제각기 다른 외형을 갖추고 건조한 육상 환경으로 진출하는 길을 열었던 것이다.

MICROCOSMOS
*Four Billion Years of
Microbial Evolution*

12

이기적인 인간

300만 년 전 신생대 후기
밀집한 박테리아에서 유래한 원인의 신경조직 덕분에
도구를 사용할 수 있게 되다.

EGOCENTRIC MAN

12
이기적인 인간

인간은 절대적으로 이기주의자이다. 우리 조상들은 코페르니쿠스가 현대 천문학의 기초를 세우기 이전에는 자신의 거주지인 지구를 우주의 중심으로 믿었다. 인류는 진화계통수에서 가장 최근에 갈라져 나온 한 가지에 불과하다는 다윈의 증명에도 불구하고 많은 사람들은 여전히 인간이 다른 모든 생물보다 생물학적으로 월등하다고 믿는다. 마크 트웨인은 한때 발행이 금지되었던 자신의 수필 《파멸하는 인간 종족 The Damned Human Race》에서 다음과 같이 설파했다.

이후 약 3000만 년 동안 (인간의 탄생을 위한) 모든 준비가 활발히 진행되었다. 익수룡에서 조류로 발전했고, 조류에서 캥거루로 진화했다. 캥거루에서 다른 유대류가, 유대류에서 거대코끼리 mastodon, 메가테리움, 큰나무늘보 giant sloth, 아일랜드큰사슴, 기타 우리가 화석상으로 볼 수 있는 대형 동물들이 나타났다. 그 후 최초의 대빙원이 나타났으며 그 앞에서 모든 생물은 위축되었다. 일부 동물은 베링 해협을 건너서 유럽과 아시아 대륙을 전전했다가 그곳에서 멸종했다. 그들 중 극히 일부 종만이 생명을 이어갈 수 있었다. 200만 년 주기로 여섯 차례의 빙하기가 찾아왔다. 그때까지 잔존했던 동물들은 이 기간 동안 기후 변화에 따라서 지구의 남북을 오르락내리락해야만 했다. 때로는 극지방에서 열대의 무더위를 겪는가 하면 적도에서 얼음이 얼 정도의 추위를 당하기도 했다. 앞으로 어떤 기후가 닥칠지 예견할 수 없어서 고통이 더욱 극심했다. 때로는 그들이 딛고 있던 지반이 아무런 예고 없이 갑자기 가라앉아서 물고기들과 거주 장소를 바꾸어 한때는 바다였던 곳으로 이동해야만 했을 것이다. 화산이 폭발할 때나 화재가 발생했을 때는 아무런 미련 없이 자신의 보금자리를 버리고 새로운 장소를 찾아서 무작정 떠나야 했다. 그들은 이런 험난하고 정처없는 이동 생활을 2500만 년 동안 계속했다. 한때는 육상에서, 또 한때는 수상에서 동물들은 왜 그렇게 어려운 삶을 살아야 하는지 회의하면서 생명을 이어나갔다. 그들은 자신의 험난한 행로가 장차 인간의 탄생을 위한 것이고, 만약 이런 과정이 없다면 나중에 인류가 탄생해서 살기에 지구가 적합한 장소가 될 수 없을 것이라는 점을 결코 알지 못했다.

그리고 마침내 원숭이가 나타났다. 이제 인류 탄생이 머지않았음을 모두 알게 되었다. 또 사실이 그러했다. 원숭이는 이후 500만 년 동안 계속 발전해서 마침내 인간으로 진화했다.

이것이 인류 탄생의 역사이다. 인류는 지상에서 3만 2000년 동안 살아왔다. 인간이 탄생하기 위해 지구에게 무려 1억 년의 세월이 필요했다는 사실 그 자체가 바로 그것이 무엇을 위한 것이었는가 하는 증거일 수 있다. 나는 적어도 그렇게 확신한다. 만약 에펠 탑의 높이가 지구 역사를 나타낸다면 그 탑 정상의 첨탑에 칠해진 페인트 두께는 바로 인류 역사가 차지하는 몫이다. 그리고 그 누구도 그 페인트 칠을 위해 그 탑이 만들어졌음을 부정할 수 없으리라. 적어도 나는 그렇게 믿어마지 않는다.[44]

마크 트웨인의 독선이 시사한 만큼 인간Homo sapiens이 진화 발전의 정상을 대표하지는 않는다. 다만 인간은 진화 역사에서 가장 최근에 나타난 존재일 뿐이다. 인간 존재의 특별한 이익을 대표하는 대변자로 행동하는 사람은 지상의 생물들이 어떻게 서로 의존하고 있는지 제대로 모르고 있는 것이다. 만약 우리가 진화 역사를 단지 인류 탄생을 위해서 필요한 과정으로 간주한다면 그 역사를 공정하게 살펴볼 수 없다. 생물의 역사에서 80퍼센트는 미생물의 역사이다. 우리는 약 20억 년 전 대기 중에 산소가 축적될 때 출현했던, 산소를 사용해서 물질대사를 할 수 있었던 박테리아와 기타 여러 박테리아들로 구성된 재조합물에 불과하다. 박테리아의 유물인 미토콘드리아는 독립생활을 하는 박테리아에게 있는 것과 아주 비슷한 DNA를 가져서 인간의 유핵세포 내부에서 현재도 분열을 거듭하고 있다.

인간은 지극히 특별한 존재도, 홀로 동떨어진 존재도 아니다. 인간이 우주의 중심에 서 있지 않다는 코페르니쿠스의 입장을 생물학적으로 확장하면, 인간은 이 지구에서 생물의 우점종으로 자신의 위치가 전혀 명시되어 있지 않다는 사실을 알게 될 것이다. 이런 견해는 우리 인간이 가진 집단적 이기심에 뼈아픈 일격일 것이다. 하지만 우리는 진화의 사다리에서 가장 윗계단을 차지하는, 모든 생물의 지배자가 결코 아니다. 우리는 생물계의 지혜를 받은 존재에 불과하다. 우리가 유전공학을 창조한 것이 아니다. 차라리 인간은 자신을 박테리아 생활사에 은근히 맡겨서 오랫동안 그들의 방법으로 유전자를 교환하고 복사하게 했다고 하는 것이 더 타당하다. 또 우리가 농업이나 승마 기술을 '발명'했다고 말하기보다, 우리가 식물과 동물의 생활에 깊이 연관되어 있고 그렇게 함으로써 그들도 우리와 함께 번성하고 있다고 말하는 것이 더 타당하다.

비슷한 관점에서, 약 10000년 전에 서남아시아에서 처음 발전한 문자에서부터 현대의 반도체 문명에 이르기까지 우리가 그토록 자랑하는 기술 진보 역시 실제로는 '우리 자신'의 재산으로 주장하기 곤란하겠다. 그것들은 모두 생물권, 즉 '모든' 생물이 상호 연계해 있는 총체로서의 생물 환경에서부터 온 것이다. 그것들은 앞으로 다시 진화 과정을 거칠 것이며, 궁극적으로는 어쨌든 우리에게 속한 것이 아니라 생물권 그 자체에 속한 것이다. 지성이 스피로헤타적 속성에서 나온다는 우리 이론에 의한다면, 고도의 기술, 그것은 우리 고유의 것이 아니라 진실로 이 지구의 것이다. 우리는 자신을 다른 생물들과 격리해서 궁극적으로 우리 자신보다 훨씬 크고 훨씬 풍요로운 조직의 형태를 길러왔다. 우리는 우리 자신을 다른 생물과 분리하고 그들에게서 이익을 취하는 데 크게 성공했다. 그렇지만 이런 상황이 오래 지속될 수는 없을 것이다. 진화에서 공생의 원리는 인간이 아직도 침략적인 '기생' 단계에 있음을 시사한다. 또 이는 우리가 진화학적으로 오래 번영하기 위해서는 조급해하지 말고, 다른 생물들과 공유하며, 그들과 재결합해야만 한다는 교훈을 가르쳐준다.

인간은 지구에서 태어나서 종족을 널리 퍼뜨리는 데 크게 성공했지만 이것을 정복의 역사로 말하기는 곤란하다. 마치 부유한 집안의 건방진 상속자처럼 우리는 지구의 대규모적인 멸종의 재해에서 살아남았던 동물들에게서 풍부한 유전물질을 상속받은 것에 불과하다. 생물 역사에서 유명한 동물 대멸종 사건은 약 6600만 년 전 중생대 백악기에 일어났는데, 이때 공룡뿐만 아니라 수많은 포유동물과 해양성 플랑크톤 종이 지상에서 사라졌다. 이보다 더욱 심각했던 약 2억 4500만 년 전의 페름기 대멸종은 당시 지상에 생존했던 모든 생물의 52퍼센트를 멸망시켰다(참고로, 백악기 대멸종에서는 약 11퍼센트의 생물이 사라졌다). 이런 대멸종 사건에 대해 물론 다양한 이론들이 제기되었다. 한 이론은 당시의 유일한 대륙이었던 판게아 대륙이 페름기 대멸종 당시에 두 대륙으로 갈라졌다고 주장한다. 또 다른 이론은 백악기 대재난은 거대한 운석이 지상에 충돌했기 때문에 발생했다고 말한다.

최근 약 5억 년 동안에는 전후 네 차례에 걸쳐서 대멸종 사건이 있었다. 통계적으로는 대멸종이 2600만 년마다 발생한다고 되어 있다. 이런 보고를 근거로 캘리포니아 버클리 대학의 천문학자 리처드 뮬러와 기타 여러 학자들은 '네메시스'라고 이름붙인 이론상의 태양의 자매별이 실제로 존재한다고 주장한다. 그들에 의하면 네메시스는 주기적으로 오르트 위성운Oort cloud 궤도로부터 혜성을 끌어내어 태양을 향해 소용돌이쳐 나가게 하는데, 그중 일부가 지구에 부딪치고 이때 생물권의 연약한 부분을 파괴한다고 한다(오르트 위성운은 네덜란드의 천문학자 얀 오르트의 이름을 따서 명명되었는데, 명왕성의 바깥쪽에 있는 혜성과 우주먼지로 구성된 구름띠다. 이 띠는 태양계가 만들어질 때 남겨졌던 물질들의 집합체로 보인다). 다른 사람들은 태양계의 규칙적인 수직운동이 우리 나선spiral 은하계의 은하면과 직각으로 진행되기 때문에 대멸종이 발생한다고 설명한다. 태양이 은하수의 중심을 회전하는 데 약 2억 5000만 년이 걸리는데, 그동안 태양은 상하운동을 하게 된다. 태양이 은하계의 별들이 밀집한 지역을 지나갈 때는 인력이 강해져서 주기적으로 오르트 위성운으로부터 행성이 탈출할 수 있다. 그 원인이 무엇이든 그러한 주기적인 대재난에서 생존할 수 있었던 생물 자손이 현재의 지구를 물려받게 된 것이다. 마치 자신이 타고 남은 재에서 불사조가 다시 태어나듯이, DNA는 재현되어서 새롭게 오랫동안 살아남을 수 있는 형태가 되었다. 우리가 우리 자신의 역사를 뒤돌아볼 수는 있다. 그렇지만 그 역사가 필연적인 것이며, 또 오늘날 생존하는 다른 생물들의 것보다 더 고상했다고 생각해서는 안 된다.

　　최초의 척추동물로서 인산칼슘으로 만들어진 골격과 정교한 신경조직을 보호할 수 있는 두개골을 지닌 비교적 큰 몸집의 동물은 지금으로부터 약 5억 1000만 년 전에 무척추동물의 올챙이와 비슷한 유충들에서 진화했다. 수많은 동물들의 태아 발생 과정이 매우 비슷하다는 사실과 또 캄브리아기 말엽의 골격화석 기록으로 비춰 볼 때, 어떤 무척추동물의 조숙했던 유충이 성체가 되기 위한 최초의 변태 과정을 거치지 않고 바로 생식 능력을 가지게 되었다는 이론은 꽤 논리적이다. 이 이론에 따르면, 척추동물의 선조로 불리는 척삭동물은 척추는 있지만 다른 골격 구조는 아직 없었다. 캄브리아기의 조개껍질과 마찬가지로 칼슘이 축적됨으로써 다양한 형태의 골격이 나타난 원시 어류들은 방패 같은 단단한 외피를 둘렀다. 대신 턱이 없었기 때문에 물을 빨아들여서 물속에 있는 것을 먹이로 섭취했다.

지질학적인 변동은 해안선을 주기적으로 바꾸었고, 그 결과 많은 원시 어류가 물 밖으로 노출되어 열대 해변에서 곤란을 겪었다. 조간대의 물웅덩이, 호수, 육지의 연못 등이 말라버릴 때는 거의 모든 원시 동물이 사멸했다. 한 가지 예외가 있는데 그것은 오스트레일리아와 아프리카에서 현재도 생존하는 폐어lungfish이다. 그들은 고농도의 산소가 포함된 물속에서도 대기 중에서도 호흡할 수 있었다. 허파는 내장이 부풀어올라서 만들어진 '부레'라는 공기주머니에서 진화한 것으로 보인다. 오늘날에는 물고기가 몸체를 위 아래로 움직일 때 사용되는 부레가, 과거 원시 어류들에게는 진흙탕과 건조한 땅에서 위기에 처했을 때 산소를 제공하는 역할을 했다. 오스트레일리아와 아프리카에서는 계절적으로 호수와 강들이 말라버릴 때 폐어의 뇌에서 화학물질이 분비되어 마치 겨울잠을 자는 것처럼 활동을 저하시킨다. 말라버린 하천 바닥의 진흙 속에서 다른 물고기들이 죽어버릴 때도 폐어속Dipnoi 물고기들은 살아남아서 다

[표 2] **생물계에서 인간의 소속**

분류 단위	특징	시작 시기
동물계 Kingdom Animalia	포배에서부터 발생	7억 5000만 년 전
척삭동물문 Phylum Chordata	등 부분에 관 구조의 신경조직이 있고, 척수와 뇌수, 아가미 구멍이 있다.	4억 5000만 년 전
포유동물강 Class Mammalia	피부에 털과 땀샘이 변형된 유선이 있다. 젖을 먹여 새끼를 키운다.	2억 년 전
영장목 Order Primates	해부학적으로 뚜렷한 특징이 없다. 원숭이류, 고릴라류 등이 모두 포함된다.	6000만 년 전
유인원과 Family Hominidae	유인원과 원인원이 속한다.	400만 년 전
인류속 Genus Homo	현대인을 제외하고는 모두 멸종했다. 호모 에렉투스가 현대인의 조상으로 추정된다.	50만 년 전
현대인종 Species sapiens	예술가, 시인, 식량 채취인, 사냥꾼	10000만 년 전

이 표는 인간의 소속을 가장 커다란 분류 단위에서부터 차례로 표시한 것으로 오른쪽의 연대는 언제 그 생물 집단이 처음 출현했는지를 나타낸다.

음 계절을 맞이한다. 그러나 폐어는 척추동물 진화에서 일관성이 있는 존재는 아니다. 그들은 지상에서 오직 격리된 일부 장소에서만 출현한다. 그들은 육상에 첫발을 내딛게 된 우리 어류 조상들의 직접적인 조상은 아니다.

다른 한 계열의 어류는 허파가 있지만 폐어로 불리지는 않는데, 약 4억 년 전 데본기 시대에 처음 나타났다. 육질의 지느러미를 가진 총기류Crossopterygii가 이 계열에 속하며 양서류의 조상으로 보인다. 유스테노프테론Eusthenopteron도 이 계열의 화석종이다. 오늘날의 물고기와 비슷한, 등뼈가 짧고 억센 지느러미가 있는 이 종은 해변을 따라 어슬렁거렸던 동물들의 직접 조상으로 추측된다. 턱뼈가 있고(이 특성은 이후에 출현한 모든 육상 척추동물의 놀라운 발달에 지대한 공헌을 한다) 개구리 비슷한 머리 형상을 한 유스테노프테론은 양서류와 어류 사이의 중간 종으로 간주되었다.

유스테노프테론과 유사한 동물들은 트라이아스기까지의 화석에서 발견된다. 양서류, 파충류, 조류, 포유동물 등의 조상은 모두 아가미가 변형된 형태의 허파를 가져서 물이 없이도 일시적으로 지탱할 수 있었을 것이다. 간첩기 대멸종 시기에 이르렀을 즈음에는 어류가 살았던 많은 웅덩이와 호수가 이미 여러 차례 말라붙었다. 어떤 사람들은 개구리, 도롱뇽, 영원newts 등의 조상이 이 시대에 이미 육상에 출현했다고 추정하고, 또 어떤 사람들은 현대의 개구리와 도롱뇽은 초기의 양서류들과 너무 달라서 약 2억 4000만 년 전에 비로소 어류에서 갈라진 새로운 종이라고 주장하기도 한다.

원시 양서류가 나타난 시기는 데본기 후반부터 트라이아스기에 이르는 약 3억 4500만~1억 9500만 년 전까지이다. 가장 번성했던 것은 약 3억 1000만 년 전으로, 이때는 그들이 석탄층 늪지의 제왕으로 군림했다. 그린란드에서 발견된 화석으로 재조립된 익티오스테가Ichthyostega를 최초의 진정한 양서류의 한 종으로 간주한다. 육질의 다리, 어류의 비늘이 덮인 꼬리, 양서류 머리 등을 한 이 종은 공기를 호흡하던 어류들과 밀접한 골격구조를 하고 있었다. 고생대 후반부(약 4억~2억 4500만 년 전까지) 동안에는 석송club moss tree과 거대한 씨앗고사리 삼림에서 양서류가 크게 번성했는데, 개구리를 제외한다면 오늘날의 양서류와 유사한 종류들을 찾기는 곤란했다.

트라이아스기에 이르러 파충류 진화가 진행되었다. 약 2억 4500만 년 전에는 파충류가 양서류를 압도하여 육상에서 번성했고, 약 1억 9500만 년 전, 즉 트라이아스기 말엽에는 물속에서도 파충류가 압도했다. 파충류는 강인한 턱과 건조에 잘 견디는 피부를 가졌으며, 특히 가장 중요한 장점인 새로운 구조의 알을 낳았고, 양서류 선조들에게 필요했던 물속 환경을 알 내부에 유지할 수 있었다. 양서류가 교질에 둘러싸인 조그만 알을 많이 낳는 데 비해서 파충류 암컷은 커다랗고 단단한 알을 소량 낳는다. 이 커다란 알의 내부에서 파충류 어린 새끼는 육상생활을 감당하기에 충분할 때까지 완전히 자라게 된다. 상당한 양의 난황yolk을 가진 알 구조 덕분에 파충류는 육상생활을 완전히 누릴 수 있었다. 파충류의 생태를 보면 태곳적 해양 환경이 재창조되었다고 볼 수 있다. 즉 파충류의 알은 (나중에 포유동물의 태반과 함께) 수중생활 조건을 체내에 재현했다. 파충류 알 껍질 속에는 수분이 있으면서 동시에 공기가 드나들 수도 있었다. 오늘날 볼 수 있는 다양한 종류의 도마뱀들은 약 2억 4000만 년 전에 처음 진화하기 시작했다. 그들 중에는 다리가 없는 도마뱀, 즉 뱀이 있다. 뱀류는 약 3000만 년 전부터 진화하기 시작한, 가장 최근에 발전하기 시작한 파충류 집단이다.

    양서류는 결코 물에서 멀리 떠날 수 없었다. 오늘날에도 그들은 호수, 하천, 웅덩이 등에서 자신의 알을 수정시키고 올챙이 단계를 거쳐 발생한다. 이와 대조적으로, 파충류의 초기 배 발생 과정은 모두 수정란 내부에 수분이 충분한 환경에서 이루어진다. 이런 밀봉된 알 구조는 진화 역사에서 놀라운 변혁으로, 고생대의 씨앗고사리 씨에 비교할 수 있다. 파충류의 경우, 그들의 어류 조상들에게 있던 전형적인 지느러미 구조가 변형되었다. 오늘날 비교해부학은 도마뱀의 다리, 말의 발굽, 인간의 손 등이 지느러미의 변형된 구조라는 사실을 밝혀냈다. 이런 척추를 가진 동물들은 모두 내부에 구조가 비슷한 사지골격을 갖췄다.

수중생활에서 공기 속 생활로 전환하는 과정에서 나타난 또 한 가지 주요한 변화는 케라틴 단백질의 발전이었다. 케라틴은 파충류의 피부와 포유동물의 털을 만드는 특정한 단백질로, 알에서 깨어난 파충류가 건조한 공기 속에서 견딜 수 있게 했다. 케라틴 단백질은, 박테리아 미생물우주에서 직접 기원하지 않은 몇 개에 불과한 물질대사적 변혁 중의 하나이다.

양서류에서 진화한 최초의 파충류는 계통파충류stem reptiles라고 부르는데, 세이모우리아Seymouria가 그 전형적인 예이다. 세이모우리아는 양서류와 파충류의 중간에 속하는 화석 속genus이다. 서부 텍사스 지방에서 발견되는 화석들에서 나타나는 이 종은 우리 인간의 직접 조상으로 간주된다.

이런 계통파충류(육상에 완전히 적응한 최초의 척추동물들)로부터 '적응방사adaptive radiation'라는 대단히 진화학적인 발전이 일어났다. 중생대(약 2억 4500만~6600만 년 전)의 파충류는 삼림과 늪지대 전역에서 번성했다. 궁극적으로 포유동물에 이르는 계통파충류들은 페름기(2억 9000만~2억 4500만 년 전)에 이미 출현했다. 최초의 포유동물과 비슷했던 파충류들은 그 당시에는 장래에 대한 어떤 보장도 없이 마치 오늘날의 고슴도치들처럼 별로 눈에 띄지 않는 존재로 번성했다.

약 2억 1600만 년 전에는 또 한 계열의 파충류인 '무시무시한 도마뱀들'이 나타났는데 그들은 바로 공룡이다. 그들의 선배인 어류나 후배인 조류와 마찬가지로 그들도 척추가 있었고 알을 낳았다. 그들은 아마도 9+2 배열의 꼬리가 있는 정자를 가지고, 또 눈의 망막에는 빛에 예민한 부분에 9+2 배열의 간상세포가 있을 것으로 추측된다. 이 구조들은 물론 미생물우주에서 시작되었다. 어떤 종류의 공룡은 주름진 커다란 비늘 모양의 구조물을 등에 달고 있었는데, 이는 체온을 조절하기 위한 수동적 태양열 집적장치였을 것이다. 또 어떤 종류는 넓적한 피부 변형물을 펄럭이면서 공중으로 비상했다. 어떤 공룡은 유영할 수 있었다. 어떤 공룡의 암컷은 몸 안에서 알을 부화시켜 새끼를 낳았다. 그들은 총배설강cloacal opening 구멍을 통해서 어린 새끼를 내보냈다. 우리 두뇌 구조의 일부는 원숭이뿐만 아니라 뱀과 악어에서도 나타나는데(연수 또는 뇌간이라 불리는 부분을 의미한다) 아마도 그 당시 거대한 파충류들의 유산을 우리가 가진 것으로 해석할 수 있을 것이다.

적응방산에 의해서 주요한 파충류 종들(오늘날 잘 알려져 있는 바다거북, 뱀, 도마뱀 등뿐 아니라 바다도마뱀 또는 몸집이 작고 재빠른 공룡 등까지 포함해서)이 확립되었던 트라이아스기로부터 약 2억 년 후에는 모든 공룡이 일시에 멸종했다. 백악기의 공룡 대멸종은 현재뿐 아니라 과거에도 굉장한 논란의 대상이었다. 어떤 사람들은 공룡이 너무 거대하고 행동이 둔해서 자연선택의 결과 사라졌다고 상상했다. 그런데 최근의 증거들은 다른 이론을 뒷받침한다. 약 6600만 년 전에 공룡이나 기타 많은 생물이 대멸종한 것은 지구에 진입한 소행성 또는 외계에서 온 소행성군 때문이라는 이론을 뒷받침할 수 있는 증거들이 제시되었다.

이리듐은 지구에서는 희귀하지만 운석에서는 자주 발견되는 원소이다. 그런데 이 금속은 백악기 후기의 지층, 특히 많은 생물이 멸종했던 백악기와 신생대 제3기의 경계 부분 지층에서 유난히 많이 발견된다. 전 세계적으로 이 시대 지층에서 이리듐이 나타난다는 관찰은 부자 과학자였던 루이스 앨버레즈와 월터 앨버레즈, 그리고 캘리포니아 대학 연구팀들에 의해, 그 즈음에 지름 약 10킬로미터에 이르는 운석이 지구를 강타했다는 이론으로 발전했다. 그들은 이때 형성되었던 운석 먼지가 오랜 기간 대기권에 존재해서 전 세계적으로 암흑 세상이 되었다고 말한다. 운석 먼지는 열과 빛을 외계로 반사했기 때문에 지구의 온도가 낮아져서 광합성이 극도로 제한되었을 것이다. 그 결과 박테리아, 원생생물, 식물 등의 사체가 온 지표면에 쌓였다. 비광합성 박테리아와 균류, 동물 등은 기아에 떨었고, 식물의 물질 생산은 정체되었다. 한 생물군의 멸종은 다른 생물군의 멸종을 야기했다. 그리하여 공룡은 결국 멸종되고 말았다.

이런 대재난 시나리오는 좀 과장된 듯도 하다. 예일 대학교 피바디박물관의 고식물학자 레오 히키는 육상식물의 많은 종들이 백악기와 신생대 제3기 사이에 그다지 영향을 받지 않았다고 주장했다. 만약 수백만 년 동안 수림, 관목숲, 초원 등이 대규모로 번성하면서 양시대 전후에 걸쳐서 화석을 남겨놓았다면, 전 세계적으로 지속적인 먼지 재난은 일어나지 않았을 것이다. 그렇다면 아마도 외계 물체가 지구로 떨어져서 기후 양상을 바꿨다는 것이 사실일지도 모르겠다. 그 영향으로 온도, 광도, 해수면 수위 등등이 변하고 따라서 비록 전부는 아닐지라도 많은 생물 집단들이 파괴되었으리라. 만약 운석이나 운석군이 대규모였다면 그 속에 포함된, 지상 생물들에게 유독할 수 있는 원소들이 직접 대기 중으로 누출될 수도 있었을 것이다. 그런데도 급격한 계절 변화에 견딜 수 있었던 식물 종들은 분명 멸종하지 않았을 것이다.

약 2억 1000만 년 전부터 포유동물 시대가 본격적으로 열렸다. 최초로 나타난 진정한 포유동물은 어둠 속에서 사방을 배회하며 먹이를 찾았던 작은 몸집의 동물일 것이다. 야간의 서늘한 공기는 파충류가 체온을 유지하기 어렵게 해서 그들의 활동을 제한했다. 하지만 포유동물은 주위 온도가 내려가도 활동이 억제되기보다는 더욱 활발해졌다. 포유동물의 근육은 운동을 함으로써 열을 발산하는데 그 기능은 자율적으로 조절할 수 있다. 이것을 발단으로 해서 마치 물고기처럼 보이는 세이모우리아에서부터 포유동물과 파충류의 중간이라 할 수 있는 '개의 이빨을 가진' 키노그나투스Cynognathus에 이르기까지의 진화 과정을 거치면서 마침내 포유동물이 출현했다. 계통파충류에서 출발했던 원시 포유동물이 마침내 자신의 선조가 갖지 못했던, 추위에 적응할 수 있는 능력을 지니게 된 것이다. 물론 일부 파충류는 아마 체온을 조절할 수 있는 기능을 지녔을 것으로 추측되지만, 추위 속에서 계속 활동할 수 있는 기능은 포유동물만의 특성으로 널리 인식되었다. 야행적 성격을 가짐으로써, 대낮 태양열에 의존하는 것을 청산할 수 있었던 새로운 동물들은 지구의 북쪽과 남쪽으로 퍼졌다. 그들은 따뜻한 서식처와 파충류의 세계인 열대 지역을 벗어나면서 자신의 체온을 유지하기 위한 수단들을 더욱 발전시켰다. 어떤 종은 깃털을 발전시켰다. 또 어떤 동물은 우리가 털이라고 부르는 피부세포의 단백질 실(케라틴 단백질이 사용된 또 하나의 예로, 이 경우에는 찬 공기 중에서 체온을 유지하기 위한 수단이 되었다)을 만들었다. 원래 파충류에서 진화한 이 강인한 단백질은 조류의 발톱이라든지 무소의 뿔과 같은 방어장비를 만들기도 했다.

포유동물이 파충류에서 진화하면서 암컷들은 더 이상 자신의 수정란을 땅속의 구멍이나 대기 중에 노출된 둥지 속에 방치할 수 없게 되었다. 대신 그들은 따뜻한 모체의 태반 속에서 새끼를 양육했다. 새끼는 태어난 후에도 어미의 허리 부분에 있는 땀샘에서 분비되는 액체를 먹이로 핥아먹었다. 이렇게 해서 발달한 땀샘이 곧 젖가슴이고, 영양분이 많은 땀은 바로 칼슘이 풍부한 액체, 즉 젖이 되었다.

약 2억 년 전 새로운 동물이 진화하던 초기 시대부터 포유동물과 조류들은 새끼를 낳고 양육하는 방법의 차이에 의해 자신들의 선조인 파충류와는 뚜렷이 구별되었다. 대부분의 파충류들은 자손(알)을 많이 낳는데 그 알이 부화된 후에는 전혀 돌보지 않는다. 그러나 현대의 조류(약 1억 3300만 년 전부터 진화했다)와 포유동물은 새끼를 몇 마리만 낳고, 연약한 새끼들을 어미가 먹이고 보호한다. 일찍이 선례가 없었던 이런 어미와 새끼 사이의 긴밀한 관계 때문에 포유동물과 조류들은 처음부터 다른 동물들과 뚜렷이 구분되었다.

약 6600만 년 전부터 신생대가 열렸는데 그즈음에 나타난 영장류

primates는 몸집이 작고 교활한 동물로 재빠르게 행동해서 포식자를 피할 수 있었다. 곤충을 먹이로 삼았던 영장류의 일부는 변형된 발톱으로 나뭇가지에 매달릴 수 있었는데, 오늘날 그 유물로 인간은 손톱과 발톱을 갖게 되었다. 그들은 야간에 삼림 속에서 나뭇가지 사이를 건너뛰면서 먹이를 찾아야 했으므로 특별히 시력이 발달했다. 최초의 영장류는 오늘날의 여우원숭이lemurs와 매우 닮았는데 '전'이라는 의미의 pro와 '원숭이'라는 의미의 simian이 합해져서 된 prosimians, 즉 원원류로 불린다. 다시 말하면, 원원류는 최초의 원숭이들보다 먼저 나타난 원시 영장류를 의미한다. 오늘날 여기에 속하는 동물들은 진정한 원숭이들이 번성하지 않았던 지역들, 즉 마다가스카르 섬과 동남아시아의 일부 지역에서만 발견된다.

  우리 인간을 제외한 오늘날의 모든 영장류는 채식주의자이거나 곤충 포식자이다. 그들은 견과류(호두, 도토리 등), 장과류(딸기 종류), 과실류, 풀잎, 곤충 등을 섭취한다. 어떤 종류는 특별한 먹이를 먹기도 하는데 그중 여우원숭이 중 한 종은 꿀벌과 함께 생활하면서 그들에게서 얻는 즙을 먹기도 하고, 또 어떤 종은 길고 뾰족한 손톱으로 나무 속에 들어 있는 흰개미나 개미를 파내 먹기도 한다. 우리 인간은 영장류 중에서 유일한 육식주의자이다. 화석에 나타나는 치아로 판단해보면, 육식 습성은 진화 역사에서 최근에 획득한 관습으로 추측된다.

  오늘날 마다가스카르 섬에 생존하는 작은 태반 포유동물들과 크게 닮았다고 할 수 있는 여우원숭이 비슷한 원시 영장류들은 행동이 민첩하지 못해서 나무 위에서 생활했다. 이런 생활을 한 결과,

그들은 안와수렴(두 눈이 머리의 양옆에서 앞쪽으로 모아지는 과정) 형태로 진화했다. 이런 시각 집중은 3차원적 시야에 필수적인 것이었는데, 나무 위에서 생활하면서 나무 사이의 거리를 측정하는 데 더할 수 없이 요긴했다. 나뭇가지 사이의 거리를 일관되게 가늠할 수 없었던 영장류들은 높은 나뭇가지에서 땅바닥으로 곤두박질칠 수밖에 없었다. 현재 우리의 높이 측정 능력, 도구를 만들고 수선할 수 있는 능력, 심지어 높은 아파트에서 생활할 수 있는 것 등은 모두 수많은 세대를 거쳐서 이룩된 안와수렴 진화에서 나온 것이라 할 수 있다.

영장류목의 초기 구성원들이 나무 위에서 생활했다는 또 하나의 증거는 그들이 평평한 손톱 발톱을 가졌고, 엄지손가락이 다른 손가락들과 마주해 있어서 나뭇가지에 쉽게 매달릴 수 있다는 점이다. 꼬리를 사용해서 물체를 잡을 수 있는 기능은 오직 아메리카산 원숭이들에게서만 볼 수 있는데, 나무 위에서 생활한 이후에 얻은 특별한 적응 형태로 보인다.

오늘날 인간의 태아 발생 과정에서는 일상생활에 불필요한 꼬리 흔적이 나타난다. 때로는 태아가 실제로 작은 꼬리를 갖고 태어나기도 한다. 꼬리를 달고 태어나는 신생아는 한때 악마에 비유되기도 했지만 심지어 정상적인 태아들도 과거 나무 위에서 생활하던 영장류의 잔재를 일시적으로나마 가지고 있다. 찰스 다윈은 그런 불필요한 신체 부분들을 보면서 마치 자연이 미친 것이 아닌가 생각하기도 했다. 소위 '흔적기관'으로 불리는 부분들은 오늘날의 생활에서 어떠한 기능도 하지 않는 신체 부위이다. 그것들은 과거 한

때 동물의 생존을 위해 사용되었음을 알려주는 것 외에는 별로 의미가 없는 존재들이다(우리가 이미 살펴보았듯이, 심지어 양성의 부모를 가진 성 특성도 그것이 우리의 먼 선조 원생생물의 생활사에서 나오는 기묘한 유산이라는 점을 제외한다면 별로 의미가 없다). 그런데 진화적 퇴화는 사지나 꼬리 같은 신체 부분뿐만 아니라 성격적 특성에서도 찾아볼 수 있다. 모든 아기는 태어나자마자 주먹을 굳게 쥐는데 이런 행동은 과거 영장류가 나무에서 떨어지지 않기 위해서 어미의 털이나 나뭇가지를 꼭 움켜쥐어야만 했던 습성이 그대로 남아 있는 것으로 간주된다. 또한 따뜻한 봄날 선잠이 들었다가 갑자기 깰 때 마치 무엇에서 떨어진 듯한 느낌이 드는 것도 오랜 옛날 나무에서 생활했을 때 얻은 심리적 반응이라 할 수 있다. 나무 위에서 잠을 잔다는 것은 매우 위험한 일이었을 것이다. 유아의 본능적 행동이나 성인의 심리적인 경향의 이면에는 우리 선조 원원류 습성이 흔적으로 존재한다. 어린아이가 캄캄한 방에 혼자 남겨졌을 때, 그 방이 매우 안전한데도 괴물에 대한 공포심을 느끼는 것 역시 결코 놀라운 일이 아니다. 먼 옛날 한때는 그런 공포심이 생존에 지대한 공헌을 했을 것이기 때문이다. 홀로 남겨진 어린 원숭이는 삼림에 서식하는 포식동물들에게 아주 좋은 먹잇감이 되었으리라.

최초의 영장류는 대부분 나무에 매달려서 생활하던 겁쟁이들이었음이 분명하다. 그들은 별이 빛나는 밤에는 달리고 숨고 또 나뭇가지에 매달리고 했다. 뛰고, 숨고, 매달리는 이런 맹렬한 활동에 영장류의 소심함에서 나오는 요소가 가미되어서 궁극적으로 영장류 전체의 진화에 큰 의미를 주었다. 즉 협동적 사회생활을 지향하는 첫 단계가 열린 것이다. 여럿이 모여서 큰 소리로 떠드는 행동은 적을 쫓기 위한 방편이었다. 원시 영장류가 시끌벅적하게 떠드는 것은 생존을 위한 전술이었고, 진정한 육성 전달보다 앞선 습관이었다. 오늘날 아프리카의 광활한 초원에서 무리를 지어 생활하는 개코원숭이는 마치 야생의 개들처럼 소란을 피움으로써 자신들을 노리는 포식자들에게 대항한다. 우리 선조 영장류들은 그들의 선조인 미생물 군집이나 사회생활을 하는 곤충들처럼 무리를 지어 협력했다. 집단으로서 각각의 개체가 감히 할 수 없었던 일을 할 수 있었던 것이다.

  우리 조상들은 어느 지역 어느 시대를 막론하고 나무 열매와 과실이 부족해지면 자주 땅으로 내려와야 했을 것이다. 일단 땅에 내려섰을 때는 키를 높게 해서 사방을 경계해야 했고, 그 결과 직립 자세를 더 좋아했다. 개코원숭이들은 요즘에도 그런 습성이 있지만 직립 자세에서 웅크린 자세로 곧 되돌아간다. 직립하여 사방을 경계하는 습성 덕에 많은 일을 할 수 있었다. 자유로워진 손으로 식물의 뿌리를 캐고, 돌을 던지고, 나뭇가지를 무기처럼 휘두르고, 무엇을 만들거나 찾아낼 수 있었다. 손이 점점 발달하면서 발도 점점 편평해졌다. 현대의 많은 원숭이와 유인원은 땅바닥에서 어린 순을 뽑아 부드러운 끝 부분을 먹거나 막대기로 땅바닥을 휘저어서 먹이가 되는 곤충을 찾아낼 수 있다. 뉴욕 센트럴파크 동물원에 있는 한 오랑우탄은 관람객이 땅콩이나 팝콘을 자신의 손이 미치지 못하는 곳으로 던져주면 화가 나서 도리어 자신의 배설물을 관람객에게 던진다고 한다. 우리는 환호할 때 손뼉을 치거나 손을 흔든다. 이렇게 다양한 손의 기능은 몸의 이동만 담당하는 초보적인 역할에서 벗어나지 않았더라면 결코 나타날 수 없었을 것이다.

잉여 칼슘을 생산함으로써 동물이 골격 구조를 갖게 되었고 민첩하게 이동하는 세포와 공생함으로써 진핵세포가 감수분열을 할 수 있게 되었던 것과 마찬가지로, 사방을 경계하기 위해서 몸을 바로 세워야 했던 영장류는 물건을 잡을 수 있는 손을 갖게 됨으로써 새로운 풍요를 얻게 되었다. 신체 부분이 원래의 역할에서 지나치게 발달하여 새로운 기능을 가지게 될 때 우리는 그것을 '여분의 변혁redundant innovation'이라고 부른다. 여분의 변혁은 분자 수준에서 사회적 수준에 이르기까지 모든 단계에서 일어날 수 있다. 분자 수준에서 볼 수 있는 '여분의 변혁'의 예로는, 식물이 부산물이었던 알칼로이드에 새로운 기능을 부여해서 동물들이 그 식물체를 섭취하기 꺼리게 하는 것이 있다. 또 동물의 경우에는 원래는 세포들 사이의 연락 수단으로 사용되던 생화학 물질들에서 호르몬샘이 진화한 것 등을 들 수 있다. 사회적 수준에서 나타나는 여분의 변혁의 예는, 흰개미와 꿀벌이 분업화에 성공해서 일벌(일개미), 병정벌(병정개미), 여왕벌(여왕개미) 등으로 역할 분담을 하는 것에서 찾을 수 있다. 그 사회를 구성하는 세포 복제물의 수가 많아지면 사회의 전문화가 깊어진다. 그런데 이렇게 생존 가치가 특별한 전문화는 제공할 수 있는 요소들이 미리 충분히 준비되어 있지 않으면 발전하기 어렵다. 손의 발달도 전문화의 예가 될 수 있다. 초기 영장류에서는 손이 이동 수단의 역할을 벗어나서 처음에는 간혹 다른 기능을 담당했겠지만 점차 유인원이 출현하면서 역할이 더욱 커졌을 것이다.

인류의 진화를 설명하는 한 통설에서는 인간을 발육이 부진한 원숭이로 일컫는다. 니오터니neoteny라는 학술용어는 어원학적인 근원을 따지면 "새로운 것을 간직한다"는 뜻인데, 어린 시절의 특성을 성인이 되어서도 유지할 수 있다는 사실은 인류의 여명기에서 매우 중요했던 점이었음이 분명하다. 인간이 유아기에서 아동기로, 그리고 사춘기로, 또 성인으로 성장하는 기간은 여느 유인원의 성숙 기간보다 훨씬 길다. 신생아의 잇몸에서 치아가 형성되는 기간이나 두개골 봉합부가 메워지는 데(이것들은 고생대, 즉 약 5억 8000만~2억 4500만 년 전에 선조들이 발전시킨 석회질화 작용의 부산물이다) 걸리는 기간은 침팬지, 오랑우탄, 고릴라 등에 비해 대단히 길다. 따라서 인간의 아기는 어미의 자궁 속에서 완전히 성숙되지 못하고 태어난 원숭이에 비유할 수 있고, 또 성인은 성장이 정지된 어린 원숭이에 비교할 수 있다. 그런데 우리 인간이 곧 발육이 부진한 원숭이라는 비참한 사실은 한편으로는 좋은 점일 수도 있다. 미련해지기 위하여 미련하고, 완만해지기 위하여 완만한 것은 장점이 될 수도 있다. 발육이 지연됨으로써 우리는 좀 더 교활해질 수 있는 시간을 벌게 되었다.

원숭이의 관점에서 보면, 우리는 달이 차기도 전에 태어난 미숙아다. 인간 아기는 태어난 후 처음 2년 동안에 두뇌 무게가 350그램에서 1,000그램으로 약 세 배 가까이 증가한다. 침팬지나 오랑우탄의 새끼가 어미 자궁 속에서 안락하게 지내는 동안 인간 아기는 태어나서 '두뇌를 발전시키는' 훈련을 쌓게 되는 것이다. 다시 말하면, 인간의 아기는 아직 약하고 미숙한 상태에서 외부 환경의 영향에 노출되고 적응하게 된다. 영양 새끼가 태어나면서부터 뛰어다니고, 거북 새끼가 부모의 존재도 알지 못하면서 태어나는 것과는 판이하게(모든 동물은 태어날 때 이미 외부 세계에 대처할 수 있도록 완전히 발육되어 태어난다) 인간 아기는 절반 정도밖에 발육되지 못한, 완전히 무력한 존재로 태어난다. 이렇게 완전히 외부 의존적으로 태어난 아기는 성인(부모)과 함께 생활하면서 오랜 성숙 기간을 거쳐야 한다. 부모의 몸속에서 보호받으며 성장한다는 것은 포유동물의 특권이며 진화의 위대한 결실이라 할 수 있는데 인간에게서는 그런 기조가 다소 퇴행된 것이다. 그러면 왜 진화 방향이 인간에게서는 퇴행적으로 나타나게 되었을까?

　우리는 화석 기록에서 직립 자세가 두뇌 용량 증가보다 먼저라는 사실을 알게 되었다. 초기 유인원은 작은 두뇌를 가지고 두 발로 걸을 수 있었지만 아직 인간에 이르지는 못했다. 이 유인원 중 어떤 무리들은 미처 다 자라지 못한 아기를 낳았을 것이다. 미성숙한 아기를 낳는 것은 그들의 머리가 작았기 때문에 훨씬 쉬웠을 것이다. 그런데 미리 태어난 유인원 아기는 일찍부터 험난한 외부 환경을 경험하게 되었으므로 배우는 기간이 길었을 것이다. 경험을 쌓는 기간이 길었던 유인원 아기는 더 많이 배워서 어린 시절에 이미 어른들의 생존 기법을 터득할 수 있었을 것이다. 그렇게 조산으로 태어나고 자라 연을 맺은 유인원 부부는 타 종족들보다 덜 성숙한, 따라서 지적으로 발달 가능성이 더 큰 아기를 낳았을 것이다.

　이렇게 조산을 선호하는 유전적 경향에서 비롯된 자연선택 압력은 조산을 더욱 촉진하고 조산된 아이가 더욱 많은 돌연변이를 발현할 수 있게 했다. 몸 표면에 털이 충분하지 않은 채 미성숙하게 태어난 유인원 아기는 일찍 죽거나, 부모의 보호 아래 외부 세계에 대한 교육을 받는다. 어떤 유인원은 털이 비교적 없는 상태로 청년기를 맞았고, 이어서 성년이 되어서도 자신의 유년시대 특성을 간직할 수 있게 되었다. 그런 유인원은 두뇌가 더 큰, 다른 유인원보다 더 지적인, 그렇지만 발육이 더 부진한 아기를 낳았다. 이와 같은 각본은 성선택적sexual selection 요소가 더해짐으로써 한층 극적인 효과를 낳는다. 말하자면 이러한 경우이다. 남성이 자신의 배우자를 선택할 때는 유럽 지방의 선사시대 유물에서 발견되는 '다산 여신들'과 같은(골반이 크고 넓어서 출산구도 넓은) 여성을 선호하는 것이 보통인데, 이론적으로 그런 여성은 두뇌가 큰 아기를 낳을 가능성이 많다고 한다.

  감수성이 고도로 발달한 아기를 미숙아 상태로 낳는 것은 장점과 함께 단점도 따른다. 그런 신생아는 너무나 허약해서 외부 환경에 육체적으로 적응하기가 어려웠다. 그런데 이런 아기의 허약성으로부터(대단히 신기하게도) 가족의 중요성이 강조되었고 또 여기에서 문명이 탄생했다. 유인원 여성들은 배우자를 찾을 때 자신의 전략을 변경하도록 강요받았다. 그들은 새로운 유형의 남성을 갈망했다. 즉 여성들은 자신이 미성숙한 아기를 돌보는 동안 자신들을 보호해줄 수 있는 남성상을 선호했다. 여성은 머리가 커다란 남성을 원했고 남성은 골반이 넓은 여성을 원했다. 이런 피드백이 작용하면서 지성은 지성을 낳았다. 좀 더 자세히 설명하면, 원시 인류는 돌을 던져서 약한 동물을 포획할 수 있게 됨으로써 진화에서 새로운 위치를 차지했다. 멀리 떨어져 있는 동물을 겨냥해서 돌을 던질 때 돌이 나아가는 방향을 어림하기 위해서는 두뇌 왼쪽 반구가 발달해야 했다. 왼쪽 반구는 오른팔의 운동을 담당하는데 우연히도 언어 능력을 이 부분이 맡게 됨으로써 두뇌의 용적이 더 커졌다. 실제로 미국 시애틀에 있는 워싱턴 대학교의 신경생물학자 윌리엄 캘빈은 오늘날의 인류에서 오른손잡이가 압도적으로 많은 것은 유인원 시대에서 시작된 것이라고 말했다. 그에 의하면, 유인원 어미들은 자신의 아기를 왼쪽 젖가슴 쪽으로 끌어안고(아기는 태반 속에서 충분히 있지 못하고 태어나기 때문에 어미의 심장 소리를 그리워해서 그런 자세를 하면 달래기가 손쉬웠다) 오른손을 사용해서 작은 동물들을 향해 돌을 던졌다고 한다. 따라서 마치 적국 비행기를 겨냥한 포탄의 탄도를 계산하기 위해 최초의 컴퓨터가 개발되었던 것처럼, (아직 유인원에게는 나타나지 않았던) 인류의 오른손잡이 습관과 말하고 글 쓰는 능력은 유인원 어미들이 작은 동물들을 향해 돌을 던질 때 투사체의 궤도를 예상하기 위해 발달한 두뇌의 용적 증가에서 시작된 것이라고 할 수 있다.

마지막으로, 발육이 그렇게 부진했던 후기 유인원 시대에 암컷은 발정기를 잃어버렸다. 그들은 이제 연중 특정한 기간에만 '교미기'에 들던 습관을 잃었다. 이렇게 발정기를 갖지 않게 된 여성들은 더욱 매력적인 존재로 인정받았다. 오늘날에도 모든 원숭이와 유인원 암컷에게는 발정기가 있다. 일부 원숭이, 개코원숭이, 기타 영장류의 생식기관은 수컷을 유인하기 위해서 고안된 호르몬 변화에 반응하여 발정기 중에는 색이 변한다. 그러나 인간의 암컷(여성)은 그렇지 않다. 여성은 항상 성적 매력을 지니고, 본질적으로 어느 한 시기에만 '교미기'에 들지 않는다. 자신의 가족을 위해서 전념해야 했던 남성은 사회조직이 변화하는 과정에서 난잡한 성행위를 지양하게 되었을 것이다. 여성이 점차 연중 어느 때라도 성을 수용할 수 있게 되자, 남성이 성적 동반자를 구하기 위해 배회해야 할 필요성이 크게 줄었다. 원인apeman 남성은 자신의 배우자와 어린아이들을 부양하면서 언제든지 배우자에게 성을 요구할 수 있게 되자 한두 명의 배우자로 만족했다. 이렇게 해서 가족 중심의 생활이 성립되었다.

유목민 집단이나 마을은 남성, 여성, 어린아이들로 구성된 새로운 가족 단위를 보호하기 위한 집단 공동체로 나타나기 시작했다. 고대의 '대지Mother Earth' 개념은(현대에도 마찬가지로) 그 당시 유아가 어미의 자궁 속에서 더 잘 클 수 있었을 때 외부 세계에 노출됨으로써 갖게 된 인류문화적 감정일 것이다. 심리학적으로 대지는 어머니를 상징했고, 따라서 세상은 일종의 제2의 자궁에 비유할 수 있다. 인류의 기원에서 '니오터니'의 중요성을 말해주는 또 하나의 사례는, 거의 모든 포유동물이 유아기를 지나서는 유당을 소화할 수 있는 기능을 잃는다는 사실과 관련이 있다. 유당, 즉 락토스는 현재도 많은 성인들에게 해롭다. 하지만 셈족, 우랄족(셈족에는 아라비아인과 유대인 등이 있고, 우랄족에는 핀족과 몽고족 등이 있다-옮긴이), 인도-유럽어족 등의 성인에게는 해롭지 않다. 우유를 소화할 수 있는 돌연변이는 약 8000년 전에 북부 메소포타미아 지방에서 처음 나타나서 여러 인종들에게 퍼졌다. 돌연변이 인류의 출현 덕에 소, 염소, 양 등에게서 젖을 짜고, 소를 이용해서 수레를 끌거나 밭을 갈고, 또 나중에는 말을 길들이는 등 역사상 어떠한 전제군주의 흥망보다도 더 중요한 '가축 혁명'의 길이 열렸다. 우유를 소화할 수 있음으로써 성인은 야생동물을 죽이지 않고도 동물성 단백질을 섭취할 수 있었고, 치즈, 요구르트, 버터 등 영양이 풍부한 유가공품을 먹을 수 있게 되었다. 우유를 마셔서 얻게 된 또 하나의 혜택은 칼슘 운반에 관여하는 비타민 D가 우유 속에 풍부하게 존재하기 때문에 비타민 D 결핍으로 생기는 구루병도 예방했다는 점이다. 피부를 검게 하는 색소인 멜라닌도 역시 구루병 방지에 효과적이다. 그런데 성인이 우유를 소화할 수 있는 종족은 대체로 피부색이 밝다. 나이젤 칼더는 다음과 같이 기술했다. "가축과 쟁기의 혁명으로 유라시아 문명을 특징짓는 사회적 구분, 즉 부자와 빈자, 지주와 농노, 남자와 여자 등의 계급이 출현했다. 전쟁은 이제 수없이 일어났고 전사들은 자신을 왕으로 생각했다."[45] 비록 인류는 이러한 최초의 카우보이들이 출현하기 약 400만 년 전부터 진화하기 시작했지만, 사람들이 유아기를 지나서도 우유를 소화할 수 있게 된 돌연변이는 역시 일종의 '니오터니'이기 때문에 여기서 언급했다. 영장류의 발전 단계에서 성장을 늦추게 한 유전적 지연은 결과적으로 인류를 역사시대의 여명기로 인도했다. 많은 상징적 그림과 기호들이 새겨진 정교한 진흙판들이 메소포타미아의 도시들에서 약 5500년 전에 나타났다.

그런데 우리가 인류 역사를 탐구하기 위해서 미생물 세계에서부터 따져 내려올 때는 세심한 주의를 기울여야 한다. 쉽게 내린 결론은 일반론을 낳을 것이며, 일반론에 일반론이 겹쳐지면 멋있는 이야기가 만들어지는 대신 역사를 크게 왜곡할 수도 있기 때문이다. 우리는 앞에서 '발육이 부진한 원숭이', 즉 인간 성장에서의 니오터니적 개념을 크게 강조했지만 이것은 그 자체가 극도로 단순화된 논리라는 점을 명백히 해야겠다. 이 개념은 다면적인 인류 역사를 한 관점에서 살펴본 것에 불과하며 결코 그 이상이 아니다. 인류 진화사를 마치 영웅의 출현을 위한 무용담처럼 채색하는 일은 자주 있었다. 즉 폐어가 처음에는 물가에서 지내면서 뭍으로 오르려고 애쓰다가 급기야는 사지를 갖게 되어 땅에 오르고, 궁극적으로는 직립하는 인류로 진화했다는 성공담은 실제 인류의 진화사라기보다는 차라리 한 인간의 생활사에 가깝다. 실제로 산도birth canal를 거쳐 태어나 공기를 호흡하고, 나중에 기고 걷는 것을 배운 존재는 바로 우리 자신들이었다. 마찬가지로, 진화의 무용담에서 곧잘 위대한 존재로 묘사되었던 인류는, 원시시대에 이르러 비로소 한 손에 방망이를 든 채 어두컴컴한 동굴에서 비틀거리며 걸어나온 바로 그 존재에 불과하다. 최초의 인류는 직립 자세로 문명의 여명을 맞기 위해 크게 기지개를 켰다. 그러나 선사시대 긴 어둠의 동굴에서 마침내 밖으로 나오게 된 '동굴인간caveman'은 놀라울 정도로 단순했다. 종종 만화나 영화에서 볼 수 있는 원시 인류에 관한 이야기들은 실제와는 거리가 먼, 현대 문명이 연출한 작위적인 것에 불과하다.

인류의 조상이 걸어온 길이 얼마나 복잡했었는지를 상상하는 것은 거의 불가능하다. 물론 그 진화의 과정 대부분은 원숭이 단계 이후가 아닌 미생물 단계에서 비롯했다. 고도로 다양화된 포유동물 집단이 3,000만 세대를 통해서 이룩한 진화의 경로를 아무런 왜곡 없이 명백하게 묘사하기는 지극히 어려운 일이다. 현재도 이 방면의 연구는 점과 점들을 이어서 우리에게 익숙한 하나의 신인동형론적 상(인간의 속성, 행동, 감정 등이 하나님과 동일하다는 생각으로 서양 종교와 문화에 깊이 배어 있다-옮긴이)으로 만들려는 노력에 불과하다고 할 수 있다. 우리가 설정하여 그대로 믿어버리는 진화학적 영웅 무용담은 인류 집단의 진정한 다양성을 표출하려는 노력을 헛되게 만든다.

우리는 영장류의 한 무리이며 영장류는 열대성 동물이다. 우리는 추위를 싫어하며 두려워한다. 영장류는 구세계Old World의 열대 지방에서 가장 다양하게 번성했고, 모든 원인 화석은 아프리카, 유럽, 아시아에서 발견되었기 때문에 구세계의 열대 지방이 우리 영장류 조상의 본향이라는 사실은 의심의 여지가 없다. 남북극, 오스트레일리아, 남북 아메리카에서 발견되는 유일한 영장류는 우리 인간과 동물원에 갇혀 있는 원숭이뿐이다.

영장류를 연구하는 학자가 객관적인 연구자라면 인간, 침팬지, 오랑우탄을 동일한 분류학적 집단에 포함시키는 데 주저하지 않을 것이다. 우리가 인류를 별개의 한 과(인류과Hominidae : 인원manapes과 원인apemen)로 독립시키고, 거대 원숭이류를 다른 한 과(원숭이과 Pongidae : 긴팔원숭이, 큰 긴팔원숭이, 고릴라, 침팬지, 오랑우탄 등)로 구분하는 데는 아무런 생리학적 근거도 없다. 실제로 외계의 해부학자가 지구의 영장류를 조사한다면 그들은 모두 하나의 아과subfamily

또는 속genus에 포함시킬 것이다. 인간과 침팬지의 차이점은 딱정벌레의 임의의 두 속에서 나타나는 차이점보다도 훨씬 적다. 그럼에도 불구하고 인간은 양팔을 늘어뜨린 채 직립보행할 수 있는 동물을 특별히 고려해서 인류과로 명명하고, 이를 원숭이과에서 분리했다. 오늘날 생존하는 유일한 인류과의 구성원은 우리 현대인이다.

화석 기록을 살펴보면 뚜렷이 구별되는 인류 집단이 과거에 여럿 존재했다는 것을 알 수 있다. 그런데 그들 중 두 집단은 특별히 인류학자들의 호기심을 사로잡았다. 인간과 원숭이 사이의 중간 영역에 걸쳐 있는 두 종의 동물은 원인(오스트랄로피테신australopithecines)과 인원(호모homos)이다. 오스트랄로피테쿠스 속에 속하는 여러 종들은 약 50만 년 전까지 나타났다가 그 후에 갑자기 사라졌다. 오스트랄로피테신의 일부 종이 현대인의 조상일 수 있지만 그 나머지는 아마도 현생 인류와 직접 관련이 없었던 것으로 추측된다.

오스트랄로피테신의 멸망을 설명할 수 있는 어떠한 증거도 아직까지 발견되지 않았으므로 어떤 인류학자는 호모Homo가 그들보다 덜 영리했던 사촌들을 멸망으로 유도했다고 생각하기도 한다. 말하자면 오스트랄로피테신은 인류에 의해서 지상에서 사라진 최초의 멸종 생물이 되는 셈이다. 몸집이 크고 초식성이었던 원인들은 대량 살육에 의해서, 또는 특별히 오스트랄로피테쿠스 로부스투스의 경우에는 최초의 진정한 인류에게 너무 지나치게 순종함으로써 멸망이 빨라졌을 것이다. 이들 원인들은 어쩌면 현대인이 속한 호모 속의 어떤 종의 노예로 부려졌을지도 모른다. 행동이 느렸던 오스트랄로피테쿠스 로부스투스는 원시 인류의 무리를 천천히 뒤따르면서 그들이 남긴 먹이 부스러기들을 섭취했을 것이다. 레슬리 대학의 벤저민 블루멘버그와 보스턴 대학의 닐 토드가 생각하는 시나리오에 의하면, 우리의 조상인 원시 인류가, 몸집은 크지만 잔꾀가 부족했던 초식성 원인들을 그즈음 막 가축화되기 시작한 원시 개로 대체함으로써 그들이 멸망했다는 것이다. 늑대에서 진화한 개는 먹잇감을 쫓는 데 더욱 빠르고, 주위 경계를 더 잘하고, 냄새도 잘 맡았다. 또 몸집도 작아서, 인류 조상의 무리를 뒤따르던 오스트랄로피테쿠스 로부스투스보다 식량을 적게 요구했을 것이다.

우리가 속해 있는 호모 속에는 선사시대 인류로 세 종류가 알려져 있다. 그들을 진화학적인 순서대로 열거하면 호모 에렉투스, 호모 하빌리스, 그리고 호모 사피엔스의 오랜 한 아종subspecies이다. 호모 하빌리스는 깔끔하게 다듬어진 석기를 사용했던 최초의 고대 인류로, '도구를 사용하는 인간'이라는 의미로 그런 이름이 붙었다. 호모 에렉투스는 '직립인간'이라는 의미로 최초로 불을 사용했던 인류로 추정한다. 호모 사피엔스는 현생 인류를 말하는데 '현명한 인간'이라는 의미이다. 호모 사피엔스는 적어도 두 개의 아종으로 나뉘어져서 호모 사피엔스 네안데르탈렌시스(네안데르탈인)와 호모 사피엔스 사피엔스(현대인)로 불린다. 대부분의 인류학자들은 호모 사피엔스 사피엔스를 제외한 모든 인류가 일찍이 멸망했다고 추측한다.

인류과에 속하는 인원과 원인을 총칭해서 '호미니드'라 한다. 호미니드가 처음 지상에 출현한 시기는 지금으로부터 약 200만 년 전으로 추정한다. 현재까지 잘 조사된 호미니드의 화석 유물은 1,000

개도 안 되지만 영장류에서 현대인에 이르기까지의 진화 과정을 비교적 정확히 보여준다. 호미니드는 오늘날의 우리가 된 호모나, 호모로 진화했거나 멸망한 오스트랄로피테신을 막론하고 두 가지 공통점을 지닌다. 즉 그들은 모두 열대성이며 또 아프리카가 고향이다.

 영장류 화석뿐 아니라 원인 화석과 그들이 사용하던 도구들은 거의 모두가 구세계의 열대 또는 아열대 지방에서 발굴되었다. 인류 또는 반인류가 만들어 사용했던 최초의 석기들은 아프리카에서 발견되었다. 인류의 신체 구조, 단백질 화학, 얼굴 표정, 그리고 사회적 행동 등은 다른 어느 동물종보다 열대 아프리카 원숭이들과 매우 비슷하다. 더욱이 우리는 더운 기후에서 생활할 때 획득했던 적응형질을 현재도 지니고 있다. 우리는 시간당 400~500칼로리의 열을 발산할 수 있는데, 그 대부분은 땀의 증발에 의한 것이다.

 인간은 아프리카 원숭이들과는 달리 몸 전체로 땀을 발산한다. 우리는 약 200만 개의 땀샘을 통해 시간당 1~2리터의 땀을 분비한다. 우리 혈액도 역시 방열기 역할을 수행한다. 혈액의 상당량은 표피 바로 아랫부분에서 흐른다. 더운 기후 속에서 작업할 때는 수분과 염분이 혈관 속으로 유입되어서 혈액의 양이 증가한다. 모세혈관은 피부 바로 밑으로 많은 양의 피를 통과시켜서 체열을 방출한다. 고온 속에서 기능을 발휘하는 이런 적응형은 모든 인종의 인류에서 공통으로 나타나므로, 우리의 가까운 조상이 그들의 선조에서부터 우리와 현존하는 원숭이들로 갈라진 직후에 이런 특성을 획득했다고 생각한다.

 채집 수렵인으로서의 인류는 진화 역사상 비교적 최근에(지금으로부터 10만 년 전 이후에) 출현했지만, 그전에 나타났던 과도기의 인류 종은 아프리카 오스트랄로피테신과의 연관성을 보여준다. 우리는 분명히 '루시'와 같은 어머니의 자손일 것이다. 루시는 북아프리카에서 출토된 원인화석의 잔존물에 붙여진 이름으로, 그 생존 연대는 약 300만 년 전으로 추정한다. 그 화석이 발견될 당시 발굴 현장에 있는 라디오에서 비틀즈의 노래 〈다이아몬드 가득한 하늘의 루시 Lucy in the Sky with Diamonds〉가 울려 퍼지고 있어서 발굴자들이 루시라고 이름 붙였다. 루시의 골격 화석은 놀랄 만큼 완전한 형태로 에티오피아의 하다르 지방 근처 아파르 삼각주에서 발견되었다. 그녀는 직립보행과 뜀뛰기를 할 수 있었고 키는 1미터 정도였다. 루시는 몸집이 작은 여인의 골반 구조를 가졌지만 얼굴은 침팬지였다.

　루시가 출토되었던 장소에서는 많은 부분 골격과 치아 화석들이 발견되었다. 루시 발견자 중 한 사람인 도널드 요한슨에 의하면, 그녀는 고대 호미니드의 일종인 오스트랄로피테쿠스 아파렌시스의 원형이라고 한다. 실제로 루시 같은 원인 그리고 그녀의 친척들, 말하자면 우리는 약 300만~400만 년 전에 원숭이를 닮은 공통의 조상을 가졌을 것이다.

　분자진화학molecular evolution이라는 새로운 학문은 진화의 시점을 추정하는 데 크게 기여한다. 거대분자에 관한 자료를 보면 인류의 두 계통이 갈라지게 된 데 따르는 변화를 엿볼 수 있다. 예를 들어서, 헤모글로빈 같은 일반적인 단백질의 아미노산을 분석하면 침팬지와 인간의 헤모글로빈은 그저 약간 다름을 알 수 있다. 아미노산 구성의 차이를 밝힘으로써 인류 조상이 언제 영장류 조상에게서 분리되었는지를 알 수 있는 것이다. 인류의 헤모글로빈과 침팬지의 헤모글로빈은 놀라울 정도로 비슷하다. 캘리포니아 대학 버클리 분교의 앨런 윌슨 같은 생물학자들은 이러한 기술을 사용해서 아프리카 침팬지 계통이 인류와 갈라진 것은 약 400만 년 전이었다고 결론지었다. 과거에는 그 연대를 약 1500만~2000만 년 전으로 추정했었다.

  원시 인류의 조상은 약 700만~200만 년 전인 플라이오세에 생존했다가 이후 플라이스토세에 이르러 인류로 진화했다. 유명한 빙하시대가 바로 이 시기이다. 당시 빙하가 최대로 확장되었을 때는 중부 유럽, 아시아, 시베리아 일대가 모두 얼음으로 뒤덮였다. 영국에서는 빙하가 템스 강을 따라 이동하여 바다로까지 확산되었다. 북아메리카에서는 빙하가 뉴잉글랜드를 덮고 인디애나 주의 중부, 일리노이 주, 남부 오하이오 주까지 이르렀다. 원시 인류들은 기후가 비교적 온난한 시기에는 마치 전염병처럼 열대 지방에서부터 퍼져나갔다. 그래서 막 나타난 원시 인류는 자신들의 본향에서 멀리 떨어져서, 전혀 익숙하지 않은 매서운 추위와 눈이 몰아칠 때 커다란 고통을 당했다. 빙하기 사이의 간빙기 동안에는 다시 따뜻한 기후가 찾아왔다. 그러나 이 기간 중에는 만년설이 녹으면서 바다 연변의 육지가 물에 잠겨 원시 인류를 괴롭혔다. 하마, 거대코끼리, 무소rhinoceroses, 검치호랑이saber-toothed tigers 같은 플라이스토세의 대형 동물종은 온난한 기후에 적합했다. 이들은 선사인류들과는 달리 당시의 마지막 빙하시대에 견디지 못하고 멸망했다. 열대성 동물이 굶주린 원시 인류의 식량으로 잡아먹히면서 새로운 동물상이 그들을 대치했다. 사향소musk-oxen, 긴털매머드wooly mammoths, 긴털코뿔소wooly rhinoceroses, 레밍lemmings, 북미산 들소bison, 유럽산 들소auroch, 순록caribou 등 추위에 견딜 수 있는 동물은 계속되는 추위의 위협 속에서 생존할 수 있었다. 우리 인류의 기본 속성은 열대성이었지만 현재의 우리는 빙하시대의 후예라고 말할 수 있다.

빙하시대의 연대 측정이 전 세계적으로 꼭 일치하지는 않는다. 최초의 빙하기에서 가장 최근의 빙하기까지 이름을 나열하면 (약 70만 년 전에 시작된) 군츠Gunz, 이어서 민델Mindel, 리스Riss, 부름Wurm의 순서이다. 이는 유럽에서 빙하기를 일컫는 이름인데 그들이 가장 번성했던 기간은 미국에서 네브라스카기, 일리노이기, 캔자스기, 위스콘신기와 거의 일치한다. 빙하기 사이의 온난한 기간(간빙기)는 군츠/민델, 민델/리스, 리스/부름이라 부른다. 최후의 빙하기는 약 18000년 전에 최전성기에 이르렀던 것으로 추정한다. 현대의 우리는 아직도 이 전 세계적인 마지막 빙하기에서 벗어나는 중이다.

원시 인류가 생활하던 장소들 중에서 가장 인상적인 지역은 동아프리카의 뜨거운 태양이 내리쬐는 올두바이 협곡이다. 약 200만 년 전 이래(플라이스토세의 시작 시기부터 가장 최근의 빙하기 직전까지) 이 열대 지역은 인류가 가장 선호했던 부동산이다.

오늘날 탄자니아의 올두바이 지방 대협곡에서는 화석 잔유물이 지금도 계속 발굴되고 있다. 이 지역에서는 저급, 중급, 고급의 석기가 모두 발견되기 때문에 마치 원시인류학교 전람회를 골고루 참관하는 듯한 인상을 받는다. 석기를 연마하는 일은 인류의 가장 오래된 산업으로, 현대 과학기술의 씨앗이라 할 수 있다. 이 지역에서는 돌망치와 돌모루가 발굴되었는데, 전자는 다른 석기를 다듬는 데 사용되었고, 후자는 석기를 다듬을 때 그 받침으로 사용되었을 것이다. 다듬어지지 않은 바위 조각과 그 파편들도 이 지역에서 발굴되었다. 그것들 중 일부는 확실히 고기를 자르거나 나무를 다듬는 데 사용되었으리라. 손에 쥘 수 있는 크기의 화산암 돌멩이를 '메뉴포트manuports'라 하는데, 비록 다듬어지지 않은 것이기는 하지만 그것들이 원래 형성되었던 장소에서부터 먼 거리를 운반되어왔기 때문에 역시 가공을 거친 것으로 간주한다.

협곡의 일부 지역에서는 인류 역사의 전 과정이 재현되기도 한다. '제2발굴지'의 지층 하부에서는 '데이노테리움'이라고 불리는 고대 코끼리가 물웅덩이에 빠진 형태로 발굴되기도 했다. 그 코끼리의 한쪽 발이 물에 빠졌을 때 원시인들이 머리를 공격해서 두개골을 부수고 돌찍게choppers로 신체의 다른 부위를 공격했음을 보여 주는 증거가 발견되었다. 찍게의 하나는 코끼리의 골반뼈에 박힌 채 발굴되었다. 원시인들은 이 불쌍한 짐승을 요리해 대축제를 벌였을 것이다. 그런데 코끼리 주위에서는 인류의 뼈가 나타나지 않는 것으로 보아 원시 사냥꾼들은 물웅덩이를 피해 다녔던 것 같다.

이 호미니드가 오스트랄로피테쿠스 형의 원인apemen이었는지 또는 호모 인원manapes의 일종이었는지는 확실히 알려지지 않았다. 그러나 그들이 사회적 동물이었음은 틀림없다. 또한 그들은 분명히 용감하고 영리했을 것이다. 그들은 오늘날의 관료 조직이나 배관공 집단들보다 고용 체계에 더욱 융통성 있게 처신했을 것이다. 제2발굴지의 사냥꾼들은 비록 전문화가 덜 되어 있었다고 해도 마치 현대의 노동자들이 자신의 식량을 다른 노동자들에게 의존하는 것처럼 서로 상부상조했다. 그들은 식량이 생기면 혼자서만 즐기지 않았다. 아무리 영웅적인 원시인이라 해도 혼자서 코끼리를 잡을 수는 없었을 것이다. 그들은 협동하여 사냥했으므로 식량도 서로 분배했을 것이다. 식량 분배는 인류 문화와 문명의 발달에 촉진제 역할을 했을 것이다. 인류학에서는 식량 분배라는 문제를 돌도끼와 돌창끝 같은 석제무기 발달과 대조해 설명하곤 한다. 문명 비평가이자 역사학자인 윌리엄 톰슨은 이 두 관점의 차이를 다음과 같이 요약했다.

인류학자들은 우리 인간을 인간되게 한 것이 바로 무기라고 말한다. 원시 인류가 석제무기를 손에 쥠으로써 동물적 심성에서 벗어나 처음으로 자연에 대항해서 싸울 수 있었다는 논리이다. 인류가 자신을 기술 진보 속에 침잠시키면서 역사의 과거 속에는 원시적인 것만 남았다. 따라서 이런 관점에서 본다면 인류 문명은 기술technology에 의해 창조되고 발전했으며 기술의 가장 중요한 부분은 바로 무기였다고 할 수 있다. (……) 다행히도 인류학자 글린 아이작의 연구에서처럼 인류 문명의 기원에 관한 또 다른 견해가 있다. 그에 의하면 원시 호미니드는 자신의 식량을 안전한 장소에 보관했으며 거기에서 원시 공동체의 규율에 따라 식량을 분배했다고 한다. 이 관점에서 보면, 인류 문명의 1차적 행위는 바로 식량 분배이다. 식량을 서로 나누어 가지면서 인류는 가장 원초적인 인류애를 발현했다고 할 수 있다.[46]

올두바이 협곡의 선사인류는 풍족하게 먹고 밤에는 같은 족속의 여인들과 뒤섞여 잠을 잤다. 여인들은 임신을 하고 건강한 아이들을 출산했으리라. 그리고 적어도 일부 아이들은 자신의 부모에게 도구를 만들고 사용하는 방법을 배웠을 것이다. 이 호미니드는 식량을 나누어 가질 뿐만 아니라 사냥 계획도 함께 논의했을 것이다. 사냥 계획을 잘 기억하고 계획한 대로 각자의 임무를 잘 수행했던 무리들은 더 많은 식량을 얻었을 것이다. 따라서 그들의 어린아이들도 잘 먹게 되었을 것이다. 그럼으로써 올두바이 협곡의 선사인류는 자신들보다 덜 사회화되고 계획적이지도 못했던 다른 인원의 무리들보다 더 많은 자손을 퍼뜨렸을 것이다. 즉 진화의 시험에 통과할 수 있었던 것이다.

인류의 현대문명은 우리 영장류 조상들이 발전시켰던 손재주와 동물 지성의 연장에 불과하다. 빙하시대에 강요되었던 원시 인류의 사회화는 냉혹하고 험난한 과정이었다. 천연물을 다듬고 분배하는 일에서부터 사냥을 해서 동굴의 곰과 들고양이 껍질을 둘러쓰는 일에 이르기까지 인류는 점차 자신보다 훨씬 힘센 동물들을 압도할 수 있는 기술을 배우게 되었다. 코끼리 같은 거대한 동물을 쫓아 대평원을 누비며 익혔던 무리로서의 응집성은 현대문명에서도 잘 보전되어 있다. 이런 고도로 성공적인 생존 전략은 비록 그 형태는 바뀌었지만 현대의 집단 운동경기와 전쟁에서 생생하게 재현된다. 축구는 남자들이 가죽으로 만든 물체를 뒤쫓는 사냥의 상징적인 행위에서 비롯되었다. 축구공은 공중으로 차올리게 되는데 이는 과녁을 향한 창 던지기에 비유된다. 마찬가지로 전쟁이라는 종족 간의 대결도 지상에서 사라져버리기는커녕 더욱 더 빈번해지고 있다. 말이 많고 몸짓이 풍부했던 우리 선조들은 대형 동물 사냥을 일삼아서 포유동물을 종종 멸종 상태에 이르게도 했다. 오늘날 대형 동물 사냥의 타성은 인류를 자멸의 위기로 몰아가고 있다. 톰슨은 다음과 같이 썼다. "기술주의자는 전통적인 박애주의자에게 '우리는 가장 진보한 최고의 생물이며, 당신들은 과거 동물들의 속성이 배제된, 단지 그 유체에 불과하다'라고 말한다. 이런 기술주의자에게 군사력 경쟁은 필요악이 아니며 괴이한 병리학적 증상도 아니다. 그들은 군비경쟁을 인류 진화의 추진력으로 생각한다."[47] 실제로 인류 진화는 다른 모든 생물의 진화와 마찬가지로 분배와 살육, 경쟁과 협력의 양면을 모두 지닌 과정이라 할 수 있다.

언어는 날카로운 창끝보다 더 가공할 인류의 도구이다. 우리는 원시 인류들 사이에서 어떻게 우연히 언어가 만들어졌으며 점차 널리 사용되었는지 쉽게 추측할 수 있다. 사냥꾼 무리가 저녁에 화톳불가에 모여 앉아 포획물을 먹을 때는 포만감에 만족스러워하는 소리가 근처에 퍼졌으리라. 그런 소리가 자꾸 반복되면서 어떤 물체를 일컫는 이름이 되었을 것이다. 예를 들어서, '매머드'를 나타내는 어휘는 그 동물을 죽였던 어떤 사람이 입맛을 다시면서 낸 소리에서 시작되었을 것이다. 그 단어가 집단에 널리 퍼지고 사람들은 그 단어를 매머드의 형체, 소리, 고기맛과 함께 기억함으로써 새로운 낱말로 더하게 되었을 것이다.

최초의 단어는 그렇게 하여 형성되었다. 어떠한 어휘라도 없는 것보다는 낮고 존재 의미가 있다. 많은 어휘를 서로 이해할 수 있었던 사냥꾼 집단은 의사소통이 훨씬 자유로워지자 사냥에서 더욱 조직적이 되었고 그 결과 더욱 많은 포획물을 얻었을 것이다. 우리 조상이 왜 성대를 발전시켰는지는 잘 알려져 있지 않지만 어쨌든 이 기관은 후에 말을 하는 데 긴요해졌다. 그러나 성대기관의 발달은 성공적인 호미니드가 되기 위한 신체적 변화의 일부일 뿐이고, 언어 소통을 위한 전제 조건으로서만 중요했다.

원시 인류는 동물의 피를 동굴 벽에 찍어 발라서 낙서를 했다. 이러한 원시적 벽화는 사냥에서 포획을 즐기기 위한 자연스러운 발상이었으므로 처음에는 사냥과 물리적인 연관이 있었을 것이다. 그런데 이런 최초의 낙서로부터 구상적 벽화가 발전했다. 교감적인 주술에서 상징적인 그림으로 진화한 것이다. 산딸기의 붉은 즙은 동물의 피를 상징했다. 벽면에 그려졌던 물감 자국은 사냥에서의 동물을 의미했다. 여러 가지 기호를 차례차례로 다양하게 배열함으로써 선사인류들은 잠재적 실체의 가능성을 추구하기 시작했다.

수 세기 동안 조잡했던 낙서는 점차 정리되고 명확해졌다. 의식적으로 사용되었던 기호의 일부는 이집트인과 동방 문명권의 인류들 사이에서 상형문자와 표의문자로 변천했다. 고대의 수수께끼 문자에서는 그림의 배열 순서가 자연에서의 대상을 의미하는 것 외에 그 말소리까지 표현한다. 시간이 흐르면서 상형문자의 그림들은 좀 더 상징적인 현대 알파벳 기호로 점차 바뀌었다. 상대방을 경계하는 외침, 의사를 전달하는 나직한 끙끙거림, 의미 있는 낙서 등은 의사소통자의 존재를 부각시켰다. 씨족들에게 공통적인 기호들은 토템 동물들, 종교적 성상, 기타 자연의 추상적 대상물 등과 관련하여 원시 집단에서 널리 사용되었다. 이집트인들은 '계획자 Plan Maker'로 불리는 신을 섬겼고, 수렵 채집인들은 약 4만 년 전에 이미 지도를 만들었고 행성과 별의 움직임을 예상하는 업적을 남겼다.

약 3만 년 전에 이르러 인류는 구세계 전역에 완전히 정착했다. 알제리의 '아팔로 보 룸멜 거주지 34 Afalou-Bou-Rhummel Rock Shelter 34'라는 곳에서는 네안데르탈인 문명에 의해서 형성된 무스테리안 석기 유물과 함께 인류의 두개골이 발견되었다. 그 석기들은 천연 화산암에서 산출되는 검은 빛깔의 흑요석 박편으로 만들어졌다. 모양으로 보아 손도끼와 창끝으로 사용된 듯한 석기들은 확실히 구석기시대 유물로 추정된다. 남아프리카의 보스콥에서는 인류의 골격 조각, 턱뼈, 부러진 사지뼈 파편 등이 석제 도구들과 함께 발굴되었다.

체코 동부 모라비아 지방에 있는 프레드모스티에서는 약 30명 분의 인류 유해가 발굴되었다. 그런데 뿔이나 뼈로 만든 생활도구들이 함께 매장되어 있는 점으로 보아 일부러 만든 공동묘지로 보인다. 남부 프랑스와 스페인의 북부 지방에는 사람의 발이 닿기 어려운 석회암 동굴들이 많이 있는데, 내부의 습기 찬 벽면에는 반신반인의 마법사와 반인반수의 동물 그림이 그려져 있어 신비스러운 고대 예술의 정취를 엿볼 수 있다.

가장 유명한 동굴벽화로는 스페인의 알타미라 동굴과 프랑스 라스코 동굴의 벽화를 들 수 있다. 서부 유럽에서 발견되는 모든 동굴벽화를 고려한다면 그들이 만들어진 시기는 거의 4만~10000년 전이다. 벽화는 막대 모양으로 단순히 사냥꾼을 그린 것에서부터 멸종된 짐승을 정교하게 묘사한 것에 이르기까지 소재가 매우 다양하다. 어떤 벽화는 머리가 없는 곰이나 소 같은 짐승을 보여주기도 한다. 그런데 그런 벽화가 그려진 장소까지 가기 위해서 화가와 구경꾼들은 손에 횃불을 들고 낮은 동굴 천장을 따라서 한참 기어갔을 것이다. 한 프랑스인 삼형제가 동굴 속의 강을 따라서 탐험하는 도중에 놀라운 벽화들을 발견했는데 후에 그들의 아버지가 동굴 이름을 트루아 프레르(3형제라는 뜻이다) 동굴이라고 이름 붙였다.

동굴 입구에서 가장 멀리 떨어진 안쪽에서 고대 화가들의 걸작이 발견되었다. 그곳 천장에서 발견된 벽화는 수천 년 전에 산화아연으로 그려진 것으로, 바로 그런 그림만으로도 당시 현대의 호모 사피엔스가 살았음이 확실히 입증된다. 인간만이 그림을 그릴 수 있으며, 인간만이 의례를 위해서 습기 차고 어두운 동굴의 가장 깊은 곳으로 들어갈 수 있다. 인간만이 죽은 사람을 치장해서 매장한다. 인류의 역사적 조상을 찾는 작업은 곧 이야기꾼과 화가를 찾는 작업이라 할 수 있다.

소위 현대인으로 일컬어지는 인류 무리는 아주 최근에 출현했으므로 생명의 기원을 포함하는 진화의 선상에는 아무런 흔적도 남기지 못했다. 유럽인, 아프리카인, 아메리카 원주민, 베트남인, 에스키모, 그리고 지상의 다른 모든 종족 사이에서 나타나는 차이점들은 언제나 크게 과장되었다. 한 사람이 보통 두 명의 양친, 네 명의 조부모, 여덟 명의 증조부모 등을 가지고, 한 세대는 약 25년의 시간을 가진다. 한 세기 동안 네 세대가 전해질 수 있으므로 약 4만 세대를 거치는 동안 우리에게는 24만 명의 조상이 있었다는 결론을 얻을 수 있다. 그런데 이 수는 지금까지 지상에 존재했던 모든 사람의 수를 합한 것보다 훨씬 많다. 물론 이 수는 인류학자들이 추정하는 100만 년 전의 전 세계 인구보다도 훨씬 많다. 만약 우리 조상이 10000년 전에 생존했다고 가정한다면 이런 계산은 우리 부친 쪽 친척들은 대부분 모친 쪽 친척들과 똑같은 사람들이었다는 결론이 나온다. 따라서 우리가 중국인이든 아프리카인이든 또는 영국인이든, 우리 민족의 조상이나 다른 민족의 조상은 결국 같은 사람들이었음이 분명하다.

현대 인류는 서부 중앙아시아에서 처음 출현해서 보르네오, 오스트레일리아 그리고 동부 유럽 등으로 퍼져나간 것으로 추정된다. 약 3만 5000년 전에는 서부 유럽에 이르렀고, 약 3만 2000년 전에는 시베리아 동부의 레나 분지와 아프리카의 자이르까지 이르렀다. 계속해서 2만 7000년 전에는 아메리카 북서부 지방까지 진출했고, 약 19000년 전에는 아메리카 원주민이 펜실베이니아 주에 정착했고, 또 다른 무리의 원주민은 약 10500년 전에 남아메리카 전역으로 퍼져나갔다.

현대인은 약 1,500입방센티미터의 두뇌용적, 부족 중심주의, 시적인 재능, 손재주의 교묘함 등 다양한 공통점을 지닌다. 따라서 인종 간에 나타나는 차이점은 현대인과 오스트랄로피테쿠스 아파렌시스 또는 현대인과 호모 에렉투스의 차이에 비하면 정말로 아무것도 아니다. 그런데 플라이스토세의 원인들에서부터 현대의 우리에게 이르는 연속성은 화석에서 그 윤곽을 찾아볼 수 있다. 우리는 턱뼈, 부서진 두개골, 석기, 현란한 벽화 등을 연구함으로써 인류 역사를 과학적으로 재구성한다. 인류의 진화는 다윈 진화론의 전형적인 예로 설명할 수 있다. 다른 모든 생물종에서와 마찬가지로 인간 집단의 변화 역시 긴 시간에 걸쳐서 선택 압력에 반응하는 형태로 나타난다. 곤충, 과일, 나무열매 등을 먹었던 영장류에서부터 끝이 날카로운 창과 손도끼를 만들어서 커다란 짐승을 쫓던 수렵인에 이르기까지의 변화는 밝혀질 수 있다. 그러나 더 많은 증거를 수집하면 할수록 야행성의 작은 포유동물들에서 직립의 호미니드로 변화하는 과정 중에서 어떤 뚜렷한 구분을 정하는 것은 생각만큼 쉽지 않다. 땅 위를 달렸던 마이오세의 작은 원숭이에서 플라이오세의 오스트랄로피테신으로, 호모 에렉투스로, 호모 사피엔스 네안데르탈렌시스로, 그리고 호모 사피엔스 사피엔스로 진화하는 과정에 연속성이 존재한다는 사실은 의심의 여지가 없다.

(현재 우리가 살고 있는 간빙기 바로 앞 간빙기인) 리스/부름기 간빙기에 살았던 호미니드가 남긴 화석 유물은 상당히 풍부하다. 그 기이한 남녀들의 화석은 서아시아, 동남 아시아, 잠비아, 중국 등지에서 발견되기도 하지만 특히 유럽 지역에서 많이 발견되었다. 그 중에서도 이 사람들의 '지역성'을 뚜렷하게 인식할 수 있는 장소로 가장 먼저 발굴된 곳은 독일 뒤셀도르프 근처의 네안데르탈 계곡이다. 이 이름은 17세기의 작곡가 요하임 네안더의 이름을 따서 붙였다.

네안데르탈인은 두개골 크기로 명확히 구분된다. 이제까지 발견된 두개골의 평균 두뇌용적은 현대인보다 크다. 턱이 거의 발달하지 않았고 두개골 아래쪽이 앞으로 크게 돌출했다. 손은 짧고 억셌으며 주먹힘도 엄청났을 것이다. 생김새가 어떠했든 그들은 분명 인간이었다. 또한 화가이자 시인이었고 죽은 사람을 매장하는 풍습이 있었다.

네안데르탈인은 약 3만 5000년 전에 이르러 새로운 인류와 대치되었다. 이 새로운 인류는 신체적으로 현대인과 매우 비슷해서 행여 그들이 지금 뉴욕시 지하철역에 나타난다 해도 아무도 관심을 갖지 않을 것이다. 네안데르탈인은 아마도 자손을 남기지 못하고 멸망했는지도 모른다. 어떤 사람들은 네안데르탈인이 점진적으로 현대인인 크로마뇽인(호모 사피엔스 사피엔스)이 되었다고 믿기도 한다. 또 어떤 사람들은 크로마뇽인이 네안데르탈인과의 투쟁에서 이긴 결과 혼혈 자손들이 생겨서 현대인이 되었다고 추측하기도 한다. 또 어떤 사람들은 네안데르탈인이 현대인과 그다지 특별한 차이가 없어서 직접 현대인이 된 것이라고 상상한다. 그들의 높은 눈두덩과 견고한 턱, 구부정한 자세, 짧은 사지 등은 약간의 호르몬 차이 때문인 것으로 보인다.

네안데르탈인의 작은 키, 원통형 사지, 짧은 팔 등은 1830년대 다윈이 비글호 항해 당시 직접 관찰한 적이 있고, 로버트 피츠로이 선장이 스케치했던 남아메리카 대륙 최남단의 티에라델푸에고 섬 원주민Fuegians의 특징과 상당히 비슷하다. 따라서 그들의 신체적 형태를 가지고 고대 인류의 한 '인종'으로 간주할 수도 있다. 네안데르탈인과 크로마뇽인 사이에서 나타났던 혼혈종은 극단적인 네안데르탈인 형상을 좀 더 친근한 형태로 바꿔놓았다. 만약 루시에게 옷을 입히고 얼굴을 조금 가려놓는다면 그녀는 뉴욕 시가를 헤매는 작은 몸집의 가련한 할머니 같을 것이다. 호모 하빌리스는 심한 관절염을 앓은 환자에 비할 수 있고, 호모 에렉투스는 경미한 곱사등이에 비유할 수 있다. 그러나 네안데르탈인과 크로마뇽인은 모든 실제적인 관점에서 현대의 우리와 동일하다. 최근세인 플라이스토세 인류에 대한 논의를 끝마치면서 다음과 같은 질문을 던질 필요가 있다. 만약 인류가 동굴 벽에 그림을 그리며 조형물을 고안하면서 3만 년의 긴 세월을 지내왔다면, 호모 사피엔스 사피엔스가 다른 종류가 되기까지는 시간이 얼마나 걸릴까? 미래의 자손이 우리를 그들의 선조 인류로 간주하게 되는 시기는 과연 언제쯤일까?

물론 위의 질문에 대한 명쾌한 해답은 없다. 해양성 무척추동물의 화석을 연구하는 고생물학자나 어류, 양서류, 파충류, 조류, 포유류 등의 화석을 연구하는 고생물학자들은 대부분 명백히 인정할 수 있는 화석 기록을 남기는 척추동물의 종은 약 100만 년 정도 살아남는다는 결론에 동의한다. 무척추동물은 존속 기간이 비교적 길어서 약 1100만 년 정도 갈 수 있을 것이다. 척추동물의 한 종으로서 인간, 즉 호모 사피엔스 사피엔스는 이제까지 적어도 약 10만 년의 역사를 기록했다고 추정된다. 따라서 우리 인간은 앞으로 수십만 년 이상 더 존속할 거라고 기대할 수도 있다.

아니, 어쩌면 인류는 영원히 존속할 거라고 믿을 수도 있다. 그러나 인류가 진화 과정을 따르지 않을 것이라는 개념은 마치 산타클로스의 존재를 믿는 것처럼 비이성적인 발상이다. 인류가 앞으로 100만 년 또는 그보다 조금 더 긴 시간 안에 멸종하거나, 하나 또는 둘 이상의 후손 종으로 대체될 것이라는 견해는 지극히 타당하다.

우리가 현재까지 축적했던 생물종에 관한 모든 지식에 근거할 때 우리의 이 견해는 충분히 예견 가능한 기대이다.

우리 선조들은 문명을 이룰 수 있었던 특별한 재능을 지니고 태고시대부터 시작된 미생물 세계에 안착했다. 미생물우주는 오래전 물속 박테리아의 저층에서 육상으로 확산하여 거대생물우주의 기묘한 구성원으로 변신했다. 최초의 인류는 구세계의 명백한 발원지, 즉 열대 아프리카의 에덴동산에서 전 세계로 퍼져나갔다. 인원은 약 50만 년 전에 호모 에렉투스와 호모 하빌리스로 진화했으며, 그들의 후손인 호모 사피엔스는 약 5만 년 전에 수가 크게 불어나서 중앙아시아로부터 전파되었다. 우리 선조들은 따뜻한 의복과 거주지를 갖췄으며 공동체 속에서 함께 생각하고 일할 수 있는 능력을 지님으로써 수가 급속히 증가했다. 그들은 농사를 지을 줄도, 적을 제압할 줄도 알았고, 그런 기술을 가르칠 수도 있었다. 그들은 점진적으로 강건해지고 사회적 동물로 발전했다. 그들은 자손에게 정보를 전달하는 것을 엄숙한 의식으로 신성시했고, 그림 그리기, 대화술, 주술, 글씨 쓰기, 종교, 논리술 등 추상적 상징체계를 동원해서 정보 전달을 더욱 원활히 할 수 있었다. 그리하여 약 2600년 전에 과학이 태동했는데, 그리스의 탈레스 시대가 그 효시이다.

지상에 출현한 인류는 맹렬히 자신의 생활 영역을 확장했다. 그들은 거친 뉴잉글랜드 해안에 도착했고, 황량한 아라비아 사막으로 이주했고, 또 배를 젓고 절벽을 기어올라서 스칸디나비아 지방 피오르 대지에 도착했다. 그들은 통나무배를 저어서 태평양의 절해고도를 탐험했고 마침내 극지의 빙원도 정복했다. 종족 번식에 성공한 인류가 지구 각처에서 생활하게 된 것이다. 하지만 인류의 상상력, 끈기, 계획성, 언어 등을 제쳐놓는다면 호모 사피엔스 사피엔스로서 특별히 위대하다거나 특출하다는 점은 찾아보기 힘들다. 인류는 스스로 이룬 모든 업적과 특별한 개성에도 불구하고 일종의 허약한 포유동물로서, 과거 수십억 년에 걸친 미생물적 조합의 결과로 만들어진 한 존재에 불과하다. 우리는 미토콘드리아 호흡으로 산소를 사용해서 에너지를 얻으며, 변형된 이동 시스템을 활용해서 외부에서 입력되는 정보를 처리하는 등 근본적으로는 다른 동물들과 지극히 비슷하다. 우리는 나무에서 떨어져서 직립하게 된 한 희귀한 생물종이 라스코 동굴의 장엄한 벽화를 창조한 것이라고 자만할지도 모른다. 하지만 이런 자만은 영웅 숭배적 또는 인간 중심적 사고에 불과하다. 우리는 그 자만을 이해할 수는 있다. 그러나 똑같은 사실을 다르게 바라보는 것이 더 객관적이리라. 산소를 호흡하는 미토콘드리아와 자신의 세포를 분리할 수 있는 스피로헤타적 변형물로서의 미생물우주는 현란한 동굴벽화를 완성하고, 마침내 1969년에는 달 표면에도(비록 짧은 기간이나마) 안착할 수 있었다고 말이다.

태곳적 미생물 세계의 외계를 향한 진출은 이미 시작되었다. 그러나 이것이 곧 인류가 어떤 특출한 종류의 생물종임을 의미하지는 않는다. 아니, 어떤 과학자들은 현대의 놀라운 인구폭발을 '말기적 현상'으로 믿는다. 그들은 우리의 현재 상황을 공연 폐막 직전에 펼쳐지는 절정에 비교해서 '저녁놀 현상sunset phenomenon'이라고도 부른다. 생물학자 A. 메레디스는 화석 기록들에서 생물종의 갑작스러운 출현, 대번성, 급속한 쇠퇴로 이어지는 유형을 얼마든지 찾아볼 수 있다는 점을 들어서 인류의 미래도 그런 선례를 따르지 않을 수 없다고 말한다. 과거의 화석 기록은 피상적으로 관찰되는 생물종의 급격한 대번성이 생물학적 존속의 말기에 나타나는 현상이라는 점을 경고하고 있다. 역사적으로 볼 때 멸망 직전의 종은 놀랄 만큼 급속하게 번식한다. 캄브리아기의 원시 해면동물과 삼엽충, 백악기의 공룡 등은 메레디스가 '퇴화 devolution'라고 일컬은 불행한 운명의 주인공들이다. 찰스 다윈이 지적했듯이, 생물은 무한한 성장을 향한 자신들의 경향성을 유지하기 위해 주위 환경에 적응한다. 만약 그들이 환경에 적응하지 못한다면 그 수가 줄어들다가 결국은 멸망하고 말 것이다. 하지만 메레디스의 논리에 의하면, 생물이 환경에 너무 잘 적응해도 마찬가지로 급속한 번성에 이어서 자원 고갈, 그리고 마침내는 멸망에 이르게 된다.

미생물 세계에서의 퇴화의 예는 배양 접시에서 자라는 박테리아에서 찾아볼 수 있다(배양 접시는 생육하는 미생물을 맨눈으로 관찰할 수 있도록 투명한 유리 접시 속에 투명한 미생물 먹이를 넣은 것이다). 이 접시 속에 미생물을 접종시키면 그들은 한천 배양기(미생물의 먹이를 고체화한 것) 위에서 여러 세대 동안 급격히 번식을 거듭하다가 갑자기 사멸한다. 미생물이 엄청난 번식력으로 빠르게 먹이를 소모하면서 마침내 그 작은 접시의 가장자리까지 이르면 급기야 먹이와 생활공간 부족으로 멸망의 운명을 맞는 것이다. 우리에게 지구는 배양 접시라 할 수 있다. 실제로 인공위성에서 찍은 사진을 컴퓨터로 분석하면 도시 확장이 미생물 집단의 대번식과 매우 유사하다는 것을 알 수 있다. 메레디스의 퇴화이론 관점에서 본다면, 인류의 인구증가가 꼭 진보를 의미하는 것만은 아니라는 사실을 쉽게 알 수 있다.

우리가 다른 생물보다 고등한 존재가 아니라 대등한 존재라는 점을 인정한다면(실제로 우리는 똑같은 태곳적 미생물 조상들에게서 태어난 약간 다른 조합의 한 종족에 불과하다) 우리 자신을 약간 자랑해도 상관없을지도 모른다. 진화는 점점 빨라지고 있다. 태곳적 박테리아의 미생물우주는 현재 역사상 가장 중대한 변화를 진행시키고 있는 것처럼 보인다(비록 그 변화가 현재 인간을 매개로 해서 진행되고 있다고 해서 인간이 앞으로도 계속 그 역할을 주도할 것이라는 보장은 전혀 없겠지만 말이다). 무엇보다도 제2차 세계대전 이래의 기술적 발전은 엄청난 것이었다. 매사추세츠 주 케임브리지(하버드 대학이 있는 도시)의 일반 시스템 이론가 존 플래트는 진화의 가속화 현상을 연구하여 그 모델을 제시했다.[48]

플래트는 현재 지구상의 생물은 지난 40억 년 진화 과정 중에서 가장 중대한 전환점에 놓여 있다고 믿는다. 그는 원시생명 현상과 현대기술을 여러 관점에서 비교했는데 그 결과 매우 인상적인 보고를 했다. 미생물우주는 오늘날의 우리와 마찬가지로 변화 속도가 너무 빨라서 극히 짧은 지질학적 시간 동안에조차 어떻게 변화할지 예상할 수 없었다. 먼저, 진화 그 자체를 살펴보자. 진화에서는 난잡한 성적 교잡으로 얻었던 임의의 돌연변이 효과를 이제는 분자생물학과 DNA 재조합 기술에 의해 계획적으로 만들어낼 수 있게 되었다. 플래트는 이를 가축화와 인공교배에 비길 수 없는 대단한 발전으로 간주해서 생물공학적 발전이 '수천 수백만 년의 진화'를 일순간에 실현했다고 본다.

에너지 전환의 경우, 약 20억 년 전에 광합성이 시작되었고 그 후 약 10억 년 전에 식물이 나타나고, 약 40만 년 전에는 불을 사용하기 시작했으며, 약 1000년 전에 농업으로 식량 생산을 했고, 최근에 와서는 더욱 현대적인 방법으로 광합성의 부산물인 석탄과 석유에서 에너지를 추출했다고 플래트는 추적한다. 그런데 현대에 이르러 생물은 상당히 영리해졌다. 광전지로 태양에서 직접 에너지를 끌어낼 수 있게 되었고, 태양이 에너지를 생산하는 방법을 연구해서 핵분열과 핵융합으로 지상에서 에너지를 생산하기도 한다.

자신을 둘러싸서 보호하고 새로운 서식처를 찾아 이동하는 생물기능의 발전도 역시 연구되었다. 그 발전 과정은 물속에서 생활하던 원시세포들에서 시작되었다. 이들에게서 다세포생물이 출현했는데 그들은 약 6억 년 전에 각질, 외피, 나무껍질 등으로 무장하여 육상으로 진출했다. 인간은 옷과 다른 인조물로 자신을 보호하여 여러 기후 지역으로 이주할 수 있었고, 그 결과 지난 수천 년 동안 모든 대륙에 걸쳐 도시를 건설했고 약 600년 전부터는 서쪽을 향한 탐험(유럽 국가들의 대서양 진출을 의미하며 1492년 콜럼버스의 미대륙 발견이 그 기점이다-옮긴이)에 나설 수 있었다. 점차 복잡해지는 인류의 서식처는 우주, 극지방, 지하세계, 대양을 향한 예비탐사로 절정에 이르렀다. 플래트는 이를 '현대의 변모'라고 불렀다. 인류는 이런 탐사의 도구로 광산의 엘리베이터에서 우주선, 잠수함에 이르기까지 모두 캡슐형 기구를 사용한다. 최근에 이뤄낸 인류 거주지의 가장 극단적인 예는 '제2생물권Biosphere II'으로 불리는 인공 구조물일 것이다. 애리조나 주 오라클에 세워지고 있는 이 구조물은 외부 세계와 물질의 유출입이 차단되고 오직 에너지와 정보의 교환만 허용되는 개방 생태계로 1992년까지 완성될 예정이다(제2생물권 프로젝트는 12,700제곱미터의 면적을 유리덮개로 밀폐해서 외부 세계와 완전히 차단하고 그 안에 원숭이, 지렁이, 벌새 등 3,800종의 동식물과 지구 생태계를 대표하는 열대우림, 해양, 습원, 사바나, 사막 등을 운영했던 대규모 연구사업이다. 제2생물권에는 여덟 명의 사람과 각종 가축도 함께 거주했는데 1991년 9월 26일부터 2년 예정으로 실험이 시작되었다. 실험이 시작된 지 얼마 후부터 각종 생물들의 성장과 번식이 저해되는 현상이 관찰되더니 14개월 후부터는 사람들이 먹을 식량과 산소 부족 현상까지 일어났다. 이후 본격적으로 동식물종의 사멸이 진행되면서 2년이 채 못 되어서 실험 실패를 선언했다-옮긴이). 이 구조물은 지상의 연구 목적뿐만 아니라 미래의 우주선과 우주 정거장을 위한 본보기로 만들었는데, 그 속에서는 인간의 폐기물이 재순환되므로 행성 지구로부터 물질을 얻을 필요가 없도록 고안되었다.

물론 이동 방법도 급속히 발전했다. 약 30억 년 전 원시세포의 표류 이동과 스피로헤타적 추진 이동으로부터 약 3억 년 전에 지느러미, 다리, 날개 등의 근육 이동기관이 생겨났다. 인간 이동의 명확한 방식은 약 5만 년 전 배를 이용함으로써 시작되었고, 약 5000년 전부터는 말과 바퀴 달린 수레로 발전했다. 이런 수단들은 지난 2세기 동안 기차, 자동차, 비행기 등 현대적 수송기관으로 대치되었고, 제2차 세계대전의 종식과 더불어 시작된 현대 기술혁명에 힘입어 제트여객기와 우주왕복선으로 불리는 재사용 로켓도 개발되었다. 도구와 무기도 원시 미생물우주의 화학적 형태들로부터 약 10억 년 전에는 동물의 이빨과 발톱으로, 근세에는 기계류, 총, 화약 등으로, 그리고 현대의 급변기에는 원격조정과 프로그램화가 가능한 원자핵무기로 변화했다.

일단 가공물의 물리적 영역, 즉 생물학적 구조체biological hardware의 범주를 벗어나서 소위 생물학적 정보 처리 조직에 눈을 돌리면 더욱 급속한 발전에 아찔해진다. 그중 한 예로 감지 시스템을 살펴보자.

주자극성 박테리아는 체내에 미소한 자석을 지녀서 북반구에서는 북극을 향해 (좀 더 정확하게는 자북극을 향해), 남반구에서는 남극을 향해 유영하는데, 수십억 년의 생존 역사를 가졌다. 지금으로부터 약 35억 년 전 박테리아는 외부 환경을 감지하고 반응하기 위해 화학 시스템을 발전시켰고, 이는 약 10억 년 전에 이르러 원생생물에서 세포적 영상 처리 시스템으로 다시 발전했다. 적어도 두 종류의 원생생물, 네오디니움과 에리스로디니움은 아마 외부 상황을 감지할 수 있는 눈이 있었을 것이다. 이들은 렌즈와 망막 같은 구조를 단세포 몸속에 지니고 바닷속의 적들을 찾는 데 사용한다. 어떤 동물은 냄새를 맡고, 듣고, 맛을 보고, 전기를 감지하며, 소리반사를 감지하는 등의 기관을 발전시켰는데 약 1억 년 전에는 이런 기관이 모두 완전히 진화했다. 감지 기능은 약 100만 년 전 원시 인류가 언어를 사용하기 시작하면서 빠르게 발전하기 시작했다. 수천 년 전에는 전통적으로 문명의 여명으로 간주되던 문자가 사용되기 시작했고, 현대에는 전화와 라디오로, 또 레이더, 레이저, 텔레비전 등을 포함한 다양한 전파매체의 발달로 매우 빠른 속도로 변화하고 있다.

생물이 마지막으로 시도하는 진화의 가속화가 가장 크게 작용하는 두 영역은 '문제 해결과 저장' 그리고 변화의 메커니즘일 것이다. 이 두 영역은 사실상 중첩되는 부분이기 때문에 함께 묶어서 살펴본다.

문제 해결은 40억 년 전 원핵생물의 돌연변이, 즉 DNA 사슬의 재조합에서 시작되었다. 자연선택은 주위 환경에 가장 효과적으로 대응하는 박테리아와 그들의 후손을 보전함으로써 과도한 열, 가뭄, 자외선 방사 등의 문제에 대한 해결책을 생물계에 축적했다. 이 해결책이란 핵산의 뉴클레오티드 배열과 그 핵산, 즉 RNA와 DNA가 주위의 단백질과 상호작용할 수 있는 능력을 보강하는 것으로 이루어졌다. 5장에서 이야기했듯이 소복제물replicons을 주고받음으로써 긴 사슬구조의 생화학물질에서 아미노산과 뉴클레오티드 염기 배열로 축적될 수 있는 정보의 양이 증대하기 시작했는데, 이는 생명체가 처음 지상에 출현했을 때부터 현재까지 본질적으로 똑같이 진행되고 있다.

약 7억 년 전에 이르러 처음으로 신경조직과 두뇌가 진화되었다. 신경계의 진화는 외부 환경을 인식하고 사고하는 데 요긴한 것으로 단위 생물체의 수준에서 좀 더 신속하게 문제를 해결할 수 있는 수단이 되었다. 새로운 뉴런적 문제 해결 방식은 개체 사멸이라는 다원식 방법이나 유전자 교환에 의하지 않고 오히려 '행동변화behavior modification'라는 수단에 의해 이루어졌다. 행동변화 이론은 심리학자 B. F. 스키너가 주장했다. 그는 환경과 접촉하여 얻은 학습효과와 다양한 행동양식들이 반드시 DNA에 저장되어서 후대로 전해지는 것은 아니라고 지적했다. 대신 그는 그런 정보가 신경세포들 또는 뉴런들 사이에서 선택적 상호작용의 형태로 축적된다고 말했다. 다시 말해서, 세포 집단 또는 신경계가 환경에 직접 반응할 수 있음으로써 좀 더 신속하게 문제가 해결되었다는 것이다(이미 9장에서 살펴보았듯이 신경계는 박테리아식 이동 수단에서 기원한다). 최초 인류에서부터 현대인에 이르기까지 두뇌 용량은 약 3배 증가했는데, 이는 약 100만 년마다 100퍼센트씩 증가한 셈이다.

문제를 획기적으로 해결할 수 있었던 것은 약 2600년 전 그리스의 헬레니즘 문명에서 시작된 과학 덕분이다. 그러나 세상이 어떻게 운행되고 있는지에 관하여 일반적 원리를 밝히려고 했던 노력은 약 5만 년 전 호모 사피엔스 사피엔스가 최초로 출현하면서부터 시작되었을 것이다. 과학은 자연현상을 탐구하는 하나의 사회적 방법이 되었는데, 자연을 관찰함으로써 자연 법칙이 직관적, 조직적으로 확립되고 이 법칙에 의해서 예언의 형태로 그 정확성이 시험되었다. 그 결과는 수학공식이라든지 문자 기록으로 남겨져서 세대를 넘어 전달될 수 있었다. 과학 활동은 엄격한 자가조절을 통해서 공동의 노력으로 시너지 효과를 꾀하는 일종의 집단의식으로, 문제해결 능력에 있어 각 개인의 두뇌 수준을 훨씬 뛰어넘는다.[49]

과학의 실제적 적용은 연구와 개발인데 이는 원자폭탄 구상, 인류의 달 정복, 소위 '별들의 전쟁'으로 일컬어지는 미국의 레이저 사용 방위체제(즉 SDIStrategic Defense Initiative는 대륙간탄도탄ICBM을 비롯한 소련의 핵미사일을 비행 도중에 격추시키는 방법에 관한 연구 계획으로 1983년 3월 미국 대통령 레이건이 발표했다. 이후 약 10년 동안 총 300억 달러가 투입되었지만 1993년 구소련의 붕괴로 더 이상 SDI의 존재 이유가 없어지면서 새로운 전역 미사일 방위구상TMD으로 변경되어 사업이 추진 중이다-옮긴이)의 추진, 지구 궤도 속에 건설되는, 인공하천과 정원까지 갖춘 우주정류장 계획 등을 의미한다(이들 중 마지막 두 개는 아직 계획하는 단계이다). 플래트는 다음과 같이 언급했다. "오늘날의 새로운 정보관리는 과학, 기술, 전쟁, 은행 업무, 상업, 사회회계(기업회계의 복식부기 방법을 본받아 국민경제를 한 개의 거대 산업으로 보고 몇 개의 계정체계로 묶는 방식. 이에 따라 국민소득의 규모나 구성 내용을 좀 더 쉽게 파악할 수 있다-옮긴이) 기타 수많은 분야에서 우리 일상생활에 중추적인 역할을 담당한다. 이는 우리의 수많은 문제를 해결하기 위한 총체적 사회 신경조직에 비유된다. 현대적 정보관리가 장기적으로 우리의 미래에 미칠 수 있는 중요성은 최초로 신경조직이 진화했던 역사적 사실에 비유할 수 있다." 그는 국민총생산GNP의 1퍼센트 이상을 소모하는 대규모 연구개발 사업을 '진화에서 획기적인 도약'으로 간주하며 그런 도약이 '사고능력 자체의 진화만큼 중요한 것'이라고 지적했다.

진화의 가속화 예를 살펴보노라면 경이로움을 느끼지 않을 수 없다. 태고대의 희미한 심연 속에서 시작된 어떤 현상은 수십억 년의 시간을 지나오면서 그 영역을 확대하고 새로운 도약의 순간을 준비했다. 이제 이 과정들은 서로 중첩, 통합되고 있다. 마치 미생물우주의 공생자들처럼 그들은 재생산되고 재조합됨으로써 각 구성원들의 단순한 결합보다 훨씬 중요한 존재가 되어가고 있다. 그러나 플래트에 의해서 관찰된 진화의 가속화 현상이 좀 더 위대한 진보를 위한 선행 조건인지, 아니면 메레디스가 지적했듯이 퇴화를 향한 최후의 말기적 현상인지를 결정하기 위해서는 조심스럽게 우리의 과거를 돌이켜볼 필요가 있다. 우리는, 인간 존재란 진정 한 과정에 불과하지만 미래의 생명 조직에 포함될 게 분명한 막중한 존재임을 스스로 인식하면서, 위의 두 가지 견해 사이에서 중간쯤 되는 길을 걸어가게 되지 않을까.

마이크로코스모스

13

미래의 초우주

현재 현생누대
기술문명이 미생물우주를 우주 공간으로 확대하다.

The
FUTURE
SUPERCOSM

13
미래의 초우주

마치 성인의 인간성이 오래전 유아기에 이미 형성되는 것처럼 인간의 특성은 과거 단세포 시대에 이미 확립되었다고 할 수 있다. 따라서 진화 역사 속에서 인류의 위치를 이해하기 위해서는 과거를 뒤돌아볼 필요가 있겠다. 식물과 동물은 유핵세포로 구성된다. 비록 우리 몸속의 유핵세포들은 미생물우주의 공생적 박테리아에서 기원한 것이기는 하지만, 어느덧 거대생물우주를 구성하는 생물로 우뚝 섰다. 미래의 지구 생물은 다른 행성들, 또는 심지어 다른 태양계의 행성들에서도 생존할 수 있도록 진화할 것이다. 만약 우리가 계속 생존할 수 있다면 우리는 분명히 변화하여 미래의 '초우주'(지구로부터 태양계로, 그리고 외계로 확장을 계속하는 가상적 미래 생물군)의 구성원이 될 것이다. 미래에는 생활 공간과 사용 자원이 엄청나게 증가하여 생명체로서의 잠재력에 제한을 받지 않을 것이므로 그

때의 초우주는 박테리아에서 진화해 형성된 오늘날의 세계와는 분명 크게 달라질 것이다.

인간은 동물계에서 고등기술을 독점하는 유일한 집단이기 때문에 태양계 내의 전역으로 자신의 생존권을 확대할 수 있는 가장 유망한 후보자이다. 그러나 그렇다고 해서 인류가 외계로 미생물우주를 확장하는 데 궁극의 대리인이 될 것이라고 결론짓기에는 아직 이르다. 다음의 예를 보자. 눈이라는 형태의 시각적 영상 처리 수단이 진화되기까지는 여러 단계의 변화를 거쳐야 했다. 최초의 눈은 원생생물에서 나타났으며 해양성 벌레류, (달팽이와 오징어 따위의) 연체동물, 곤충, 그리고 척추동물 등에서 발전했다. 이와 유사하게 날개는 곤충, 파충류, 조류, 박쥐 등에서 각각 독립적으로 진화했다. 공기 중에서의 이동이라는 동일한 목적을 위해서 유사한 공기역학적 구조물이 만들어진 셈이다. 여러 다른 생물이 가까운 공동 조상을 갖지 않았는데도 비슷한 방향으로 진화해가는 경향을 진화학에서는 '수렴convergence'이라고 한다. 수렴은 여러 종류의 생물이 물속에서 육상으로 퍼지고 또 공기 중으로 생존 공간을 확대했듯이, 외계로 진출할 수 있는 생물종이 오직 한 종에 국한되지 않을 수도 있음을 시사한다. 이와 동시에, 마치 최초의 폐어가 물속에서 나오는 데는 성공했지만 육상동물의 조상으로 진화하는 데는 실패했던 것처럼, 외계를 향한 우리 시도가 그곳에서 영속적인 생존이라는 성공을 거둘 거라는 보장은 어디에도 없다. 여러 고등생물에서 신경조직과 집단행동의 출현은, 만약 인류가 외계 진출에 실패한다면 다른 생물종이 원시의 미생물우주를 외계로 진출시킬 수 있도록 결국 진화할 수 있을 것임을 뜻한다. 만약 인류가 멸망한다면 (또는 마치 폐어처럼 현재에 만족하여 지구에 계속 안주한다면) 생물상은 잠시 동안은 지구에 한정되어 존재할 것이다. 그러나 인류가 진화하기까지 겨우 수백만 년밖에 걸리지 않았음을 기억해야 한다. 심지어 모든 유인원(모든 인류종, 원숭이, 유인원 등을 포함하는)이 함께 멸망한다고 해도 미생물우주는 신경조직이라든지 물건을 잡을 수 있는 팔다리 등을 새롭게 발전시킬 수 있는 기본 자산을 지니고 있으므로 조만간 그런 재능과 기술을 발전시킬 게 틀림없다. 인류라는 존재가 없는 상태에서도 진화를 위한 충분한 시간이 있다면 미국너구리(행동이 민첩하고 매우 영리한 야행성 포유동물)의 후손이 결국에는 우주개발계획을 시작하게 될 것이다. 언젠가는 생물권이 지구라는 요람에서 벗어나서 외계로 확대될 것만큼은 분명하다.

과거의 극심했던 지질학적 사건들이 지상의 모든 생물을 한번도 완전히 멸망시킬 수 없었다는 점은 미생물우주의 기이함을 보여주는 좋은 예이다. 실제로는 마치 대예술가의 개인적 곤경이 걸작을 낳게 한 조건이 되었던 것처럼, 지구 역사에서의 심각한 재난들은 곧 이어서 주요한 진화적 혁명을 낳았다.

지상의 생물은 위협, 손상, 파괴 등의 재해에 직면했을 때 변혁, 번성, 대번식 등의 수단으로 대처한다. 지구 중력장 속에서 필요한 수소를 모두 잃어버렸을 때 원시생물은 역사상 가장 위대했던 진화의 대변혁을 이룩했다. 즉 광합성에서 물H_2O을 사용하는 것이다. 그러나 또한 그 변혁은 산소기체 축적이라는 엄청난 재난을 함께 불러왔다. 당시 지상의 거의 모든 생물은 산소 축적으로 생존을 위협당했다. 그럼에도 불구하고 약 10억 년 전의 '산소 대재난'은 그 산소를 사용해서 이전보다 훨씬 더 효율적으로 생화학적 에너지를 생산해낼 수 있었던 호기성 박테리아를 출현시켰다. 이 박테리아는 공생적이어서 다른 박테리아들과 결합해서 진핵세포를 형성했다. 진핵세포는 다시 다세포생물을 구성하고 그로부터 곰팡이류, 식물, 동물 등 모든 대형 생물이 진화했다. 이제까지 알려진 가장 심각했던 생물 대멸종은 약 2억 4500만 년 전 페름기와 트라이아스기 사이에 일어난 것인데, 그 후에 곧 날카로운 눈과 감지능력이 뛰어난 두뇌를 가진 포유동물이 출현했다. 백악기 대멸종은 약 6600만 년 전에 일어나, 공룡류의 절멸을 불러왔지만 대신 영장류가 출현할 수 있도록 길을 열었다. 영장류는 고도로 발달한 눈과 손이 조화를 이루어 이후 기술시대로 줄달음칠 수 있었다. 제2차 세계대전은 레이더, 핵무기, 전자정보 시대를 열었다. 40여 년 전 히로시마와 나가사키에서의 대재난은 일본의 산업과 문화를 궤멸했지만 부지불식간에 새로운 세계로의 길을 열어서 일본은 떠오르는 태양에 비견되는 정보왕국을 건설하고 있다.

  매번 대재난이 있을 때마다 생물권은 한 발짝 뒤로 물러섰다가 다시 두 발짝 앞으로 전진하는 것처럼 보인다. 앞으로의 두 발짝은 본래의 문제 영역을 뛰어넘어서 새로운 진화의 길로 들어서는 것을 의미한다. 이렇게 문제를 해결할 뿐만 아니라 그 도전을 뛰어넘는다는 사실은 생물권이 특출한 불굴의 능력이 있어서 대재난을 딛고 일어서서 새로이 시작할 수 있음을 확신시켜준다. 만약 북반구에서 핵전쟁이 발발한다면 수억, 수천만 명의 사람들이 살상될 것이다. 그렇지만 그것이 곧 지상의 모든 생물의 종말을 의미하는 것은 아니다. 냉혹하게 들릴지도 모르지만, 인류가 겪는 아마겟돈은 생물권으로 하여금 비교적 덜 자기 중심적인 생물을 탄생시키는 기회를 줄지도 모른다. 그때 탄생하는 생물은, 마치 우리가 중생대의 공룡과 다르게 진화한 것처럼, 물질, 생명, 사고의 전 영역에 걸쳐 진화함으로써 현재의 우리와는 매우 다른 구조와 조직을 가지게 될 것이다. 미래의 생물이 우리를 볼 때는 마치 우리가 이구아나를 바라보듯 특이하게 생각할 것이다.

말할 필요도 없이 위와 같은 견해는 단지 우리에게 형이상학적 위안을 줄 뿐이다. 인간에게 치명적인 피해를 주는 원자무기의 직접적 영향을 제외해도 겨우 10마이크로그램(즉 1그램의 100만 분의 10)의 방사성 낙진(원자폭탄의 폭발과 함께 성층권으로 들어가서 바람에 떠다니다가 마침내 지상에 내려앉는다)이면 한 인간을 죽이기에 충분하다. 현재 추정에 의하면 미국과 소련이 보유하고 있는 핵탄두는 1기당 10,000메가톤의 위력을 지닌다고 한다. 작고한 발명가 벅민스터 풀러는 뉴욕 시 쉐라톤 호텔의 대연회실 바닥에 초대형 세계지도를 펼쳐놓고 핵전쟁의 결과를 설명했다. 그는 5,000개의 핵폭탄이 무작위적으로 전 지구에 퍼져서 폭발한다면 거의 모든 인구 집중지가 파괴될 거라고 예상했다. (미래의 무기 비축량과 대비할 필요도 없이) 현재의 핵무기 비축량만을 따져서 전면전 발생을 생각한다면 성층권의 오존층이 30~60퍼센트 파괴될 것으로 추정된다. 도시 화재에서 발생하는 먼지와 연기는 대기권으로 이동하여 전 지구를 뒤덮게 되는데, 처음에는 대화재 때문에 그 영향이 상대적으로 적을 수도 있지만 결국은 전 세계에 걸쳐 기온의 급격한 저하를 가져올 것이다. 방사선은 인간의 면역체계에 명백한 피해를 주기 때문에 AIDS와 같은 질병이 전 세계적으로 만연할지도 모른다. 그러나 이와 같이 심각한 상황에도 불구하고 우리는 핵전쟁이 미생물우주의 전반적인 상태와 안정성에 크게 영향을 미칠 거라고 생각하지 않는다. 방사능 증가에 의해 돌연변이가 많이 나타날 것으로 예상되기는 하지만, 자연에는 진화 과정을 주도할 만큼 방사능에 강한 돌연변이가 풍부히 존재하기 때문에 전체 생물권의 미생물적 진화에는 직접적인 영향이 없을 것이다. 방사능에 강한 돌연변이의 예로 마이크로코커스 라디오듀란스Micrococcus radiodurans 종을 들 수 있는데, 이 미생물은 핵발전소의 원자로를 식히기 위해서 사용되는 냉각수 속에서 발견되었다. 오존층 파괴는 막대한 양의 자외선을 지표면에 닿게 하겠지만 역시 미생물 집단을 멸망시키기는 어려울 것이다. 실제로는 자외선 증가가 미생물 유전자의 교류를 촉진할 수 있으므로 미생물우주가 더욱 번성할지도 모른다.

시오도어 스터전이 쓴 공상과학 소설 《미생물우주의 신Microcosmic God》에서는 다음과 같은 이야기가 전개된다.[50] 한 우수한 과학자가 "미래 운명에 대해 불안을 느낀 나머지 방관할 수만은 없다고 생각해서" 자신을 대신할 수 있는 생물체를 실험실에서 창조한다. 그런데 네오테릭(그리스어로 현대인을 의미-옮긴이)이라는 이 새로운 생물은 세대generation time가 상당히 짧아서 미생물에서부터 사회적 동물,

그리고 궁극적으로는 지적 생물체로 빠른 진화의 단계를 거친다. 그를 창조한 과학자가 네오테릭들에게 혹독한 환경을 제공하면서 그들은 점점 더 빠르게 진화를 거듭한다. 그래서 마침내 자신들을 위한 조직체를 구성하게 되고 스스로 개발한 방법으로 자신의 창조자와 의견을 교환할 수도 있게 된다. 과학자는 마지막 과제를 시험하는데 그 시험에서도 네오테릭들은 자신을 보전하는 데 성공했다.

과학자는 아주 적은 양의 산화알루미늄과 다른 화합물들을 네오테릭들이 살고 있는 용기 속에 넣어주었다. 이 왜소한 생물은 이를 변화시켜서 순수한 금속 막대기로 만들었다. 이런 변환 능력은 결국 이 생물이 자신을 둘러싸고 있던 용기를 부수고 외부세계로 진출할 수 있게 했다. 이 소설의 끝부분에서 그들은 도저히 파괴할 수 없는 미지의 물질로 방벽을 만들어서 자신들을 외부 세계와 격리하고 심지어는 자신들의 창조자와도 교신을 거절한다.

위의 이야기는 현대 인류의 곤경을 은유적으로 표현하고 있다. 진화하는 과정에서의 곤경과 대응은 지금까지 우리가 살펴보았던 것처럼 매번 이상하고 경이로운 생물을 형성했다. 우리 인류의 조상, 즉 열대 원숭이가 직면했던 빙하시대의 추위는 결과적으로 인간의 지성을 예리하게 만들었다. 그렇지만 지금도 증가하기만 하는 대량살상무기 개발은 우리 인간의 지성을 결국 '스스로 한계self-limited'에 직면하게 할 것이다. 점점 더 가속되는 무기 생산 경쟁(언젠가는 무기 생산자 그 자신마저도 파괴해버릴 수 있다)은 생물권 역사에서 낯설지 않은, 지금껏 일어났던 일의 한 예라 할 수 있다.

생물권 전역에서의 진화 가속화, 그리고 특별히 우리 인간에서의 문화적 진화 가속화는 미래의 진화적 변혁이 어떻게 진행될 것인지를 예상할 수 없게 한다. 더욱이 이것을 장기적으로 예측하는 것은 대단히 어렵다. 만약 우리가 지금까지의 경향을 단순히 연장해서 미래를 생각해본다면 그것은 미래의 것이 아니라 단지 현재의 과장에 불과하다. 다음의 예를 보자. 전화가 처음 발명되었을 때 사람들은 머지않아 모든 도시와 마을에 전화가 생길 거라고 예언했다. 마찬가지로 헬리콥터가 발명되자 어떤 사람들은 곧 도시 근교의 모든 집 마당에 헬리콥터 착륙장을 설치할 수 있을 거라고 예상했다(과연 그러한가?). 충분한 문헌조사 결과를 인용하고 풍부한 수학 방정식을 추가해서 저명한 과학잡지에 논문을 제출하는 존경받는 과학자들도 한때는 달 표면에 상업적으로 개발 가능한 양의 석유가 있다고 예언했다. 또 그들은 화성 표면이 지의류로 뒤덮여 있어서 여름에는 북반구 거의 전역이 녹색을 띠게 될 거라고도 했다. 어떤 과학자들은 달 표면에 먼지가 너무 두껍게 쌓여 있어서 우주선 착륙이 불가능하다고 주장했다. 이 같은 전철을 밟지 않기 위해 우리는 우리의 미래에 관한 개인적 견해를 밝히기보다는 과거의 긴 역사 속에서 얻은 사실을 바탕으로 미래의 가능성을 논의해야 한다.

인류가 단기간에 기술혁명 시대를 넘어서면 생물종의 장기적 경향(멸종, 확대, 공생이라는 일반적 법칙)이 명백하게 적용될 것이다. 인간, 즉 호모 사피엔스는 핵전쟁을 경험하든 못하든 결국은 멸망할 것이다. 인류는 어룡, 씨앗고사리, 오스트랄로피테신들처럼 아무런 후손도 남기지 못하고 지구 역사의 한 페이지로 사라지거나, 또는 해면동물의 선조였던 동정편모류choanomastigotes나 우리 선조인 호모 에렉투스처럼 특징이 뚜렷한 새로운 종으로 진화할 것이다.

우리 후손의 진화와 상관없이 생물이 지구에서 생존을 계속한다면 언젠가는 시들어버릴 것이다. 천문학계의 추정에 의하면 태양의 생존 주기는 약 100억 년 정도라고 한다. 태양이 연료로서 자신의 수소기체를 모두 소모해버리면 그보다 무거운 헬륨 같은 원자를 분열시키는 핵반응이 뒤따르게 될 것이다. 이 시기에 이르면 태양은 적색거성red giant이 되어 일찍이 볼 수 없었던 막대한 양의 에너지를 방출하게 된다. 죽어가는 태양이 엄청난 열에너지를 방출하면 지구의 대양은 증발하고 대기권은 파괴되며 지표면의 화강암과 현무암 바위들은 다 녹아버릴 것이다. 이 단계에 이르면 우리 태양은 자신이 가진 연료를 모두 소모한다. 그 후 마지막 단계로 태양은 중력에 의해서 수백 분의 1의 크기로 축소되어 백색왜성white dwarf이 되고, 결국 흑색왜성black dwarf이 되어 광대한 우주 속에 작은 한 점으로 남는다.

그러면 이런 자연의 핵 재난은 지구 생물의 종말을 초래할 것인가? 또는 그럼에도 불구하고 신비한 분자인 DNA와 인간 종족은 그 형태가 어떻게 변화하든 살아남을 수 있을 것인가? 우리의 특출한 미생물우주는 한 평범한 별에서 평범한 대번성을 끝마치고 말 것인가? 만약 파국 외의 다른 대안이 존재한다면 그것은 과학적인 근거가 있는 것일까?

시들어가면서 꺼져가는 태양의 최후 불꽃에 의해 지구가 누렇게 마르고 대양이 수증기로 변할 때, 살아남을 수 있는 유일한 생물은 행성 지구를 벗어나서 생활하는 (또는 어떤 수단에 의해서 자신을 보호할 수 있는) 생물종들밖에 없을 것이다. 오늘날 남극 대륙과 사하라 사막에서 생존하는 생물은 지상의 생물 중에서 가장 극단적인 것이라 할 수 있다. 그러나 그들이 살아남을 수 있는 것은 지구 도처에서 다른 생물이 물과 공기와 영양물질을 생산하면서 생활하고 있기 때문이다. 인간의 예를 들어보면, 미국의 마천루와 지하철은 독립적으로 이룩된 것이 아니라 노력하는 영장류 문명의 산물, 즉 미국 중서부의 농장에서 생산된 식량에 의존하고 로스앤젤레스에서 뉴욕까지 컴퓨터 통신망에 의존하여 번영하는 미국 문화의 산물이다. 오직 오랜 시간과 창조의 산고 이후에야 비로소 생물종은 따뜻하고 수분이 많은 체내와 춥고 건조한 체외라는 환경 차이를 극복하고 번성할 수 있었다. 독자 여러분도 바로 그런 한 예라고 할 수 있다. 여러분의 몸 내부는 태고대 열대 해안 지방의 조건과 비슷하지, 우리 인류가 의복과 주택을 고안해서 최근에야 안주할 수 있었던 북반구 온대 지방의 조건과는 전혀 닮지 않았다. 우리는 기름 난방과 관엽 열대식물, 후끈후끈한 사우나 사용을 즐김으로써 언제나 자신의 영원한 본향, 즉 아프리카 관목 숲을 곁에 두고 있다.

    인류가 재현시킨 본래의 열대 환경은, 열대식물 화분으로 장식된 시카고 고층 빌딩 회의실에서부터 바다표범의 지방을 연료로 사용하고 털가죽으로 추위를 견뎌내는 캐나다 북서 지방 에스키모의 이글루에 이르기까지 도처에서 발견된다. 호모 사피엔스의 본향이(초기 원시세포의 고향과 마찬가지로) 열대 지방이기에, 대서양 중앙부를 항해하는 호화 여객선은 언제나 자연을 즐기는 관광객으로 성황을 이룬다. 원시세포의 박테리아 후손들이 인류의 거주지 속으로 침입하면서 심지어는 (인간을 따라서) 달을 정복하기도 했다. 박테리아는 우주선의 내부, 즉 우주인들의 의복과 몸에 붙어서 분열을 계속할 수 있었는데, 이것은 복잡 미묘한 생물체가 우주 속에서 생존하기 위해서 어떻게 자신의 환경을 변화시켜야 하는지에 대한 어렴풋한 암시이다. 인류는 에덴동산에서 쫓겨남으로써 종으로서의 경험을 축적할 수 있었다. 그런데 그런 경험의 축적은 이전에는 단지 유전자 교환으로만 가능했는데 인류는 문명이라는 수단으로 그것을 실행했다. 그런데 아이러니하게도 모든 비유전자적 지성의 최종 성과는 유전자를 정확하게 보전하는 것이다. 지금은 지성을 생존의 가장 주된 양식으로 여긴다. 만약 태양이 사라진 뒤에도 지상의 생물이 계속 생명을 유지하려면 미생물 집단을 좀 더 안전한 지역으로 이주시켜야만 할 것이다. 그러면 생물권은 특출한 자가보전적 물질, 즉 DNA를 지구 궤도에 올려놓는 책임을 통감하여 외계로의 진출을 시도할까?

아마 시도할 것이다. 진화 역사에는 환경의 제한을 초월했던 예가 얼마든지 있고, 결국 우리도 똑같은 박테리아적 유희를 반복하는 것에 불과하다. 박테리아는 우리가 춥고 살벌한 스칸디나비아 지방의 겨울에 적응하기를 꺼리는 것만큼이나, 춥고 건조하며 황량한 달 표면에 적응하기를 꺼리는 듯하다. 차라리 우리와, 또 진화학적으로 우리 몸체를 구성하고 있다고 할 수 있는 박테리아가 모두 전혀 다른 환경에 적응했다고 하기보다는 그런 환경을 자신의 필요에 따라서 변화시키는 데 성공적이었다고 하겠다. 우리는 지구 생물의 거주 영역을 확대하는 데 일익을 담당할 수 있다. 우리는 우주 여행을 위한 에너지 사용 비용이 얼마나 되든지 관계없이 우리의 태곳적 환경을 우리와 함께 동행시키거나 또는 그런 환경을 우주에서 새롭게 창조할 것이다. 우리는 아마 우리 선조의 서식처를 미래의 새 주거지로 옮겨놓을 것이다. 과거 거주지를 새로운 환경 속으로 옮겨놓는다는 것은 보전의 강력한 수단이며 또 변화에 대한 뿌리 깊은 거부를 의미한다. 어떤 점에서 이는 현상유지를 위해서라는 전제 아래 변화에 동의하는 것이라고 말할 수 있다. 보전을 위한 편집증은 태양의 대폭발에서부터 미래 생물을 구출하는 데 꼭 필요한 요건일지도 모른다. 행성 지구의 생명을 유지하는 유일한 방법은 외계로의 이주이며, 그것이 곧 생물권의 궁극적인 운명이라고 할 수 있다. 비록 행성 지구의 궁극적인 운명이 '분열'이라 해도 미생물우주는 안전하게 보호될 수 있으리라.

우리는 지구 생물의 거주 영역이 점차 확대되고 있음을 이미 눈치채고 있다. 인구, 산업, 대학, 도시 근교가 모두 빠르게 팽창하고 있다. 그러나 그 어느 것도 심각한 자원 결핍과 환경 훼손을 야기하지 않으면서 무한정 확대될 수는 없다. 자연선택이 스피로헤타에게서 일어나든 거미원숭이에게서 일어나든 단지 번식 속도가 다를 뿐인데, 우리는 두려움이 느껴진다. 생물 집단의 증가는 선악의 감정을 떠나서 존재한다. 생물종은 이용 가능한 공간, 식량, 물의 규모에 반응하여 성장한다. 만약 생물 개체가 너무 많아지면 그 종은 멸망하거나 자신을 변화시키게 된다.

만약 생물이 자신을 변화시킨다면 그것은 공간, 탄소, 에너지, 물 등을 생산할 수 있는 새로운 방법을 발견한 것이며, 이는 다시 새로운 부산물을 형성한다는 것을 의미한다. 그런데 새로운 부산물 축적이 점차 증가하면 부산물을 생산했던 바로 그 생물이 부산물 때문에 시험에 놓이게 된다. 생물체는 자신이 문제를 만들고 해결책을 발견하는 중심적 존재이다. 그런 부산물 오염의 예를 미래 사회에서 살펴보자. 미래 사회에서는 자원 획득 프로그램의 하나로 태양계 바깥쪽을 도는 행성들에서 자원을 채취하고 가공하는 것이 가능할 것이다. 그런데 이런 가공 과정에서 역시 부산물이 배출될 것이며 그것들은 결국 지구에 도착할 것이다. 지구에서는 마치 태고시대의 미생물우주가 잉여산소 문제를 현명하게 해결했던 것처럼 그런 부산물들을 사용할 수 있거나 또는 적어도 부산물들에 의해서 피해를 입지 않는 새로운 생물종이 출현해서 문제를 해결할 것이다. 결국 이것은 지구에서부터 토성 위성들까지 수억 마일에 걸쳐서 실제적인 동반자 관계가 성립되는 것일 수도 있다.

우리가 미래 생물의 잠재력을 추상적으로나마 이해하기 위해서는 과거 생물을 면밀하게 살펴보는 작업이 꼭 필요하다. 인류의 놀라운 진화를, 우리 몸의 세포를 구성하고 있고 우리의 식량이 되는 동식물들의 세포를 구성하는 미생물 선조, 즉 박테리아의 진화 과정과 분리하여 생각할 수 없을 것이다. 수천만 년에 걸친 공진화를 통해서 양쪽 동반자들은 유전적으로 변했다. 선조에게서 물려받은 편리한 동반자 관계는 새로운 단백질 또는 새로운 발생학적 유형이 나타날 때마다 함께 공진화했다. 궁극적으로 동반자들은 서로 상대방에게 전적으로 의존하도록 바뀌었으므로 이제 그들을 각각 별개의 존재로 생각하는 것은 타당하지 않다. 옥수수는 농업에서 지난 몇천 년 동안 인간이 생존하는 기간 중에 만들어진 공진화의 명백한 예이다. 현대의 옥수수는 잔디 같은 식물에서 진화한 것이지만 그들과는 달리 이제 스스로는 번식할 수 없게 되었다. 옥수수 껍질이 너무 두꺼워졌기 때문에 반드시 사람이 손으로 그것을 제거해주어야만 다음 세대로 번식할 수 있다. 따라서 옥수수의 번식은 이제 인류와 직접 관계되어 있으며 우리 도움이 없으면 그 일생을 끝마칠 수 없게 되었다. 한때 멕시코의 고원 지대에서 눈에 잘 띄지 않지만 스스로 번식할 수 있었던 '테오신트'라는 식물종은 굶주린 인간들에 의해서 선택되어 점점 더 커다란 옥수수 껍질을 갖도록 개량되었다. 옥수수는 이제 완전히 인류라는 존재에 의존해서만 번식할 수 있다.

인구의 급속한 증가는 식량을 생산하는 식물에 전적으로 의존한다. 분명히 미래에도, 우리가 외계로 진출한다고 해도, 우리 식량은 박테리아가 유입되어 만들어진 엽록체 식물에 의존할 것이다. 가장 최근에 나타났던 간빙기 시대에는 구석기 인류 한 사람에게 식량을 제공하기 위해서 약 1,000헥타르의 면적이 필요했다. 그런데 현대 일본의 농부 한 사람을 먹여 살리는 데는 그것의 10,000분의 1 정도의 면적이 필요하다. 따라서 한때 혼슈 지방을 떠돌았던 수렵인 한 사람이 이제 도쿄 근교에서 생활하는 10,000명 시민으로 성장했다고 할 수 있다(표 3). 우리보다 훨씬 앞에 출현했던 미생물우주의 세포들처럼 우리 인류도 식물, 동물, 미생물과 함께 공진화하면서 발

[표 3] **식량 생산의 급속한 증가**

인류 문명	성인 1인의 생존에 필요한 토지 면적	시대
구석기시대 수렵인	1,000헥타르*	3만 5000년 전
신석기시대 경작인	10헥타르	8000년 전
중세시대 농부	0.67헥타르	1000년 전
인도의 농부	0.20헥타르	100년 전
일본의 농부	0.064헥타르	현재

가족 한 사람을 먹여 살리는 데 필요한 토지 면적은 약 3만 5000년 전의 구석기 시대인에서부터 현대의 일본 농부에 이르는 동안 엄청나게 감소했다. 이것은 진화의 가속화가 얼마나 빠른지를 보여주는 또 하나의 예이다.

* 1,000헥타르는 10제곱킬로미터 또는 2.47에이커에 해당한다.

전해야 한다. 궁극적으로 우리는 핵가족이나 대가족 형태, 심지어 민족국가나 초강대국 연방국가들보다도 훨씬 더 치밀하게 결속되고 과학기술에 의존하는 인류 공동체를 이룩하게 될 것이다. 미래 우주시대에 번창할 초우주의 기반이 될 수 있는 작은 씨앗들(육상으로 진출한 모든 척추동물의 시조라 할 수 있는 육질의 지느러미를 가졌던 어류 또는 우리가 원생생물에게서 전수받았던 감수분열적 성이라는 기상천외한 시스템 등에 비견할 수 있는)은 이미 지구상에 그 모습을 나타내고 있다. 그런 씨앗들은 아마도 다양한 형태의 정치적, 경제적, 기술적 조직체들을 포함할 것이다.

진화에서 공생은 규칙이다. 또한 생물체는 언제든지 여러 종의 생물이 모여서 형성되는 총합체이므로 미래의 우주여행은 어떤 단일종 생물이 혼자서 결행하는 것이 아니다. 인간은 지구에서 발전된 생물군을 우주 속으로 전파하는 주 역할을 담당할 수 있는 존재

[표 4] 식량 생산의 급속한 증가

대상물	크기의 단위	예
원자	옹스트롬 Å	수소, 탄소, 질소, 인
분자	옹스트롬	수소기체, 암모니아, 아미노산
거대분자	옹스트롬	RNA, DNA, 단백질
세포소기관	나노미터 nm	세포핵, 리보솜
세포	미크론 μ	박테리아, 적혈구
조직	미크론	연골, 표피 조직
기관	밀리미터 mm	난소, 잎
개체	센티미터 cm	인간, 국화
개체군	미터 m	소 떼, 메뚜기 떼
군집	미터 m, 킬로미터 km	연못, 소택지
생태계	킬로미터	살림, 해안 평야
생물상	수천 킬로미터	생물의 집합
생물권	수천 킬로미터	지구 표면

• 참조

'개체군'은 어떤 지역에 살고 있는 동일종 개체들의 집합을 의미한다. 사회는 각기 다른 직분을 가진 구성원들로 이루어진 개체군이라 할 수 있다.
'군집'은 어떤 지역에 살고 있는 개체군들의 집합이다. 즉 일정한 장소에서 같은 시각에 생존하고 있는 모든 생물을 총칭한다.
'생태계'는 자가충족이 가능한 생물 군집을 의미한다. 즉 군집 내부에서 먹이를 생산하고 노폐물을 처리할 수 있어서 외부로부터 어떠한 물질의 유출입도 중요하지 않게 되는 시스템이다.
'생물상'은 지구에서 생활하는 모든 살아 있는 생물체를 총칭한다.
'생물권'은 생태계가 존재하는 지표면의 지역을 의미하는데, 높은 산의 정상에서부터 심해의 바닥에 이르는 전 지표면이 포함된다.

로서는 적격인 듯 보인다. 인간의 역할은 미토콘드리아가 동식물의 세포 내부에 자리잡고서 산소를 사용함으로써 숙주세포가 육상으로 진출하는 것을 도왔던 것에 비유할 수 있다. 그렇지만 인간이 생물을 외계로 진출시키는 데 기여하기 위해서는 미생물우주의 생물에게 교훈을 얻을 필요가 있겠다. 인간은 다른 동물들과의 적대적 관계를 청산하고 신속하게 협력관계를 수립해야 한다. 그리고 마치 농부가 자신의 닭과 젖소를 정성스럽게 보살피듯이 그렇게 모든 생물을 세심하게 다루어야 한다. 모피를 얻기 위해서 희귀동물을 살상하고, 벽난로의 윗벽을 사슴뿔로 자랑스럽게 장식하며, 취미 삼아서 야생조류를 사냥하고 열대 삼림을 불도저로 깔아뭉개는 그런 일들은 다른 모든 생물을 적대시하는 행위이다. 인류가 그런 일들을 모두 청산할 때에야 비로소 서서히 '초생물'이 형성될 것이다. 과거 원시 수렵인이 짐승을 무차별 포획했던 것과는 달리 오늘날의 시골 농부는 한 번의 축제를 위해서 닭을 잡거나 소를 잡지 않는다. 대신 그것들을 잘 돌보면서 매일 우유와 달걀을 얻는다.

 단 한 번 식량으로 이용하기 위해서 주위 생물을 살상하는 대신 그들이 잘 자라도록 돌봐주면서 그들의 생산물을 이용하는 방법으로의 변화는 종의 성숙을 보여주는 좋은 표지이다. 농업에서 곡식과 채소는 모두 식량으로 사용되지만 그 씨앗은 언제든지 다음 계절을 위해서 저장된다. 이런 전략은 물론 단순한 식물 채취의 관습보다 훨씬 효과적이다. 한때의 게걸스러운 폭식으로부터, 일시적 만족을 얻는 행위로부터 점차 장기적인 공존공생의 길로 전환했던 사례가 미생물우주에 얼마든지 있다. 실제로 이런 전환을 위해서 꼭 특출한 예지나 지성이 필요한 것은 아니다. 생물의 역사를 보면 잔인한 파괴자는 늘 그 자신을 파괴하는 것으로 끝을 맺었다. 그 뒤를 이어 나타난 후계자는 주위 생물과 공생함으로써 비로소 번성할 수 있었다.

우리 세포 속의 미토콘드리아로 발전할 수 있었던 원시 박테리아는 분명 처음에는 다른 세포들에 침입하여 그 세포를 죽이는 잔인한 종류였을 것이다. 그러나 그런 파괴적인 전술은 장기적으로는 도움이 될 수 없었다. 오늘날의 우리는 미토콘드리아에게 생존 장소를 제공하는 대신 에너지를 제공받는 평화적 공존의 살아 있는 예이다. 파괴적인 생물종들은 역사 속에 자주 나타났다가 사라지곤 하지만, 협력관계 그 자체는 시간이 지나면서 증가한다. 인류는 아마존 강 유역의 삼림을 파괴했듯이 자연을 훼손하고 약탈할 수 있다. 그러나 세포의 역사가 우리에게 주는 교훈은 환경 파괴를 오랫동안 방치해서는 안 된다는 것이다. 인류가 육지와 대양의 박테리아 총합체로서 조금이라도 더 오래 생존할 수 있기 위해서는 우리 자신의 관습부터 바꾸어야 한다. 외계로 진출하든 못하든 우리는 우리 자신의 공격적인 습성을 누그러뜨리고 성장을 향한 게걸스러운 욕망을 제한하며, 또한 생물권의 다른 부분과 타협할 수 있어야만 비로소 장기적인 관점에서 생존을 보장받을 수 있다.

비록 우리 자신이 걸어온 길에 대해 알고 있다고 해도 그 지식은 우리가 앞으로 나아갈 길을 밝히는 데 어렴풋한 등불이 될 뿐이다. 그러나 시인 윌리엄 블레이크가 묘사했듯이 "지금 진실이라고 증명된 것도 과거 한때는 상상의 산물에 지나지 않았다." 인류가 호모 사피엔스로부터 어떤 다른 종으로 진화할 것인지에 대해서는 다양한 상상이 가능하다. 인류 진화의 가장 간단한 수단은 돌연변이에 전혀 의지하지 않고 이미 존재하는 유전자들을 성적 재조합으로 달성하는 것이다. 인류는 비록 단일종이지만 인종 간의 차이는 매우 뚜렷하다. 예를 들어, 피그미족 여인은 골반이 너무 작아서 와투시족 남자에게 아기를 낳아주기가 쉽지 않을 것이다. 이런 예는 한 종의 생물에서 나타나는 자연적 변이의 규모를 보여준다. 같은 종 안에서도 공생관계, 행동, 미토콘드리아, 염색체, DNA 등에서의 뉴클레오티드 배열에 의해서 외형적인 차이가 뚜렷해지고 어느 정도 시간이 지나면 서로 간에 교잡이 불가능해지는 것이다.

그런데 이제는 인공수정을 통해서 인위적인 세포융합이 얼마든지 가능하고 또한 간단히 DNA 염기쌍에 수많은 변화를 축적시키는 일도 가능해졌다. 박테리아 유전자의 일부를 이용하는 일은 예사롭게 일어난다. 생물공학의 발달은 '플라스미드'라는 DNA 조각을 박테리아 내부에 삽입해서 재빠르게 복제시킨다. 단백질, 심지어 인간 단백질까지도 만들어낼 수 있는 유전자가 플라스미드 형태로 박테리아 속에서 복제된다. 성행위를 유발하는 화학물질인 페로몬과 인체의 성장 과정을 조절하는 뇌하수체 호르몬들도 박테리아에서 생산되어 나중에 인간이나 동식물에게 사용될 수 있다. 기술 발달이 점점 빨라지면 유전자, 단백질, 호르몬, 기타 생명물질의 모든 것이 다 만들어질 수 있으므로 전적으로 다른 새로운 미생물을 창조할 수도 있다. 실험실에서 새로운 종류의 생물을 개발했다고 해서 특허가 허락된 예는 이미 많다. 발생학과 면역학에 대한 이해가 깊어질수록 더 크고 더 복잡한 생물을 복제물로 만들 수도 있게 되었다. 새로운 종의 생물 또는 전설에 나오는 신화적 괴물도 언젠가는 유전공학자들에 의해서 창조되어 오락용이나 작업용으로 쓰일지도 모른다. 미래의 파우스트 산업(괴테의 소설 이름에서 따왔다. 이윤을 위해서라면 어떤 일이든 하는 기업들을 의미-옮긴이)은 유용한 생물을 자유자재로 창조할 수 있는 기술을 보유해서 분명히 우리를 압도하고 말 것이다.

현대의 기술문명이 인류의 진화 과정에 직접적으로 관여할 수 있을까? 하는 것은 매우 흥미진진한 문제이다. 그런데 이 문제에 접근하기 위해서는 몇 가지 사항들을 조명해봐야 한다. (삼림 훼손과 동식물 교잡 등으로 나타나는) 전통적인 자연선택 분야 외에도 생물공학, 컴퓨터, 로봇공학 등의 역할을 알아봐야 한다. 진화의 가속화 현상을 고려한다면 위의 기술이 어느 한 곳으로 수렴하는 것이 단지 시간문제에 불과함을 알 수 있다. 오랜 지구 역사의 관점에서 본다면, 그 시간은 찰나일 뿐, 어쩌면 우리 생애에 그런 일이 가능할지도 모른다.

컴퓨터 과학은 기술의 역사에서 가장 급속하게 발전하는 분야이다. 컴퓨터 내부의 정보 처리를 담당하는 부분은 진공관에서 트랜지스터로, 그리고 다시 반도체로 불과 30여 년 동안 그 크기가 수천 수만분의 1로 축소되었다. 정보처리 속도는 처음의 초당 20회에서 이제는 수십억 회에 이르렀다. 컴퓨터를 작동시키는 프로그램은 이제는 너무나 정교해져서 그것을 이용하는 사람은 마치 자신이 다른 사람과 교신하고 있다고 착각할 수 있을 정도이다.

지능기계, 즉 컴퓨터는 이미 새로운 의약품의 분자구조를 결정하는 데 일익을 담당한다. 컴퓨터는 자산을 효율적으로 관리하며 어느 누구도 가질 수 없는 방대한 양의 정보를 저장한다. 사무실과 가정에서는 사람이 '종이에 기록하는' 대신 컴퓨터가 '마그네틱 디스크와 테이프에 기록한다.' 우리는 가정용 디스크 라이브러리, TV 화면, 전화, 프린터 등에 연결해서 쓸 수 있는 공공정보 시설의 출현을 기대한다(이 책이 처음 나온 것은 인터넷이 출현하기 전이다-옮긴이). 앞으로는 세계 어느 곳에서든 쉽게 정보에 접근할 수 있으므로 정부는 지방분권적으로 되고 전문가의 지식을 소중히 여기지 않게 될지도 모른다. 또 어쩌면 정보혁명으로 '참여 민주주의'의 새로운 시대가 열릴지도 모른다. 또한 컴퓨터 혁명으로 각 가정이 사회와는 고립되고 새로운 형태의 정치제도와 범죄를 고무시켜 사회가 분열에 빠질 수도 있다.

  컴퓨터 부속품의 가격이 싸지고, 크기가 무한정 축소되고 있기 때문에 컴퓨터화된 기록, 책자, 기타 매개체들이 일상적인 것이 되고 따라서 사회가 변혁될 게 분명하다. 전자사회를 지향해서 더욱 많은 돈이 계속 투자될 것이다. 교육용 기기들이 많이 개발되면서 교육과 학습은 점차 손쉬워질 것이다. '서류 없는 사무실' 시대를 넘어서면 컴퓨터 전문가 크리스토퍼 에반스가 가리키듯 "인쇄문자의 종말 시대"가 도래하리라.[51] 마치 최초로 인쇄된 책이나 필사본들이 현대의 우리에게 터무니없이 비싸고 부피가 커 보이듯이 오늘날의 책들도 미래 사람들에게는 그렇게 여겨질 것이다. 교과서나 값싼 문고판들도 언젠가는 너무 거창한 것으로 생각될 것이다. 지금 여러분 손에 들려 있는 잉크와 종이로 된 책 역시 구텐베르크의 초판본 성경처럼 구식이 될 것이다. 미래 사회의 복잡다단한 속성은 컴퓨터 지능에 의존해서 관리될 것이므로 사회운동, 금전거래, 탐구적 발견 등 모든 것이 컴퓨터 기억장치에 저장될 것이다. 역사적 사실을 영화로 재현하거나 소설로 극화하느니보다는 컴퓨터에 저장된 기록들을 직접 끄집어내어 편집함으로써 역사 연구에 새로운 장이 열릴 것이다. 태고 이래로 생물이 거쳐온 과거를 현재 속에 보전할 수 있는 능력, 즉 기억의 충실성은 기술개발에 힘입어 크게 증진될 것이다. 이런 기억 현상은 영화, 역사 기록, 전자적 수단에 의한 기록, 기타 여러 다른 컴퓨터 기술에 의해서 현재 놀랄 만큼 빨리 발전하고 있다.

　오늘날 수천만 비트의 기록 용량을 가진 실리콘칩은 바늘귀를 통과할 수 있을 정도로 미소하다. 이 경량의 마이크로프로세서(미소한 컴퓨터)는 기계 속에 삽입되어 로봇 두뇌로 이용된다. 로봇은 미래 사회를 위한 막강한 잠재력을 지녔다. 1976년 바이킹 우주선의 로봇 부분은 어느 누구도 할 수 없는 대단한 임무를 수행했다. 바이킹 호가 자외선으로 충만한 화성의 동토면에 안착하자 기계팔이 펼쳐져서 시료를 채취하고 그 붉은 행성의 토양 성분을 분석했다. 어떤 로봇들은 용도가 더욱 다양하고 경제적이다. 여러 개의 손이 있는 금속제 로봇은 자동차 바퀴를 끼우는 데 인간의 솜씨와는 비교가 되지 않는 생산성을 자랑한다. 이제 공장의 조립라인마저도 조립되는 시대가 되었다. 이미 일본에서는 로봇이 다른 로봇의 부품을 생산한다. 현재 생산되는 로봇은 점점 더 인간의 기능을 닮고 있으며 그럼으로써 자동화 공장들이 세계 경제에서 차지하는 비중은 점점 더 커지고 있다.

　컴퓨터와 기계장치가 새로운 로봇공학 분야로 결합되면서 이제

로봇공학과 박테리아가 결합하는 시대가 열리게 되었다. 소위 '생물소자biochips'로 불리는 마이크로프로세서는 실리콘이 아니라 복잡한 유기화합물로 만들어지는 것으로 유기물 컴퓨터라고 할 수 있다. 마치 식물이 자연스럽게 광합성을 수행하듯이 이 합성 유기분자들은 쉽게 자신의 주위와 에너지를 교환할 수 있다. 하지만 그들은 에너지를 물질로 전환하는 대신 정보를 교환한다. 유기물 컴퓨터 개발에 따르는 잠재력은 엄청나다. 그런 '살아 있는' 컴퓨터는 초당 수백만 개의 수소원자를 전달할 수 있으며 고등동물에 이식될 수도 있을 것이다. 이처럼 컴퓨터가 발달한다면 그것들이 활용될 미래 사회를 예상하기가 쉽지 않다. 컴퓨터, 로봇공학, 생물공학 등의 분야에서 정보 전달이 더욱 원활해지면 그 결과는 어떤 형태로 나타날까? 아마도 오늘날 우리가 할 수 있는 예상 중에서 가장 불가능하리라고 생각하는 것이 미래 사회에서는 현실로 나타날지도 모른다.

앞으로 200~300년 안에 호모 사피엔스의 운명은 과연 어떻게 될까? 인류의 장래에 대한 여러 가지 예측들 중에서 생물 활동의 관점에서 다음의 몇 가지를 살펴보자. 앞에서 이야기했듯이, 유핵세포로 이루어진 모든 동식물과 균류는 유전자를 염색체 형태로 결집해두고 있다. 생물종은 여러 수단을 사용해서 진화하는데 여기에는 염색체 재배열, DNA 돌연변이의 축적, 그리고 공생을 통한 생활양식의 변화 등이 포함된다. 유전 가능한 염색체 변이는 뉴클레오티드 염기쌍의 돌연변이보다 진화에 커다란 영향을 미친다. 두 생물종 사이의 공생관계 수립은 전광우 박사의 아메바에서 볼 수 있듯이 불과 수 세대 안에 새로운 종을 탄생시킬 수 있다. 이런 변이 수단들은 인류 집단의 경우에도 틀림없이 적용될 테고 그 어느 것도 그것을 막을 수 없을 것이다. 결국 우리 후손 중 일부는 염색체 돌연변이로 또는 새로운 공생자들을 획득하여 나타날 것이다.

염색체 이상에 의한 돌연변이를 먼저 살펴보자. 미래에는 정상인의 염색체보다 두 배나 많은 염색체를 가진 인류가 나타날지도 모른다. 이런 염색체 구성을 복배수체polyploids라고 하는데 복배수체 사람은 목화, 밀, 카네이션 같은 상업용 식물과 비슷하다고 할 수 있다. 이 상업적 재배식물들은 모두 복배수체이다. 복배수체 사람은 분명 정상의 이배수체 사람보다 몸집이 더 클 것이다. 그들은 중력이 작은 달 표면 같은 환경에서 정상인들보다 잘 적응할 수 있을지도 모른다.

대부분의 경우에 잉여 염색체를 가진 배수체 포유동물은 생존이 불가능하다. 그러나 세포가 핵분열할 때 나타났던 갑작스러운 염색체 변화는 여러 가지 새로운 포유동물 종을 만들었다. 세포핵 분열은 세포가 유사분열할 때 염색체가 동원체에서 갈라지는 과정을 말한다. 신생대에 출현했던 많은 포유동물 종들은 그 선조들에 비해서 반수 염색체만을 가졌는데, 동원체에서 둘로 나뉘게 된 것은 이 때문이다. 〈육식동물 유전학회보Carnivore Genetics Newsletter〉의 발행인 닐 토드와 그의 지지자들은 세포핵 분열이 늑대에서 개로, 산돼지에서 집돼지로, 심지어는 야생 원숭이 조상에서 인간으로 진화하는 데까지 관여했다고 믿고 있다. 원칙적으로 근친상간과 함께 세포핵 분열은 새로운 인류종을 출현시키는 데 적지 않은 기여를 했을 것이다. 미래 초우주의 정복자들이 만약 우리 후손이거나 또는 적어도 우리 중 일부의 후손이라면 우리에게 있는 염색체의 절반을 가진 반수체haploid 종이 될지도 모른다.

미래의 인류종은 공생의 산물로서 어쩌면 초록색을 띠게 될지도 모른다. 그렇게 공생적으로 만들어진 인간은 조류algae 전문가인 라이언 드럼이 마약중독 문제를 해결하기 위해 상징적으로 제안했던 '호모 포토신테티쿠스Homo photosyntheticus' 같은 것일지도 모른다. 호모 포토신테티쿠스는 헤로인이나 코카인 중독자이다. 그들의 머리털을 제거하고 두피에 조류를 주사하면 조류가 얇은 층을 형성해서 녹색을 띠게 된다. 햇빛 아래에서는 식량을 걱정할 필요가 없는 이 녹색의 호미니드가 반드시 마약 중독자일 필요는 없다. 그렇지만 드럼이 시사했듯이, 그들은 자신 안의 자원을 이용해서 생활할 수 있으므로 비록 그들이 다시 마약 중독자가 된다고 해도 사회에는 아무런 누도 끼치지 않을 것이다.

진화는 일찍이 굶주렸던 생물과 태양에 의존하던 자가영양 박테리아 또는 조류 사이에서 영양적 제휴가 존재했었음을 보여준다. 태평양에 출현하는 해파리의 한 종인 매스티지아스Mastigias는 자신의 체내에서 생활하는 조류를 위해 햇빛이 가장 강하게 내리쬐는 곳을 찾아서 이동한다. 그 보답으로 조류는 해파리에게 먹이를 제공한다. 이런 공생관계가 우리 호모 포토신테티쿠스들에게 나타날 수도 있다. 그들은 궁극적으로는 채식주의자이지만 음식을 먹어서가 아니라 자신의 두피에서 자라는 조류가 생산하는 식량으로 생활할 수 있다. 우리 호모 포토신테티쿠스 후손은 시간이 지남에 따라서 자신의 입을 잃게 될지도 모른다. 이와 유사한 진화의 운명이 적조현상을 일으키는 원생생물인 메소디니움 루브룸Mesodinium rubrum에서 실제로 나타난 적이 있다. 이 섬모충류는 먹이를 섭취하는 데 더 이상 사용되지 않는 퇴화한 입 형태를 갖고 있다. 메소디니움은 체내에 조류 공생자를 소유해서 먹이를 얻을 수 있어서 더 이상 입이 필요없게 된 것이다. 더욱이 메소디니움 루브룸이 조류에게 충분한 양의 빛 에너지를 제공할 수 있도록 같은 속의 다른 종들보다 몸체가 훨씬 더 투명하게 변했듯이, 호모 포토신테티쿠스도 대머리가 되고 우리보다 피부 빛깔이 창백해질 수도 있다. 메소디니움은 햇빛 아래서 유유자적하며 천천히 유영한다. 호모 포토신테티쿠스도 마찬가지로 몸은 투명해지고 행동이 느려지며 어쩌면 고착성이 될지도 모를 일이겠다.

반투명성 편형동물인 콘볼루타 로스코펜시스Convoluta roscoffensis는 조직세포들 사이에 녹조류 세포를 지닌다. 영국 브리태니 지방과 영국 해협 지역에서는 이 동물을 보통 녹조류의 일원이라고 오해한다. 짙은 녹색을 띠는 콘볼루타 로스코펜시스는 '동식물 합체'라고 할 수 있다. 성체는 아무 기능도 하지 않는 퇴화된 입 구조를 지녔다. 조류는 이 동물의 투명한 피부 아래에서 생활하면서 숙주에게 먹이를 제공할 뿐 아니라 그 동물의 부산물인 요산을 이용하기도 한다. 녹조류는 요산 분자를 분해해서 자신을 위한 탄소와 산소 공급원으로 사용하며 그 나머지는 먹이로 변환해서 숙주에게 제공한다.

호모 포토신테티쿠스에 공생하는 조류도 이와 유사한 방식으로 적응하여 결국 인간의 생식세포 속으로 들어갈 수 있을 것이다. 그들은 먼저 정소에 침입하고 그곳에서 정자가 만들어질 때 그 속으로 이동하게 될 것이다(이와 같은 생각이 결코 터무니없는 것은 아니다. 곤충에 공생하는 박테리아가 이와 똑같이 행동한다는 것이 이미 알려졌다. 어떤 박테리아는 정자세포 속으로 들어가고 또 어떤 박테리아는 난자 속으로 침입해서 다음 세대로 전달된다). 정자 속에 침입한 조류는 수정될 때 동반해서, 또는 직접 난자 속으로 침입해서(마치 성병균처럼 말이다) 인체 안의 수분이 풍부하고 따뜻한 조직세포들 속에서 자신의 생활을 보전할 것이다.

인류의 장래에 관한 지금까지의 시나리오들이 너무 섬뜩할 수도 있다. 이 시나리오의 마지막 부분에는 미래 세계의 해변을 거니는 무수히 많은 호모 포토신테티쿠스 무리들이 나타난다. 그들은 할 일 없이 이리저리 돌아다니면서 해초들이나 부서진 조개껍질을 만지작거리는 그런 무위도식하는 인종들이리라.

이제까지 우리는 인류 진화에 관해 유추할 수 있는 세 가지 길을 더듬어보았다. 그 세 길 모두 환상적으로 생각될지도 모른다. 하지만 과거의 경험은 이와 비슷한 변화가 불가피하게 진행될 것임을 분명히 보여준다. 위의 논의에서 어떤 것은 다소 우스꽝스럽게 들리겠지만 어쨌든 변화가 일어날 것만큼은 확실하다. 더욱이 우리는 더욱 기묘하다고 생각될 수 있는 진화의 다른 길을 찾아볼 수도 있다. 그런 한 예는 인조인간 공생cybersymbiosis, 즉 인간 신체의 한 부분이 미래 사회의 생명체로 진화하는 현상이다. 이 시나리오에 따르면 마치 미토콘드리아나 스피로헤타가 거대생물우주 형성에 필수적인 존재였듯이 인류도 초우주 출현에 필수적인 존재가 된다. 만약 인류가 포유동물 멸종이라는 운명을 극복하고 살아남을 수 있다면 우리는 완전한 '개체'로서가 아니라 어쩌면 모습이 완전히 바뀐 존재로 보전될 것이다. 우리는 자신을 스피로헤타 흔적물에 비유할 수도 있다. 미래의 인간은 어쩌면 사지와 몸통은 다 없어지고 두뇌의 신경조직이 직접 전기적으로 조절되는 플라스틱 팔에 연결되는 그런 존재가 될지도 모르겠다. 모든 작업은 기계에 의해서 이루어지기 때문에 인간이 하는 일이라고는 오직 자가번식할 수 있는 우주선을 보수 유지하는 데 필요한 의사 결정 정도일 것이다.

* * *

인간성을 신성시하는 사람들에게는 불행한 일이지만, 지구에서 생물 진화의 정점은 자가번식이 가능한 기계장치일 거라는 생각은 단순한 과학적 환상이 아니라 오늘날 생물권 조직에서 사실로 인정되고 있다. 생산, 재생산, 자가유지 또는 자가보전 등은 상대적인 개념이다. 만약 우리가 생식을 생물의 가장 두드러진 특성으로 간주한다면 생물권의 가장 기본적인 단위인 지구는 스스로 번식할 수 없기 때문에 살아 있다고 말할 수 없다. 사실상 오직 DNA와 RNA만이 직접 복제가 가능하다. 다른 모든 것(박테리아, 여학생, 돌고래, 버드나무, 맥도널드 식당, 우주선 등)은 자신의 분자들을 통해서 간접적으로 증식한다. 무수한 분자 복제와 세포 성장, 배 발생, 생물 몸체 구성 등이 이루어져야만 비로소 두 개 박테리아, 두 여학생, 두 그루 버드나무, 두 마리 돌고래, 두 군데 맥도널드 식당, 두 개의 우주 왕복선 등이 지구 생물권에 출현할 수 있다.

새뮤얼 버틀러는 다윈의 '흔적기관' 개념이 담배 파이프나 옷가지 등과 같은 인공품에도 동등하게 적용될 수 있다고 기술했다. 현존하는 고풍스러운 의상들을 살펴보면 여분의 셔츠 단추들, 손 넣는 구멍이 꿰매진 호주머니, 장식이 요란한 바지 멜빵 등을 엿볼 수 있다. 버틀러는 심지어 자신의 담배 파이프 대통 아랫부분에 나 있는 작은 돌기까지 관찰했다. 그는 이 돌기가 예전에 사용되었던 비휴대용 파이프에서 전해진 것으로 생각했다. 그 돌기는 찻잔 바닥의 바깥 테두리처럼, 파이프가 탁자에 놓였을 때 파이프의 열이 탁자로 옮겨가지 않도록 하기 위한 것이었다. 버틀러는 인공품의 그런 흔적기관들이 생물의 흔적기관들과 비슷하다고 생각했다. 그는 생물은(기계류와 마찬가지로) 비록 그렇게 고안된 존재가 아니라고 해도 적어도 다윈식 논리로 설명할 수 있는 것보다는 더 창의적으로 구성된 존재라고 믿었다. 그는 자기 고향 마을 사람들이 산업혁명에 대해 보여주었던 맹목적인 열광을 조롱하기 위해 기계류 발달에도 관심을 보였다.

이런 버틀러의 견해는 1863년 뉴질랜드의 기독교 신문에 기고했던 〈기계 시대의 다윈Darwin Among the Machines〉이라는 편지에 잘 반영되어 있다. 다윈의 기념비적 논문 《종의 기원》이 출판된 지 4년 후에 쓴 익살스러운 편지에서 버틀러는 '기계적 생명'의 탁월한 적응성을 살과 피를 가진 인간에 비교했다. 그는 "오늘날 인류 세대가 마음껏 자랑할 수 있는 것 중에서 특히 나날이 발전을 거듭하는 기계류와 도구류의 경이에 비견할 만한 것은 없다"라고 편지의 서두를 시작했다. 하지만 그는 만약 기술이 '동식물계'의 진화 속도보다 훨씬 빨리 발전한다면 어떻게 될 것인가 하는 의구심을 나타냈다. 기계는 '지구의 패권을 장악하고 있는' 인간을 축출하고 대신 그 자리를 차지할 것인가? 버틀러는 "식물계가 광물질로부터 지극히 완만하게 발전했고 동물계 역시 식물계의 바탕 위에서 나타났던 것처럼, 이제 최근 몇 세대 동안 전혀 새로운 '계'가 출현하고 있다"고 생각했다.

버틀러는 기계가 여전히 그것을 만든 인간에 의해서 조정되고 있다는 사실에 동의했다. 그러나 그는 19세기 기술이 창조한 놀라운 기적들을 돌아보고는 자신의 견해가 언제까지나 사실로 남아 있을 수 있는지 강렬한 회의를 품게 되었다. 그는 "우리는 날마다 온갖 종류의 교묘한 고안품을 기계들에게 장착하고 있다. 이런 고안품들은 스스로 조절하고 스스로 작동할 수 있는 기능을 가져서 그 역할이 마치 인간 종족에서의 지능에 비견될 만하다"라고 설파했다. 이미 기계는 원자재를 에너지로 변환시키는 데 소나 말 같은 동물들보다 훨씬 더 효율적이며 일반적으로 유지관리가 매우 쉽다. 머지 않은 장래에 우리는 생식기관을 가진 기계를 볼 수 있지 않을까? 그는 이어서 "우리 얼빠진 인간이 두 증기기관이 합쳐서 다른 한 증기기관을 낳는 그런 장면을 보려는 것보다 더 한심한 소망이 있을까?"라고 빈정거렸다.

물론 오늘날은 버틀러 시대보다 기계 발전이 훨씬 탁월하고 기계와 인간의 상호관계도 훨씬 밀접하다고 할 수 있다. 사이버네틱스cybernetics의 창시자인 노버트 위너는 1961년에 다음과 같이 썼다. "인간보다 뛰어난 힘과 능력을 가진 비인격적 기계와 그것이 끼칠 수 있는 위해에 대한 생각은 전혀 새로운 것이 아니다. 새로운 것이란 단지 우리가 그런 기계를 이제 소유할 수 있게 되었다는 점이다. 과거에는 그런 것이 마술에서나 가능했다. 그 때문에 마술은 오랫동안 전설의 주제가 되곤 했다."[52] 생물권적 입장에서 본다면 기계는 미생물우주가 자신의 영역을 현재의 규모에서 앞으로 다가올 초우주적 규모로 확대하기 위해 준비한 최신 전략에 불과하다고 할 수 있다. 기계를 비생물로 구분한다고 해서 그것이 곧 기계가 스스로 번식할 수 있으며 또 생식 과정에서 여느 바이러스들과 마찬가지로 변화할 수 있다는 입장을 완전히 부정하는 것은 아니다.

트랙터나 수확기 같은 농업용 기계는 바이러스와 비슷한 속성을 가진다고 할 수 있다. 이런 기계를 사용함으로써 더 많은 식량을 생산했고 인구도 증가했다. 그런데 이렇게 해서 늘어난 인구 중에는 식량 생산을 더욱 증대하기 위해 트랙터와 수확기를 고안하고 설계, 제조, 판매하는 등 농업 관련 산업에 종사하는 사람들이 있게 마련이다. 트랙터 입장에서 본다면 옥수수와 인간의 수를 증가시킴으로써 자신의 번식을 보장받는 것이 되겠다. 그러므로 그들을 자가촉매적이라고 말할 수 있다. 실제로 기계의 지수적 성장 잠재력(우리가 이미 앞에서 지적했던 진화 가속화의 일부라 할 수 있는)은 인간의 성장 잠재력을 훨씬 능가한다. 한 예로, 미국 메릴랜드 주 베세

스다에 있는 세계미래학회는 1984년 미국에서의 연간 로봇 증가율이 30퍼센트에 이른다고 발표했다. 그런데 같은 기간 미국의 인구 증가율은 겨우 2퍼센트에 불과했다.

우리는 비교적 최근에 출현하고, 몸집이 크며, 환경에 잘 적응하고, 수가 불어나고 있는 포유동물 종(말하자면 인류와 같은)을 "진화적으로 발달했다"고 곧잘 말한다. 심지어 과학자들조차도 몸집이 크고 맹렬한 번식력을 지니며 변화 속도가 빠르고 최근의 진화적 특성을 가진 생물을 "고등하다"고 일컫는다. 만약 우리가 그런 점들을 판단의 기준으로 삼는다면 기계는 사람보다 훨씬 더 "진화적으로 발달했다"고 할 수 있다. 그것들은 어떤 동물종보다 더 빠른 속도로 자신을 변화시킨다. 자동차, 전화, 복사기, 개인용 컴퓨터 등을 보라! 기계는 중추신경계를 가진 사람과 기타 다른 동물들보다 극단의 환경 조건에 훨씬 잘 적응한다. 기계의 세대 기간은 인간보다 훨씬 짧다. 기계는 수학 연산이나 인쇄 같은 정보처리 업무에서 인간을 압도한다. 기계는 핵융합, 연소, 광전기 등과 같은 다양한 방법으로 에너지를 전환할 수 있다.

기계가 자신의 제작과 보수 관리를 절대적으로 인간에게 의존한다는 점을 들어서 그들의 생존 능력을 과소평가하는 것은 옳지 않은 견해이다. 우리는 자신의 생존을 세포소기관, 즉 미토콘드리아와 염색체 등에 의존하지만 어느 누구도 인간이 진실로 살아 있는 존재라는 사실을 부정하지 않는다. 그러면 인간은 살아 있는 세포소기관들을 유지하기 위한 단순한 그릇에 불과하지 않은가? 미래의 인류는 기계가 인간과 무관하게 스스로 계획하고 독자적으로 번식할 수 있도록 그들 속에 프로그램을 짜넣을지도 모른다. 인류 생존과 관련된 가장 희망적인 기대는 마치 미토콘드리아가 우리 자신의 번식에 기여하는 것처럼 그렇게 우리도 기계의 번식에 꼭 필요한 존재가 되었다는 사실에서 나온다고 하겠다. 그런데 경제적인 압력은 모든 점에서 기계의 기능이 개선되도록 부추긴다. 그래서 최소한의 인간의 도움으로 기계 스스로가 자신을 생산할 수 있을 정도가 된다면 앞서의 희망적인 관찰이 과연 지속될 수 있을지 그 누구도 장담하기 어려울 것이다. 컴퓨터 설계가였던 요한 폰 노이만은 충분히 정교한 기계라면 인간의 도움 없이도 스스로 번식하도록 제작될 수 있다고 솔직하게 고백한 적이 있다.

　기계가 살아 있다는 개념을 부정하는 또 다른 주장은 기계에는 DNA와 RNA가 없고 물속에서 탄소와 질소 화합물로 구성되지 않는다는 점을 지적한다. 그러나 꿀벌의 집이라든지 인산칼슘으로 만들어진 뼈, 곤충의 외골격 등에도 DNA와 RNA는 없다. 살아 있는 몸이라도 해부를 시작하면 죽은 물체에 지나지 않는다. 살아 있다는 것이 무엇이며 또 그렇지 않다는 것은 무엇인가 하는 논의는 폐기물 변환이라든지 또는 생물에 의해서 만들어진 화학물질로 가득 찬 대기권을 자세히 연구함으로써 더욱 뜨거워질 것이다. 그런 연구들에 의하면 생물과 그들의 환경은 명백히 선을 그어서 구분하기가 어렵고, 또 무엇이 '자연적인 것'이며 무엇이 그렇지 않은 것인지에 대해서도 뚜렷이 구분할 수 없다고 한다. 만약 생물을 환원탄소 화합물을 '기본으로 해서' 형성되는 자가보전적 생식 가능한 실체라고 정의한다면, 얼핏 완벽하게 번식 가능하다고 여겨지는 요한 폰 노이만식 기계들은 탄소에서 나온 것이 아니므로 살아 있다고 할 수 없을 것이다. 그렇다면 '기본으로 해서 based'라는 단어는 어떤 의미인가? 인간의 발명은 모두 궁극적으로 DNA 복제를 포함한 다양한 과정들을 기본으로 하며 이것은 복제와 발명이 시간적 공간적으로 제아무리 멀리 떨어져서 발생했다고 해도 마찬가지이다. 이 말은 두 단어 사이의 구분을 모호하게 하려는 궤변이 아니며 또 과학적 환원주의에 입각한 것도 아니다. 차라리 이 말은 '후분석적 실재성 postanalytical reality'이라고 부를 수 있는 관점에서 나왔다.

단순히 생물권의 유형을 연장해서 생각한다면 장래의 인류는 기계라는, 막강한 잠재력을 가진 생체조직의 형태와 연관된 보조 시스템으로 살아남을 수 있다고 예상할 수 있다. 프로클로론 Prochloron 세포의 자손, 즉 엽록체는 태평양에 분포해서 자유 유영생활을 즐겼던 그들의 선조인 녹색 박테리아들보다 식물 세포의 내부에서 훨씬 높은 성장률을 보여준다. 이와 비슷하게 인류도 기계와 연계했을 때가 그렇지 못하고 떨어져 있을 때보다 선택적으로 훨씬 우월하다고 할 수 있다.

미래의 초우주 진화는 10억 년 전 미생물우주의 내부에서 박테리아군이 공진화에 의해 유핵세포로 발전했다는 역사적 사실에 비교할 수 있다. 생물의 삶은 DNA-인간-기계를 기본으로 하는 실체(테크노빅 실체 technobic entity)가 됨으로써 더 연장될 수 있을 것이다. 존 플래트가 설명했던 진화의 가속화 현상을 고려한다면 초우주는 놀랄 정도로 짧은 기간에 우주 전역 광대한 지역으로 전파될 가능성이 매우 높다. 이전의 완만했던 진화 속도(건조한 육상을 정복하고 창공으로 비상하기 위해 날개를 발전시켰던 것과 같은 속도)에 비교한다면, 은하계 정복은 거의 순간적이라고 할 수 있을 만큼 빠르게 진행될 수 있다. 분명히 앞으로 수세기 안에 우주는 현재의 우리 사회 속에서 진화되고 있는 것들을 조상으로 하는 지성적 생물(실리콘 철학자silicon philosopher와 행성 컴퓨터planetary computer 등으로 불릴 수 있는 그런 존재들)로 가득 찰 것이다. 장기적인 관점에서 본다면, 그런 미래에 직면한 현재 우리 인간의 위치는 자신의 쇼비니즘을 만족시키는 데 그리 바람직하지 않은 것처럼 보인다. 기계의 화석 잔유물은 이미 지구를 벗어나서 태양계 내부에 존재한다. 1976년부터 시작되어 1980년대 초엽까지 진행되었지만 미국항공우주국의 예산 부족으로 지구와 통신이 두절된 바이킹 우주선의 궤도위성과 착륙선은 고요한 화성의 경관을 주기적으로 정찰했다. 태양계 행성들을 돌고 있는 우주선들은 지구 생물권의 기계적 연장물이라 할 수 있고, 또 그 대부분은 아직 '살아 있다'. 그들은 지구 생물권 시스템에 연계되어 있으며 사실상 피와 살을 가진 우리 인간보다 외계의 위협에 훨씬 덜 취약하다.

    태고시대의 화석 잔유물을 해석하여 얻은 지식에 기초하여 생물의 진화 경향을 가까운 미래로 연장해본다면, 우리 자신을 포함한 포유동물군은 소멸과 교체를 계속할 것이다. 기계적인 모습을 하거나 유기물 몸체를 가진 새로운 종류의 생물이 나타날 수도 있으리라. 처음에는 전자의 생물이 후자의 생물을 압도할 것이다. 기술은 마치 유핵세포의 집합체(인간을 포함한 거대 생물군)가 기술 출현에 이바지했듯이 그렇게 다음 차례의 진화혁명에 크게 이바지할 것이다. 현재 진행되고 있는 급속한 기술 발전을 고려해본다면 우리는 생명의 기본 구조에서 어떤 획기적인 변혁이 앞으로 수십 년 이내에 태동할 수 있다는 암시를 얻을 수 있다.

앞에서 말했듯이, 버틀러는 한 기독교 신문에 보낸 편지에 다음과 같이 썼다. "우리는 우리가 기르는 말, 개, 소, 양들을 대체로 잘 관리한다. 우리는 가축들이 안락함을 느낄 수 있도록 적절히 돌봐주어야만 그들이 우리에게 최상의 이익을 제공한다는 사실을 경험으로 알고 있다. 우리가 얻을 수 있는 고기의 양은 가축이 느끼는 행복감과 직결되어 있으며 이 행복감을 침해하면 생산량이 감소한다. 이와 마찬가지로 기계가 우리를 잘 대접할 거라고 생각하는 것은 논리에 맞는 이야기이다. 왜냐하면 우리가 가축에게 의존하듯이 기계도 자신의 존재를 우리에게 의존하기 때문이다." 이어서 그는 "인간은 계속 생존하고 더욱 발전할 것이다. 인간은 기계의 자선적인 역할 밑에서 가축 상태가 되겠지만 그래도 그것이 현재의 야생 상태보다는 편안할 수 있다"고 스스로를 위로했다. 물론 새뮤얼 버틀러는 생물을 순수하게 기계적으로 보는 견해의 불합리성을 지적하기 위해 농담한 것이다. 하지만 역시 앞으로 다가올 초우주 시대의 중요한 국면을 예감했던 공상가가 분명하다. 생물권은 태곳적 미생물우주의 따뜻하고 수분을 품은 환경을 그 옛날 인류가 아직 존재하지 않았던 시대에도 유지했던 것처럼, 미래에도 기계를 이용함으로써 또 그렇게 존속시킬 것이다.

과학자나 신문기자들은 종종 만약 우리가 다른 행성에 도달한다면 우주선에 부착된 미생물이 그 행성을 오염시킬 거라고 말한다. 그런데 인류가 우주 공간에서 앞으로 생존하려면 그렇게 될 수밖에 없는 것이다. 인류가 우주 정거장이나 달, 화성, 또는 기타 다른 행성들에서 경제적으로 생활하기 위해서는 미생물우주의 생물공학적 기술을 도입해야만 한다.

  물론 이것이 단순히 그 행성을 오염시킨다는 것을 뜻하지는 않는다. 차라리 그것은 행성에 적당한 미생물을 알맞게 접종시켜서 자가보전적 서식처가 조성되도록 '가꾼다'는 의미이다. 질병은 정상적으로 나타나는 미생물이 갑자기 지나치게 증가할 때 발생한다. 그런데 실제로는 그런 미생물이 사멸하면 질병이 퇴치되는 것이 아니라 오히려 병을 악화시킬 수 있다. 왜냐하면 어떤 병원균은 다른 유해한 미생물의 성장을 견제하는 유익한 목적을 수행하고 있기 때문이다. 예를 들어, 동물의 내장에서 생활하는 그램 음성의 간균(미생물을 그램 용액이라는 특별한 염색액에 노출시켰을 때 염색이 되면 양성, 염색이 안 되면 음성으로 판정한다. 또한 간균이란 짧은 막대 모양의 미생물을 의미한다-옮긴이)은 정상 조건에서는 특별한 해를 끼치지 않지만 이 균에 민감한 신생아들에게는 폐렴의 원인이 될 수도 있다. 그런데 이 병을 예방하기 위해서는 어떤 종의 포도상구균을 접종시켜서 간균의 과잉 성장을 막는 방법이 이용되기도 한다. 생태계의 건전성은 상대적인 것이다. 그것은 다양한 생물 집단의 물질대사, 성장, 연계 생물군과의 공진화 등 여러 요인을 감안해서만 평가할 수 있다. 우주정거장을 설치할 때 미생물 군집을 포함시키지 않고도 자가공급이 가능한 에덴동산으로 꾸밀 수 있다고 생각한다면 그것은 어리석은 일이다. 그런 우주정거장이란 우주 속에 놓인 불모의 '양철 깡통'에 불과할 뿐이다.

캘리포니아 주 모페트 필드에 있는 미국항공우주국 에임즈연구센터에서 실시한 한 예비 연구에서는 안정된 생물 시스템을 구성하는 데 생물학적 복합성이 중요함을 강조했다. 플라스틱 병에 담긴 미생물군을 양지 쪽에 두고 한 다양한 실험은 종의 수가 많을수록(다른 말로 해서 복합성이 커질수록) 안정성이 높아지고 광합성 생산량도 증가한다는 사실을 증명했다. 비록 적응을 잘한 우리 후손에 의해 초우주가 건설된다고 해도 조밀하게 구성된 생물 집단 속에서 무수히 많은 생물종들이 안정된 생태계를 이룩하여 인간을 충족시킬 수 있기까지는 수백만 년이 걸릴지 모른다. 우리가 그런 외계 행성들을 함부로 오염시키는 일이 일어나서는 결코 안 된다. 우리는 행성들을 잘 가꾸어야 한다. 초우주를 싹트게 하는 일은 과학적 호기심, 개척자적 정신, 그리고 미생물 "양육의 재주"가 합쳐진 희귀한 시도에 의해서만 달성할 수 있다.

생물권이 영속하는 문제는 생물권이 지구와 연결된 탯줄을 잘라 버리고 태양계의 자궁을 벗어나서 외계로 확장할 수 있는가 하는 가능성에 달려 있지만, 현재까지 생명 그 자체는 불멸로 간주된다. 특징적인 지구적 현상의 하나인 생물체의 자가구성self-organization은 열역학 제2법칙에 위반되는 것처럼 보인다. 이 법칙에 의하면 우주 만물은 무질서함이 점차 심해져 활력을 잃어간다고 할 수 있다. 그런데 만약 생명이 우주로부터 진화했다면 어떻게 우주를 지배하는 원리에 초연할 수 있겠는가? 그러면 생명이란 무엇인가? 역설적으로, 우리는 이 문제에 대한 해답을 구하기 위해 지금까지 기다려왔다.

고대 인류는 자연을 정령animus, 떠돌아다니는 혼령, 동물, 신 등 여러 가지로 간주했다. 최근에는 지구 생물을 신의 창조적 과업을 예증하기 위한 존재에 불과한 것으로 간주하기도 했다. 데카르트와 뉴턴 시대에는 단순히 우주적 물질체계의 한 부분을 구성하는 '물질적' 존재로 여겼다. 생물은 커다란 회중시계 속의 작은 바퀴들처럼 서로 얽혀서 맞물려 돈다. 개개 생물은 마치 당구대 위의 당구공처럼 부딪치고 또 맞부딪친다. 이런 관점에서 본다면 모든 것은 자극과 반응으로, 원인과 결과로 이해할 수 있다. 오늘날에는 컴퓨터 시대에 부응해서 새로운 비유들이 생겨났다. 아미노산은 일종의 '입력자료'이며 RNA는 '자료처리'이고, 생물체는 '출력결과' 또는 '주 프로그램'에 의해서 통제되는 '불변성 복사물'이다. 이 책에서 우리는 생명이 무엇인가에 대해 다소 다른 정의를 소개하려고 하는데 그것은 기존의 모든 관념에 비하면 오히려 더 추상적이다. 또 이 새로운 정의는 이미 낡은 주술적, 종교적, 과학적 모든 정의보다 이해하기가 쉽지 않다. 우리는 생물, 즉 수분을 함유하고 탄소를 근원으로 하여 구성된 거대분자 조직체를 자가보전적 생식체로 생각한다. 생물을 자가보전적 존재로 보는 견해는 순환논리이다. 생물은 생식을 할 뿐 아니라, 훼손되는 것을 막기 위해 스스로 맹렬하게 정보를 사용하고 저장하고자 물질대사를 수행하는 기계라고 할 수 있다.

건축가이자 철학자였던 벅민스터 풀러는 지구 생물권을 '우주선

지구호Spaceship Earth'라고 명명했다. 지구호는 태양의 주위를 도는데 태양은 그 자체가 우주를 표류하는 존재이기 때문에 지구호도 따라서 우주를 떠도는 셈이 된다. 그런데 지구를 우주선으로 생각하면 마치 우리가 우주선의 조종사인 양 오해를 하기 쉽다. 내과 의사였던 루이스 토머스는 다른 개념을 소개했는데, 그는 생물권을 세포에 비교해서 조화와 통일성을 강조했고, 배embryo에 비교하기도 했는데 이는 장래의 성장을 시사하기 위함이었다. 존 플래트도 생물권이 현재 일종의 산도를 통과하고 있는 상태라는 점을 지적해서 배에 비유하는 것을 강조했다. 그는 비록 이러한 비유에 다소 무리가 있음을 인정하면서도 그 유사성에 의미가 있다고 주장했다. 그는 임신 마지막 시기에 이르면 산모의 체내에서 호르몬이 분비되어 출산 전 변화를 일으키고 산통이 주기적으로 일어나면, 산모는 출산에 이르는 이런 모든 과정이 정지되거나 완만해질 수 없다는 사실을 깨닫게 된다는 점을 지적했다. 이를 지구의 경우에 비교한다면, 지구는 이제 완만하게 임신 기간을 끝내가고 있으며 곧 초우주의 탄생과 그것의 급속한 성장을 기대한다고 말할 수 있다. 이런 비유들을 죄다 말하기는 어렵지만, 마지막으로 생물권에 대한 또 하나의 비유를 들겠다. 대기화학자 제임스 러브록의 관점이다. 그는 생물을 자가유지가 가능한 환경 시스템으로 간주해서 '가이아Gaia'라고 명명했다.[53]

가이아라는 명칭은 소설가 윌리엄 골딩이 러브록의 요청에 의해 고대 그리스 신화에 등장하는 대지의 여신 이름에서 따온 것이다. 가이아는 신비스러운 방법으로 그 기능을 발휘한다. 가이아(지구상의 모든 생물로 구성되는 초생물적 시스템)는 대기 중의 공기 조성을 일정하게 유지하고, 지구 표면의 온도를 조절하며, 기타 생물의 영속을 위한 모든 조건을 통제한다고 할 수 있다. 생물학적 관계의 복잡한 연결망은 아직까지 충분히 연구되지 않았지만 적어도 생물계가 지구 표면의 여러 부분을 감지하고 있다는 것만큼은 분명하다. 이것은 마치 우리 신체가 일정한 체온을 유지하도록 스스로 통제하는 것에 비유할 수 있다. 이와 비슷하게 가이아도 생물에게 중요한 대기 중의 질소와 산소 농도를 일정하게 유지하며, 이 기체들이 질산염과 질소산화물, 웃음기체(일산화질소) 등으로 전환되어 전체 생태계의 안전을 위협하는 일이 없도록 한다. 만약 전 세계적으로 광합성 생물에 의한 산소 생산이 중단되거나 또는 미생물에 의한 질소기체 환원이 중단된다면 대기는 이내 불활성 유독기체로 가득 찰 것이다. 그리고 그런 공기 조성 아래에서는 빈번하게 발생하는 천둥과 번개에 영향을 받아 마치 현재 금성의 산성 대기권처럼 지구 대기권도 생물이 살기에 부적절해질 것이다. 지구에서는 환경에 의해서 생물이 형성되고 영향을 받는 것처럼, 환경도 생물에 의해서 형성되고 그 영향을 받는다.

인공위성이 찍은 지구 사진은 녹색 바탕에 흰 무늬가 얇게 깔린 미려한 모습이다. 이 지구의 놀라운 점은 생물권이 믿기 어려울 정도로 다양하고 독특한 생화학적 통일성을 지녀서 생명의 특이성을 영속시킬 수 있다는 점이다. 현재 우리가 사용하고 있는 언어로는 자가보전적 시스템autopoietic system이라는 생물의 정의와 관련된 개념을 제대로 설명하기가 쉽지 않다. 그러나 러브록이 말하듯이 '가이아 가설'에 의하더라도 인간까지 포함하는 생물계 그 자체가 자가보전적인 것은 분명하다. 생물은 자신의 생존을 지속하는 데 필요한 환경 조건을 감지하고 조절하며 또 창조하기도 한다.

화석 기록은 미생물이 처음 지구에 출현해서 도처로 널리 퍼지고 난 이래로 지구 표면이 생물에 의해 통제되어왔다는 이론을 뒷받침한다. 지구 대기권의 기온과 기체 조성이 생물에 의해서 능동적으로 조절되고 있다는 가이아 가설은 러브록이 미국항공우주국에서 화성 생물체에 관한 연구를 하고 있을 때 창안한 것이다. 그는 단순한 화학적 시스템 속에서 기체들을 실험하면 그것들이 빠르고 쉽게 반응해서 현재 대기 중에 미량 포함되어 있는 안정된 화합물들로 완전히 전환된다는 것을 알았다. 그런데 지구에서는 이런 반응성 기체들이 평형화학equilibrium chemistry의 일반 법칙들을 완전히 무시하면서 대기 속에 그대로 머무는 것처럼 보인다. 러브록은 지구 대기권에서의 화학은 단순하지 않고 매우 독특하기 때문에 생물계라고 불리는 총체적 생물 집단을 고려하지 않는다면 설명될 수 없다는 사실을 증명했다. 실제로 생물계, 특히 미생물계는 막대한 양의 반응성 기체들을 끊임없이 생산하고 있다. 그는 만약 망원경에 부착된 분광분석계로 다른 행성의 대기권 기체 조성을 조사한다면 지구를 떠나지 않고서도 그 행성에 생물권이 존재하는지 여부를 알 수 있을 거라고 생각했다. 러브록은 자신의 관심을 화성으로 들려서 대기권을 연구했는데, 그 결과 그곳의 기체 조성은 일반 물리화학적 법칙들을 따른다는 사실을 명백하게 밝혔다. 그는 화성에 가이아적 현상이 나타나지 않는다는 관점에서 그곳에 생물체가 존재하지 않음을 증명했다. 하지만 1975년 미국항공우주국은 화성에 착륙할 준비가 다 갖춰지자, 화성에 생물이 존재하는가에 대한 러브록의 간단한 해답을 무시하고 자신들의 계획을 그대로 실천했다.

러브록은 잃은 것이 없었다. 바이킹 우주선은 1975년 발사되어 1976년 두 착륙선 부분과 두 궤도위성 부분으로 나뉘어 화성에 도착했다. 우주선 안과 화성 표면의 토질이 부드러운 바닥에서 생물학 실험이 이루어졌는데 놀라울 정도로 성공적으로 수행되었다. 이 실험 결과, 그 붉은 행성에는 생물이 존재하지 않는다는 사실이 명백히 밝혀졌고, 그 결과를 이해하는 데 러브록의 연구가 참조가 되었음은 물론이다. 러브록의 연구는 화성에서뿐만 아니라 지구에서도 생물권에 대한 시각을 새롭게 했다. 우주 어느 곳에서든 생명의 신비가 위대하다면 그것은 지구에서도 마찬가지이다. 지구는 어떻게 대기권의 기체 조성을 화학법칙에 따르지 않도록 유지할 수 있는가? 대기에서 차지하는 산소의 양이 약 20퍼센트에 이른다는 사실을 고려한다면 메탄, 암모니아, 유황기체, 염화메틸, 요오드화메틸, 기타 여러 기체의 상대적 불균형은 심각하다. 화학 계산에 따르면 이 반응성 기체들은 산소와 쉽게 반응하기 때문에 대기 속에는 측정 불가능한 미량만 존재해야 한다. 그런데 실제로 대기 중에는 이 성분들이 존재하며 또 그렇게 미량도 아니다. 예를 들어 메탄가스는 그것과 반응할 수 있는 산소량을 고려했을 때 대기 중에 존재해야 한다고 생각되는 양보다 무려 10^{35}배만큼(이 숫자에는 0이 35개 붙는다)이나 많은 양이 대기 속에서 발견된다. 질소, 일산화탄소, 질소산화물 등도 단순히 화학적으로 계산했을 때보다 많이 나타나지만, 일반적으로 $10^9 \sim 10^{15}$배 정도에 그친다.

또 다른 지구의 수수께끼는 온도에 관한 것이다. 물리학 법칙에 따르면 태양의 발광량, 즉 빛으로 발산하는 에너지량은 지난 40억 년 동안 적어도 50퍼센트 이상 증가했다는 결론에 이른다. 그런데 화석 기록의 증거들은 태고시대 원시 태양에서 기대했던 결빙 온도에도 불구하고 생명 탄생 이후 현재까지 지구의 평균 기온은 섭씨 약 22도 정도로(실내 온도 권장 수치와 비슷하다) 비교적 일정하게 지속되었음을 보여준다. 따라서 생물이 전 지구적인 규모로 대기의 기체 조성을 조절했을 뿐만 아니라 행성 지구의 온도도 비슷하게 통제했다는 가설은 타당할 수도 있다. 그렇다면 그 거대한 자동온도 장치는 과연 어떻게 작동하는 것일까?

물론 신비주의적인 해답은 배제해야 한다. 러브록은 생물계, 특히 박테리아 미생물계가 지상에 출현한 이래 줄곧 전 지구적인 규모로 환경을 통제해왔다는 것을 증명하고 이론화했다. 생물은 격변하는 지질학적, 우주적 위기에 반응하고, 가능한 한 오랫동안 개체의 완전성을 유지하기 위해서 외부 공격에 대항하며, 또 그 개체들은 집단으로서의 생존 유지에 유리한 방향으로 환경 조건을 지속시켰다(이런 지적이 환경 변화가 전혀 없었다는 말은 아니다. 역사적으로 볼 때 환경 조건은 어느 정도 변화했다. 예를 들어 백악기 동안에 열대우림 지역이 널리 퍼져 있었다는 화석 기록은 당시 공룡시대에 지구 온도가 매우 높았음을 반증한다. 그리고 그 시대 전후에 걸쳐서는 빙원이 지구의 대부분을 뒤덮는 빙하시대가 있었다. 하지만 주기적인 기후 변동 기간들 사이,

그리고 그 후에는 다시 기후가 안정되어 모든 것이 뒤끓는 금성이나 만물이 차갑게 얼어붙는 화성과 같은 상태로 되는 일은 한번도 없었다).

만약 생물계가 태양 방사열 증가나 운석 충돌처럼 핵폭탄에 의한 대참사에 비견될 수 있을 정도의 주요한 대격변에 반응하지 않았더라면 우리는 현재 존재할 수 없을 것이다. 러브록은 생물은 자신이 적응하고 있는 주위 환경 속에 수동적으로 놓여 있는 것이 아니라고 결론지었다. 대신 생물은 환경을 가꾸고 또 창조한다고 말했다. 대기권은 마치 꿀벌집이나 참새 둥우리처럼 생물권의 일부분이다. 공기 중의 이산화탄소는 식물에 흡수되어 세포 내용물로 전환될 수 있으며 또 대기 온도를 결정하는 요소가 될 수도 있다. 따라서 생물권이 어떤 방법으로든지 대기 중의 이산화탄소 농도를 조절해서 지구 온도를 안정시킨다는 가설은 타당성이 있다.

그러나 어떤 과학자들은 러브록의 분석에 대해 회의적이다. 지구 생물권을 하나의 초생물로 간주해서 그것이 자신의 생존을 위해 환경의 위협에 반응한다는 생각이 적자생존을 위한 생물경쟁을 중요시하는 다윈적 진화론과 일치하지 않는다는 것이다. 만약 러브록의 관점이 옳다면 어떻게 생물체 내부 세포 속에 존재하는 유전자 집단이 지표면에 위기가 닥치는 것을 예견할 수 있는가? 어떻게 미생물은 대기 속 산소 농도 증가를 극복할 수 있었을까? 어떻게 그들은 잘 조화된 총합체로서 그런 위기 상황에서 일치된 행동을 할 수 있을까? 색소체의 분자생물학적 연구로 유명한 포드 두리틀은 자연이 '어머니처럼 자애롭게' 만사를 조절한다는 가이아 가설을 공박했다. 옥스퍼드 대학의 동물학자 리처드 도킨스도 자연이 놀라운 균형과 조화를 나타내고 있다는 가이아 가설을 경멸하고 무시했다. 그는 우주가 "항상성 조절 시스템을 갖지 못한 수많은 죽은 별들로 가득 차 있고, 다만 지구는 몇 개 되지 않는 그런 예외 중 하나"에 불과하다고 지적하면서 지구 전체를 조절하는 가이아의 존재를 부정했다.[54]

이런 비판들을 반박하기 위해 러브록은 몇 개의 수학적 모델들을 제시했다. 그 중에서 가장 극적인 것은 '데이지 세계Daisy World'라고 하는데, 검은색과 흰색의 데이지로만 뒤덮이고 때때로 이것을 먹고 사는 소가 출현하는 신비로운 행성을 가상한 것이다. 두 종류의 데이지가 모두 번성해서 초원을 이루고, 적당한 온도 범위 내에서는 행성 표면을 약 70퍼센트까지 뒤덮을 수 있다. 두 종은 모두 매우 추운 기온에서는 전혀 자라지 못하며 낮은 기온에서는 서서히 성장하고, 따뜻해지면 성장이 빨라지다가 섭씨 45도 이상이 되면 더 이상 자라지 못하고 죽는다.

러브록은 후에 영국 플리머스에 있는 해양생물학회의 앤드류 왓슨과 공동으로 연구하여 검은색과 흰색 데이지들의 성장만으로도 전체 행성의 온도를 안정시키는 거대한 온도조절 장치가 작동될 수 있음을 밝혔다. 그들은 이런 현상이 결코 신비스러운 것이 아니며 생물권의 상호작용으로 복잡한 시스템이 나타낼 수 있는 기대하지 못한 결과일 따름이라고 결론지었다.

여러분은 어떻게 데이지 생물권이 작용하는지 추측할 수 있는가? 검은색과 흰색 데이지가 만발한 행성이 한 별(태양)을 중심으로 선회하고 있다고 가정하자. 그리고 그 별은 시간이 지나면서 점차 밝아지고 온도가 상승한다고 가정하자. 처음에는 태양의 온도가 낮기 때문에 데이지가 매우 천천히 성장한다. 그러다가 태양빛이 점차 강렬해지면 이 두 색의 데이지는 모두 성장이 활발해져서 초원을 이루게 될 것이다. 그런데 검은색 데이지는 흰색 데이지보다 성장이 빠르므로 더 많은 씨를 맺고 일찍 자손을 퍼뜨릴 것이다. 검은색은 태양빛을 흡수하고 행성 외부로 빛이 반사되는 것을 차단하기 때문에 검은색 데이지의 만개는 곧 행성의 온도를 높이는 결과를 초래한다. 이렇게 해서 행성 온도가 높아지면 온도가 가장 높은 장소(열대 지역)에 사는 데이지부터 먼저 말라죽게 되고 이어서 모든 지역에서 검은색 데이지들이 사라질 것이다. 반면 흰색 데이지는 빛을 반사할 수 있으므로 서서히 생장한다. 그런데 흰색 데이지가 널리 퍼지게 되면 그 꽃잎이 태양열을 반사하기 때문에 행성 자체의 빛 반사도가 높아지고 결국 행성 전역에 걸쳐서 온도가 낮아진다. 다시 검은색 데이지들이 성장할 수 있게 된 것이다. 그동안 태양은 계속 뜨거워지고 있지만 만개한 흰색 데이지는 빛을 반사해서 여전히 행성의 온도를 낮게 유지할 수 있다. 간단히 요약하자면, 태양의 온도는 계속 상승하지만 데이지 행성은 한동안 흰색 데이지들로 뒤덮여서 온도가 낮게 유지된다. 그러다가 검은색 데이지의 성장이 다시 시작되는데 그러면 곧 행성 온도가 너무 상승해서 흰색 데이지에게 유리한 환경이 조성된다. 흰색 데이지의 만개는 다시 행성 온도를 낮추고 이런 반복은 태양이 적색거성이 되어 모든 데이지가 말라죽을 때까지 계속된다. 이런 메커니즘에서 알 수 있듯이, 데이지는 어떤 온도 범위 안에서는 마치 자동온도조절계처럼 작용한다. 그들은 행성에 도달하는 태양 에너지의 양이 잠재적으로 위험한 수준에 이르게 됨에도 불구하고 행성의 환경 조건을 생물 활동에 적당하도록 유지할 수 있었다. 말 없는 식물이 행성의 온도를 자신들의 생존에 적당한 좁은 범위 안에서 유지할 수 있다는 사실은 놀라운 일이 아닐 수 없다.

데이지 세계의 모델보다 더욱 실제적인 여러 다른 모델들에서는 미생물 성장, 물질대사, 기체 교환 등의 각종 기능이 더해져서 우리가 살고 있는 생물권을 조절할 수 있는 복잡한 물리화학적 피드백 시스템을 구성한다. 살아 있는 생물은 물과 구름에 미치는 그들의 영향력을 통해서 지구 생물권에 강력한 통제력을 발휘했다. 아주 간단한 한 예로, 바다에 떠 있는 미세한 조류는 단지 북반구에서 생장이 촉진되는 것만으로도 지구를 빙하기로 이끌었다. 죽은 조류가 남겨놓은 탄산칼슘 껍질이 해양의 밑바닥에 가라앉음으로써 해수 중의 탄소를 제거할 수 있었다. 물속에 탄소가 부족해지면 대기 중의 이산화탄소 농도도 따라서 감소한다. 그런데 이산화탄소는 '온실가스greenhouse gas'라는, 태양빛을 흡수해서 가두어두는 보이지 않는 담요 역할을 하기 때문에 낮은 이산화탄소 농도는 곧 낮은 대기 온도를 의미한다. 이렇게 되어 지구의 온도가 낮아지면 조류 성장이 느려져서 탄산칼슘 껍질을 만드는 데 필요한 이산화탄소 필요량이 감소한다. 그러면 다시 대기 중에는 이산화탄소가 풍부해지고 지구 온도는 점차 상승하기 시작한다. 이런 피드백의 구성에는 여러 요소가 복합되어 있어서 해양성 조류의 대규모 사멸뿐만 아니라 탄산염 암석의 침식에 의한 이산화탄소 방출도 역시 대기 온도를 상승시키는 역할을 한다.

실제로 1979년과 1980년에 유럽의 연구자들은 약 2만 년 전 것으로 추정되는, 극빙 속에 갇혀 있던 화석 기포를 분석했는데 당시 빙하기의 최전성기에는 대기 중 이산화탄소 농도가 산업혁명이 시작될 즈음 농도의 3분의 2에 불과했음을 발견했다. 또 그들은 인류가 농경생활을 시작하고 최초의 문명이 나타나기 직전에 이산화탄소 농도가 산업혁명 직전의 농도로 급격히 상승했음을 알게 되었다. 약 12000년 전, 불과 100년도 채 안 되는 기간 동안 갑자기 이산화탄소 농도가 크게 증가했다는 사실은 지각활동이나 풍화작용과 같은 전통적인 지구물리학적 또는 지구화학적 지식으로 아직 충분히 설명되지 못했다. 그런데 그런 갑작스러운 변동은 어쩌면 생물에 의한 것일 수도 있다. 러브록은 해양성 조류의 상당한 종류가 갑자기 사멸해서 전 세계적인 온도 상승을 야기했을 것이라고 믿는다. 그런 온도 상승으로 인류가 동굴에서 밖으로 나올 수 있었고 지구 전역으로 퍼져서 인구가 크게 증가했을 것이다.

오랜 세월을 지나는 동안 생물계는 매우 정교한 조절 시스템을 구성할 수 있었지만 오늘날의 우리는 그것을 겨우 어렴풋이 깨닫고 있다. 현존하는 생물의 다양한 감각기관 발달, 물질대사와 기하급수적 성장을 할 수 있는 능력, 특별히 다양한 생물 사이의 상호작용 등은 그것만으로도 범지구적 규모의 환경조절을 설명하기에 충분하다.

하지만 더 작은 규모의 비슷한 환경조절 방법들도 있다. 규모는 생물권보다 훨씬 작다고 할 수 있는 동물 하나하나에서도 온도조절은 단순한 한 가지 피드백 시스템으로만 작동하지 않는다. 그 예로 사람에게 나타날 수 있는 온도조절의 수단들을 생각해보자. 한 사람(생물계와 마찬가지로 세포들의 집단이라 할 수 있다)이 홀로 방에 있는데 방 온도가 급격히 내려갔다고 가정하자. 그가 가장 먼저 할 수 있는 반응은 어쩌면 고도의 기술문명적인, 가장 최근에 진화된 수단을 이용하는 것이리라. 그는 온도조절기를 올리고 전기히터를 사용하든지 아니면 자신의 컴퓨터를 두드려서 밀린 전기요금을 내는 등의 일을 할 것이다. 그런데 이런 온도조절 수단이 점차 많이 사용되고 있기는 해도 그것들은 최근에 발전된 것이기 때문에 여러 피드백 시스템 중에서도 가장 취약하다. 이보다 하급 수단을 사용해서 체온을 조절할 수 있는 방법은 담요로 몸을 싸거나 옷을 껴입어서 체열이 빠져나가는 것을 막는 일이다. 이런 수단은 약 10만 년 전 인류가 한대 지방의 동물을 사냥해서 그들의 두꺼운 털과 가죽을 이용하던 관습에서 전해진 것이다. 바느질법의 발견은 옷을 이용하는 데 가장 중요한 발전이었는데 나무로 만들어진 바늘에 관한 고고학적 보고서들을 보면, 원시 인류는 의복 발달 덕분에 베링해를 건너 북아메리카로 진출할 수 있었다고 한다. 의복에 의한 피드백 메커니즘은 단순하다. 사람은 날씨가 서늘해지면 옷을 걸치고 따뜻해지면 옷을 벗는다. 인류의 체온조절 습관은 화석연료를 이용하는 시스템보다 훨씬 일찍 나타났고 현재도 가장 널리 이용된다. 지구상의 모든 인류는 어떠한 형태로든지 의복을 걸치고 있다.

자동난방 시스템이나 의복 착용보다 더 오래되고 더 신뢰할 수 있는 온도조절 수단은 기술에 의한 것이 아닌 행동에 의한 피드백 시스템이다. 추위가 닥쳤을 때 인간이 하는 행동은 주위를 뛰어다니거나 팔다리를 서로 부비거나 서로 껴안거나 태아처럼 몸을 움츠리거나 하는 것 등인데, 이는 약 2억 년 전부터 시작된 온도조절 반응들이다. 더운 날씨에 직면하면 사람 같은 포유동물은 이와는 정반대로 행동한다. 사지를 쭉 펴고 응달을 찾아서 이동하는 등 비교적 비활동적이 된다. 모든 포유동물은 비슷한 방식의 온도조절 기능을 가지는데 이는 매우 복잡한 신경조직을 지녔기 때문에 가능한 것이다. 우리가 본래의 미생물우주로 접근하면 할수록 그 피드백 시스템은 점점 더 예측할 수 있고 더욱 더 신뢰할 수 있게 된다.

　행동에 의한 시스템보다 더 오래된 온도조절 수단은 엄밀하게 말하자면 생리적인 종류의 것이다. 주위 환경이 서늘해지면 포유동물은 혈관벽의 근육이 수축하면서 혈관이 자발적으로 피부 표면으로부터 멀어진다. 피부로부터 멀어짐으로써 주요 장기들에 공급되는 혈액 양은 오히려 증가해 몸을 추위로부터 보호한다. 다음으로 동상이 뒤따른다. 손가락, 발가락, 기타 표면적이 넓게 노출된 곳은 얼어서 무뎌진다. 코끝과 귀끝, 손가락, 발가락 등은 껍질이 벗겨진다. 반대로 따뜻해지면 땀이 나는데 이는 몸 표면에서 증발하면서 체온을 낮추는 역할을 한다. 온도 변화에 대한 이런 생리적인 반응들은 다른 온도조절 수단보다 더 오래되었고 더 근본적이다. 이것들은 동물의 탄생만큼 오래되어서 약 6억 년의 역사를 가진다.

　만약 우리가 추위에 대응하는 인간의 수단들에 대해서 사고실험

(실제로 기구와 장비를 사용해 실험을 하는 것이 아니라 생각으로만 진행하는 실험을 의미한다. 능숙한 연구자는 이런 사고실험만으로도 좋은 결과를 도출해낼 수 있다-옮긴이)을 계속하고자 한다면 우리는 자가보전적 시스템을 설명하고 또 태고시대의 유전적 방법에 의한 온도조절까지 언급해야 할 것이다. 지구 온도가 극단적으로 낮아져서 인간이 생존할 수 없는 지경에까지 이른다고 가정하자. 만약 그 변화가 갑작스러운 것이라면 인간은 자손을 남기지 못하고 죽을 것이다. 그래도 추위의 시련이 계속된다면 전체 인류집단은 마침내 멸망할 것이다. 그러나 새로운 인류집단이 출현해서 구세대의 인류와 대체되고 그들 중의 일부는 추위에 견딜 수 있는 더욱 효과적인 수단을 가지게 될 것이다. 여러 인류집단 중에서 오직 혹독한 기후 조건 속에서 살아남을 수 있는 돌연변이 종만이 생존할 수 있을 것이다. 지역적으로 추운 환경의 영향을 완화할 수 있는 종들에게는 자연선택 압력이 더욱 크게 작용할 것이다.

    이것이 바로 이 세계가 항상 작동해왔던 방법이다. 만약 자연의 시련이 지나치면 오직 이에 견딜 수 있는 종만이 살아남을 수 있다. 다른 말로 한다면, 온도가 너무 높으면 세포들은 사멸한다. 또 온도가 너무 낮아져도 세포들은 죽는다. 온도가 적당하게 유지되면 세포들은 많은 자손을 남긴다. 그렇지만 이런 '적당하다'라는 조건은 생물마다 다르다. 다윈의 자연선택 이론은 궁극적으로 태고시대의 가이아 피드백 시스템에 그대로 적용된다. 그리고 더욱 근대적인 새로운 기술적, 행동적 수단들이 모두 이 시스템에 의존한다고 할 수 있다. 오늘날 만약 여러분이 춥다고 느낀다면 먼저 난방장치를 켜고, 다음에는 스웨터를 껴입고, 그 다음에는 체열을 발생시키기 위해 몸을 움직일 것이다. 만약 그래도 추위를 감당할 수 없다면 여러분은 가면 상태로 들어가서 물질대사를 느리게 하고, 그래도 추위를 물리칠 수 없다면 죽게 될 것이다. 그러나 여러분이 죽게 된다면 그것은 더 큰 규모에서 환경 시스템의 안정을 유지하는 방편이 되는 것이다. 여러분은 죽기 전에 이미 주위 온도를 상승시켰다. 또 자손을 남기지 못하고 죽음으로써 다음 세대에는 추위에 더 잘 적응할 수 있는 종이 번식할 수 있는 길을 열어놓았기 때문에 미래에는 한파의 위협이 닥쳐도 생물계가 입는 피해는 그리 크지 않을 것이다.

생물권이 범지구적인 규모로 기온과 대기 조성을 조절한다는 이론은 아직 확실히 증명되지 않았다. 그렇지만 전 지구적인 관점에서 볼 때 생물권이 파멸 위기에 직면해서 가까스로 자연의 균형을 유지하고 있는 그런 상태에 있는 것처럼 보이지는 않는다. 오히려 생물권은 일반적으로 생각하는 것보다 강인하다. 가장 중요한 환경 조절 시스템은 난방용 기름을 연소시키고 가정용 온도조절장치를 작동시키는 것보다 훨씬 강력하고 역사가 훨씬 오래된 미생물우주 시스템이다. 그 시스템은 기체를 생산하고 흡수하며 지구의 반사열을 변화시키고 또 오랜 세월에 걸쳐 미생물에 의해 시험된 정교한 것이다. 미래에 우리 인류의 역할은 검은색 데이지와 마찬가지로 자신은 급속히 번식하여 결국에는 고온에 말라버리면서도 다른 종들에게 유리하도록 환경 조건을 제공하는 그런 것일지도 모른다. 각각의 개체, 개체군 또는 생물종은 좋은 환경 속에서만 단련된 선택 대상에 지나지 않는다. 만약 재난이 닥친다면(과거 생물의 역사에서 그런 일이 주기적으로 반복되었듯이) 그 선택 대상 가운데 어떤 것은 더 이상 생존할 수 없게 될 것이다. 그러나 그들의 사멸 또는 멸종은 생물권 전체로 보아서는 생물권을 더 강인하게, 더 복잡하게, 그리고 더 탄력성 있게 하는 셈이다(물론 이런 일은 인류의 진보나 복지와는 아무런 상관이 없다. 화석 기록에는 진보의 개념이 없고 오직 변화와 번성이 있을 뿐이다).

더욱이 태고시대 원핵생물이 가졌던 대안들은 아직 시효가 만료되지 않았다. 종의 존재나 종의 멸망 그 어느 것도 박테리아의 속성은 아니다. 비록 개개 박테리아의 사멸은 계속되지만 미생물 왕국에 가해지는 압력은 여전히 새로운 발전을 이끌게 될 것이다. 미생물우주는 자연의 생물공학 기술을 신속하게 교환하고, 미생물이 수적으로 엄청나게 성장하도록 하며, 심지어는 가장 혹독한 지구적 위기 속에서도 물질대사 기능이 손상되지 않도록 보전하는 능력을 배양해왔다.

가이아의 조절 메커니즘을 과학적으로 충분히 탐구해야만 우리는 자가유지가 가능한 생물 서식처를 우주 속으로 이식할 수 있다. 만약 우리가 자신의 필수 보급품을 스스로 생산할 수 있는 폐쇄생태계closed ecosystems를 조성하고자 한다면 먼저 지구 자연의 비밀을 연구해야 할 것이다. 다른 세계에서 살게 된다는 것, 예를 들어서 우리가 화성에서 정원을 거닐 수 있게 된다는 것은 오직 가이아적 관점에서만 생각해볼 수 있는 거대한 사업계획이다. 우리는 초우주라는 한 커다란 나뭇가지로 옮겨가기 전에 먼저 우리의 뿌리인 미생물우주를 완벽하게 이해해야 한다. 인류가 태고시대 미생물우주의 환경을 우주 속에 이식할 수 있을지, 아니면 그런 노력을 하는 중에 사멸하고 말 것인지는 모를 일이다. 물론 생물권의 한 일원으로서 우리 역시 그런 길로 나아가고 있지만 말이다. 생물은 지금도 여전히 그런 유혹에 저항하지 못하고 있는 것이다.

옮긴이의 글

자연과학, 특히 환경오염 문제를 전공한 역자에게 인류의 장래에 대한 호기심은 다분히 필연적이다. 인구 폭발, 환경오염 증가, 유전공학 기술에 의한 새로운 생물종 출현, 점증하는 핵전쟁의 위협 등은 과연 인류와 생물권에 어떠한 영향을 미칠까? 우리 자손들이 이 지구에서 과연 생존할 수 있을까?

이런 의문들에 대한 해답은 여러 방면에서 찾을 수 있지만 궁극적인 해답은 결국 지구 생물의 역사를 탐구하는 진화학(또는 진화생물학)에서 찾을 수밖에 없을 것이다. 마치 우리가 미래 사회를 예측하기 위해 역사를 연구하는 것처럼, 생물종으로서의 인간의 미래를 예측하기 위해서는 생물의 역사를 더듬고 거기에서 실마리를 찾아야 할 것이다.

흔히 20세기 후반부를 일컬어 생물학의 시대라고 한다. 분자생물학과 유전공학의 급속한 발전은 곧 생물과학의 발전이었다. 또한 이에 못지않게 진화학도 최근 수십 년간 눈부시게 발전했다. 진화학자들은 오늘날에야 비로소 생물의 진화를 생물학적(분자생물학, 미생물학, 세포학, 유전학, 생태학 등 여러 분야를 포함한), 화학적, 생화학적 관점에서 파악할 수 있게 되었고, 이런 다양한 측면에서의 발견들을 토대로 새로운 진화이론을 정립해가고 있다. 이제 진화학은 이 책에서 보다시피, 단순한 생물 역사의 기록이 아니라 인간을 포함한 지구의 모든 생물의 진화 원리를 밝히고 그 토대 위에서 우리 인류의 장래를 예상하는 중요한 학문으로 자리매김했다.

루이스 토머스가 서문에서도 밝혔듯이, 이 책은 지금까지 출판된 여러 생물 진화에 대한 책들과는 전혀 다른 내용을 담고 있다. 저자 린 마굴리스와 도리언 세이건은 단순히 공룡 화석에서 시작된 일반인들의 호기심을 만족시키기 위하여 이 책을 쓴 것이 아니다. 그들은 좀 더 과학적인 시각으로 생물의 역사를 정리하고 그 바탕 위에서 인류의 미래를 예상해보기 위해 5년여의 긴 세월에 걸친 산고 끝에 이 책을 세상에 내놓았다.

독자들은 이 책을 읽고 나서 알게 된 새로운 사실에 흥분하고 우리 인간의 존재에 대해 재인식하게 되며, 또 인류의 생존을 위해 우리가 무엇을 해야 할 것인지를 생각할 수 있는 기회를 갖게 될 것이다. 이 점에서 역자는 이 책이 전해주는 새로운 지식과 예리한 통찰력을 역자 혼자서만 소유하기에는 너무나 안타까운 나머지, 진화학이 주 전공이 아님을 무릅쓰고 감히 번역을 시도하여 우리 나라의 독자들에게 내놓았다.

우리나라에서는 진화학에 대한 연구가 아직 활발하지 않아서 이 분야에 대한 본격적인 저서는 찾아보기 힘들다. 특히 일반 독자들을 대상으로 하여 지금까지 출판된 진화 관련 서적들은 시대에 뒤떨어진 내용을 담고 있거나 또는 독자의 호기심을 만족시키기 위한 차원에서 쓴 것들이 대부분이다. 이러한 불모의 상황에서 이 책이 생물과학을 전공하는 학생이나 연구자들에게 진화학의 최근의 발전상을 소개하고, 또 일반 독자들에게는 단순한 호기심 이상의 진지한 지식을 줄 수 있다면 번역자로서는 더할 수 없는 기쁨이겠다.

미국에서 《마이크로코스모스》 원본이 발간된 것은 1986년이었고, 나의 번역본이 국내에 처음 소개된 것은 1987년 여름이었다. 그리고 사반세기의 세월이 흘러서 이제 더욱 정확한 내용을 담고 있는 《마이크로코스모스》가 발간되기에 이르렀다.

내가 린 마굴리스를 처음 만난 것은 1980년 여름, 미국 동부 해안 지방에서 가장 유명한 여름 휴양지 중의 하나인 케이프코드에서였다. 이곳에는 MBL(Marine Biological Laboratory)라는, 생물학자들에게는 널리 알려져 있는 독특한 연구소가 있는데, 매년 여름이면 대학원생들을 대상으로 하는 단기강좌를 여는 것으로도 유명했다. 당시 대학원 석사과정을 막 마치고 KIST에서 연구원 생활을 하던 나는 3개월간 미국 연수 기회를 얻어 MBL의 하계강좌에 참석했다.

어느 날 세계적 석학들의 공개 세미나가 개최되었고, 그곳에서 역자는 중년의 당당한 여류 과학자 강연을 접하게 되었는데 그녀가 바로 린 마굴리스였다. 그때 그녀가 한 강의 주제가 바로 이 책 《마이크로코스모스》의 내용과 거의 일치했는데, 당시 진화론에 대해서는 다윈의 자연선택 이론 정도나 알고 있었던 역자에게 세포공생 이론은 가히 메가톤급 충격이었다.

1986년 나는 미시간 대학에서 박사학위를 마친 후 귀국하기 전 1년 정도 박사후 연수를 밟고 있었다. 이때 내 인생에 커다란 영향을 미친 사건을 또 한 번 경험했다. 그때 대학본부 대강당에서 대학 직원과 일반인들을 대상으로 매달 공개 강연회가 열리고 있다는 것을 처음 알았는데, 그 강연의 연사들은 바로 세계적인 석학과 사회 저명인사들이었다. 이후 역자는 그 강연회의 단골 참석자가 되었고, 지금도 당시 스티븐 J. 굴드의 열정적인 진화론 열강에 감격했던 기억이 잊혀지지 않는다.

역자에게 그 강연회가 특히 인상적이었던 것은 인문과학과 사회과학, 자연과학과 공학을 막론하고 미시간 대학에 재직하는 저명한 교수들은 물론 신문에서나 간간히 얼굴을 접할 수 있었던, 소위 미국 지역사회의 거물들이 청중으로 참석하고 있다는 사실이었다. 더욱 놀라운 것은 미시간 대학에 적을 둔 그 많은 외국인 교수들과 외국인 학생들은 거의 찾아보기 어려웠다는 점이었다. 말하자면 그 강연회야말로 미국 주류 지배층인 WASP의 높은 지적 수준을 엿볼 수 있는 좋은 기회였던 셈이다.

이후 나는 한국의 현실과 미국의 현실을 곰곰이 생각해보았다. 특히 미국 사회와 우리 한국 사회의 엄청난 문화수준과 과학기술 차이에 대한 현실 인식과 더불어, 과학자의 입장에서 그런 괴리를 줄이는 데 도움이 될 수 있는 일은 무엇일까 하는 생각을 했다.

그러던 어느 날, 좋은 과학책을 번역해서 한국에 소개한다면 나름대로 기여할 수 있지 않을까 하는 생각이 들었다. 한걸음에 서점으로 달려간 나의 눈에 띄는 책이 있었으니 그것은 바로 린 마굴리스의 《마이크로코스모스》였다.

1987년 여름, 마침내 《마이크로코스모스》 한국어판이 출간되었다. 이 책은 출간되자마자 많은 독자들에게 과분한 사랑을 받았다. 당시 한국의 과학도서 출판시장의 열악함 때문에 선구적 과학지식에 목말랐을 독자들에게 가뭄에 단비 같았으리라. 결국 1988년 제6회 한국과학기술도서상 번역 부문 우수도서로 선정되어 과학기술처 장관상을 받는 영예까지 안았다.

이후 내가 과학, 환경 분야에서 10여 권의 번역서와 수많은 저서들을 잇달아 간행할 수 있었던 것은 두말할 필요 없이 《마이크로코스모스》에서 누린 독자들의 사랑과 격려 덕분이다.

과학도서의 수명은 일반적으로 다른 분야 도서들에 비해 짧다. 일취월장하는 현대과학의 발전 속도를 따라잡기가 이만저만 어려운 일이 아니기 때문일 테고, 특정한 과학자의 전기나 과학철학 관련 서적이 아닌 본격적인 과학교양 도서의 경우에는 더욱 그렇다고 할 수 있다. 그럼에도 불구하고 몇몇 과학도서들은 이제 과학고전의 반열의 올라섰다고 할 수 있는데, 리처드 리키의 《오리진》, 칼 세이건의 《코스모스》, 리처드 도킨스의 《이기적 유전자》 등이 그러하다. 《마이크로코스모스》 역시 과학고전의 하나로서 이 책이 여타 과학고전들과 다른 특징은 무엇일까?

앞에 제시한 과학고전들이 특정 과학 분야에서 최근에 이룩한 성과들을 두루 묶어서 독자들에게 쉽게 설명하는 데 커다란 성공을 거두었다면, 《마이크로코스모스》는 새로운 진화이론을 개척한 저자가 자신의 연구 결과를 독자들에게 직접 소개했다는 것이 커다란 특징이자 차이점이다. 《오리진》이나 《코스모스》가 출간되었다고 해서 학교 과학 교과서의 내용이 바뀌지는 않았지만, 《마이크로코스모스》에서 소개된 저자의 연구업적은 고스란히 생물학 교과서의 내용을 바꿀 수 있었다는 말이다.

이 책 여기저기에서 소개되고 있지만 1980년대까지만 해도 저자가 처음 제안했던 세포공생 이론은 많은 진화학자들에게 외면당했던 것이 사실이며 역자 역시 마굴리스 박사를 처음 만나기까지는 전혀 몰랐던 이론이었다. 하지만 그로부터 사반세기가 지난 지금, 린 마굴리스는 진화학의 새 길을 개척한 선구자로 널리 인정받고 있으며 그녀의 업적은 대학교 일반생물학 교과서에 자세히 소개되고 있다.

이번에 《마이크로코스모스》를 완전히 재번역하면서 나는 이전 번역본과의 차별점을 두기 위해 많은 노력을 기울였다.

첫째, 지난 번역서에서 드러났던 번역 오류를 바로 잡았다. 특히 그동안 우리나라 과학계가 장족의 발전을 하면서 많은 전문용어들이 재정비되고 새로운 우리말 용어가 만들어졌는데, 이런 점에 유의해서 올바른 전문용어 선택에 최선의 노력을 기울였다.

두 번째로, 우리말 번역의 고질적인 문제점의 하나였던 만연체

문장과 수동형 문장을 모두 현대식으로 다듬었다. 이제 젊은 독자들은 좀 더 세련된 문장에서 저자의 탁월한 글솜씨를 한결 만끽할 수 있을 것이다.

  마지막으로, 젊은 독자들의 이해를 돕기 위해 필요하다고 생각한 부분에는 일일이 옮긴이주를 달고 책 끝부분에 용어해설을 별도로 제시했다. 이로써 그동안 과학에 별로 흥미를 갖지 못했던 독자들도 이 책을 읽는 데 별다른 어려움이 없었으면 하는 것이 역자의 간절한 소망이다.

  이제 나도 지천명을 훌쩍 넘겨서 이순을 바라보는 나이가 되었다. 잠시 눈을 감고 지난 세월을 되돌아보면 젊은 과학도의 한 사람으로서 《마이크로코스모스》 원고를 품에 안고 귀국길에 올랐던 젊은 시절이 눈에 선하다. 역자가 그동안 실험실과 연구실에만 머물지 않고 비교적 폭넓은 사회생활을 할 수 있었던 것도 린 마굴리스 박사와 함께 일반대중과 함께 하는 과학자상에서 본받은 바가 적지 않을 것이다.

2011년 4월
홍욱희

용어해설

가이아 Gaia 본래는 땅earth을 관할하는 고대 그리스 여신의 이름. 제임스 러브록은 전체로서의 생물권이 자가보전적 존재임을 말하기 위해 이 용어를 빌렸다. ▶ 자가보전

감수분열 meiosis 알, 정자, 포자 등과 같은 배우자들을 형성하는 세포분열 메커니즘으로, 염색체의 수가 반으로 감소한다. 일반적으로 한 개의 세포가 2회의 연쇄분열로 네 개의 세포를 만든다. ▶ 유사분열

개체군 population 일정한 시간과 공간 안에서 생활하는 한 생물종 개체의 전부를 일컫는다.

거대생물우주 macrocosm 맨눈으로 관찰할 수 있는 동물, 식물, 균류 등의 생물로 구성되는 세계. 미생물우주의 상대적인 개념이다. ▶ 미생물우주

공생 symbiosis 두 종 이상의 생물이 서로 이익을 나누면서 공존하는 현상. 양자가 서로 이익을 교환하는 쌍리공생과 한쪽은 이익을 얻지만 다른 쪽은 이익도

손해도 없는 편리공생이 있다.

광합성 photosynthesis 녹색식물의 엽록체 안에서 공기 중의 이산화탄소와 뿌리에서 흡수한 물, 그리고 태양 에너지를 이용해서 탄수화물을 합성하는 메커니즘. 광합성의 부산물로 산소가 발생한다.

구과식물 conifers 겉씨식물의 구과목에서 소철류와 은행나무류를 제외한 무리. 대부분의 침엽수가 여기에 포함된다.

군집 community 일정한 시간과 공간 안에서 유기적 집합체를 이루어 생활하는 모든 생물 개체군. 공동체라고도 한다.

뉴클레오티드 nucleotide 염기와 당, 그리고 인산이 결합되어 만들어지는 핵산의 구성원. DNA에서는 아데닌, 구아닌, 시토신, 티민의 네 가지가, RNA에서는 티민 대신 우라실이 염기로 작용한다. ▶ 핵산

동원체 kinetochore 세포분열시 방추사가 염색체에 붙는 부분. 염색체의 일차 교착점에 나타나는 작은 입자를 말한다.

DNA deoxyribonucleic acid 복제, 재조합, 돌연변이가 가능한 생체에서 가장 중요한 분자. 뉴클레오티드의 중합체 polymer로서 유전정보를 다음 세대로 전해준다. ▶ RNA, 핵산

리보솜 ribosomes 모든 세포 속에 존재하는 작은 입자로 단백질 합성이 진행되는 세포소기관.

미생물우주 microcosm 박테리아, 원생생물 그리고 현미경적 균류들로 구성되는 미시 세계. ▶ 거대생물우주

미세소관 microtubules   주성분이 단백질로 이루어진 길고 가는 튜브 형태의 세포 소기관. 전자현미경으로만 관찰할 수 있는 미세 구조물로 세포에서 많이 발견된다. 자유생활을 하는 나선 모양의 스피로헤타가 변해서 만들어진 구조물로 추정된다. ▶ 스피로헤타

미토콘드리아 mitochondria   유핵세포들에서 발견되는 세포소기관으로 산소를 이용해서 에너지를 생산한다. 많은 생물학자들은 자유생활을 하던 막대 모양의 박테리아에서 미토콘드리아가 진화한 것으로 믿는다.

반수체 haploid   진핵세포들은 두 배우자가 접합할 때 양쪽으로부터 같은 수의 염색체를 얻어서 각 염색체가 쌍을 이룬다. 그런데 배우자가 접합하지 않고 발생을 시작하면 염색체가 쌍을 이루지 못하고 정상 세포의 반수에 불과하게 된다. 이를 반수체 세포라 한다. ▶ 배수체

반투과성막 semipermeable membrane   생체막의 특성을 설명하는 이론으로 세포막은 분자량이 작은 물질을 통과시키지만 그렇지 않은 물질은 쉽게 통과시키지 못한다. 이렇게 막이 선택적으로 물질을 통과시키는 특성을 가질 때 이런 막을 반투과성막이라 한다.

발효 fermentation   탄수화물이 미생물에 의해서 무산소적으로 분해되는 현상. 미생물은 이 메커니즘으로 탄수화물의 직접 산화에서보다 훨씬 적은 에너지를 얻는다.

배수체 polyploid   진핵세포에서 염색체 분열이 원만히 진행되지 못해서 정상 세포의 두 배 또는 그 이상의 염색체를 가진 세포를 의미한다. 농작물 품종 개량에 유용하다. ▶ 반수체

색소체 plastids   식물 세포 속에 존재하는 자가증식이 가능한 세포소기관. 엽록

소를 가지면 엽록체가 되고, 적색이나 갈색의 색소를 가지면 잡색체가 된다. ▶
엽록체

생물권biosphere 지구에서 생존하는 모든 생물과 그들의 서식 환경을 통틀어서 지칭하는 단어.

성sex 이 책에서는 암컷 수컷의 구별이 아니라 그 기능을 중시하여 두 개 이상의 다른 근원에서 오는 유전자의 결합 또는 혼합을 의미한다. 따라서 생식과는 확연히 구별된다.

성선택적sexual selection 사슴의 뿔, 새의 화려한 깃이나 자태, 사자의 갈기, 남자의 수염 등은 생존에 거의 도움이 되지 않으면서도 오랜 진화의 경로를 밟아왔다. 이는 그런 형질을 발달시킨 생물이 배우자를 선택하는 데 크게 유리했기 때문이라고 설명할 수 있다. 이처럼 성적 유인 효과에 근거하여 가해지는 진화 압력을 성선택이라고 불러서 자연선택과 구별하는 것이 보통이다. 성선택 이론 역시 다윈이 처음 주장했다.

스피로헤타spirochetes 코르크 병마개 따개 모양으로 생긴 (나선형의) 박테리아. 신속하게 이동할 수 있으며 이들 중 어떤 종은 병원성이다.

시안박테리아cyanobacterian 광합성을 하는 박테리아의 일종. 원시 지구에서 처음 광합성을 하여 생물학적 유기물을 합성했다. 남조류blue-green algae라 부르며 조류algae의 한 종류에 포함되기도 한다.

RNAribonucleic acid 구조상으로 DNA와 비슷하고 역시 복제가 가능한 분자. DNA의 유전정보를 해독해서 단백질을 합성하는 데 중요한 역할을 한다. ▶
DNA

ATPadenosine triphosphate. 생체 내에서 에너지 획득 및 이용에 중요한 역할을 하는 뉴클레오티드의 일종. ATP가 ADP로 분해되면 에너지가 나오고 그 반대이면 에너지가 저장된다. ▶ 뉴클레오티드

염색체chromosomes DNA 가닥과 히스톤 단백질로 구성된 막대 모양의 세포소기관. 핵 속에 있고, 세포분열시 둘로 나뉘어 유전정보를 자세포로 옮긴다.

엽록체chloroplasts 색소체의 일종으로 식물과 조류에 존재하는 녹색의 세포소기관. 광합성이 진행되는 부분으로 학자들은 원시 광합성 박테리아에서 진화된 것으로 생각한다. ▶ 광합성

영장류primates 원숭이와 인류가 포함되어 있는 포유류 강의 한 목.

원생생물protists 유핵세포들로 구성된 미생물 집단. 크기만 작을 뿐 박테리아와는 달리 진핵세포의 모든 특성을 가졌다.

유관속식물vascular plant 양치식물(고사리, 고비 등) 및 종자식물(모든 꽃피는 식물)을 포함해서 일컫는 말. 식물체 안에 물과 양분을 운반하는 통로가 있다. 관속식물이라고도 한다.

유인원apes 영장류는 크게 꼬리가 있는 원숭이 무리와 우리 인간처럼 꼬리가 없는 유인원 무리로 구분된다. 원숭이 무리에는 대부분의 원숭이들이 포함되며, 유인원에는 사람을 포함하여 오랑우탄, 침팬지, 고릴라, 긴팔원숭이 등이 있다.

유사분열mitosis 유핵세포가 분열하여 두 개의 자세포가 되는 현상. DNA의 복제에 의해서 염색체는 자세포에게 그대로 전달된다. ▶ 감수분열

유전암호genetic codes   DNA의 가닥에서 각 세 개씩의 염기는 하나의 특정한 아미노산을 지정한다. 이렇게 DNA가 소유하는 아미노산 배열 순서를 DNA의 유전암호라 한다.

유전자 재조합gene recombination   인위적, 자연적 수단에 의해서 자세포의 염색체가 양친의 것과 달라지는 현상. 분자생물학에서는 흔히 플라스미드plasmids를 박테리아에 주입해서 인간에게 유리하도록 새로운 종을 창조한다. ▶ 플라스미드

자가보전autopoiesis   모든 생물의 특성이 계속 유지될 수 있도록 탄소화합물 형성을 포함한 생물체 특유의 에너지를 소모하는 생물학적 현상. 생물의 특성을 비생물에 비교하여 자가보전적 존재로 정의할 수 있다.

자연선택natural selection   특정 환경에서 실제로 생존할 수 있는 정도보다 더 많은 자손을 번식시키려 하는 생물적 특성 때문에 그렇게 번식된 생물체의 대부분을 제거하는 자연의 필연적 '솎아주기' 작업. 생물 집단은 공간, 식량 기타 여러 조건이 결핍되면 지속적인 성장과 번식이 언제나 방해를 받는다.

적응방산adaptive radiation   생물군이 환경에 적응해가는 과정에서 식성이나 생활 방식에 따라 형태적 기능적으로 다양하게 분화하는 현상. 예를 들어, 오스트레일리아 대륙에서 원시적인 유대류가 적응방산 결과, 자식을 주머니 속에서 키우는 다양한 동물종으로 분화했다

전이적 구조물dissipative structures   우주의 제한된 일부 장소에서는 물질, 에너지, 정보의 유통이 매우 풍요롭다. 그 결과 국지적으로 스스로를 조직하고 임의로 형태를 구성할 수 있는 구조체가 나타나게 된다. 지구에서 생물체 출현 이전에 나타났던 그런 구조물을 의미한다.

접합fusion 두 개의 생식세포가 합해져서 하나의 세포가 되는 현상.

지의류lichens 균류fungi와 조류algae의 공생체인 하등식물. 나무껍질이나 바위 표면에서 발견된다.

처녀생식pathenogenesis 수정 단계를 거치지 않고 난세포 또는 그 부근의 세포가 완전한 한 개체로 발전하는 현상.

척삭동물chordates 일생 또는 적어도 발생 초기에 몸을 지탱하는 척삭을 가진 동물류. 원색동물과 척추동물 모두 포함된다.

초생물superorganism 진화학적으로 여러 종류의 생물체가 한데 모여서 구성된 생물 집단. 미생물우주의 관점에서 보면 각종 미생물의 총합인 고등생물 하나하나가(인간까지 포함해서) 바로 초생물에 해당하고, 또 고등생물의 입장에서 본다면 지상에 존재하는 모든 생물의 총합인 가이아가 바로 초생물이다.

클론clones 하나의 세포 또는 하나의 개체로부터 무성적으로 형성된 자세포군. 이들은 모두 모세포 또는 모생물과 똑같은 유전적 특성을 가진다. 인위적으로 클론을 만드는 기작을 클로닝cloning이라 한다. 인간 클론을 만드는 작업을 인간복제라고 부른다.

태류liverworts 우산이끼, 비늘이끼 등이 속하며, 겉모습은 이끼류와 비슷하지만 더 원시적이다. 육상에 진출했던 최초의 식물군으로 간주한다.

퇴화devolution 한 생물종이 멸종되기 직전에 갑자기 지나치게 번성하는 현상. 퇴행성 진화라고도 한다.

파상족undulipodia 미세소관의 규칙적인 배열로 만들어지는 채찍 비슷한 형태의 세포 '꼬리', 특히 원핵세포에서 나타나는 편모flagella에 대응해서 유핵세포의 것을 가리킨다.

파지phages   박테리아에 기생하는 바이러스의 총칭. '박테리오파지'라고도 부른다.

페로몬pheromone   같은 종의 다른 개체에게 영향을 주기 위해 동물이 몸 밖으로 분비하는 화학물질. 가장 유명한 페로몬은 성 유인물질로 일종의 호르몬이다.

포배blastula   배 발생시 난할이 진전되어 세포가 미세한 공 모양으로 겉에만 붙어 있고 속이 비어 있는 시기. 난할이란 수정란이 분열해가는 과정을 말한다.

플라스미드plasmids   박테리아에서 발견되는 주염색체가 아닌 조각 DNA 사슬. 자가증식이 가능하고 쉽게 다른 박테리아로 옮겨간다.

피자식물angiosperm   종자식물을 크게 둘로 나눈 것 중 하나로, 나자식물에 대응하는 식물군. 겉씨식물이라고도 한다. 활엽수와 초본류의 대부분이 여기에 속한다.

하이퍼사이클hypercycle   원시 지구에서 화학적 진화가 진행될 때 나타났던 한 과정. 무생물적 화학반응들이 상호작용해서 마치 촉매처럼 각각의 반응을 촉진했는데 이를 하이퍼사이클이라 한다. 하이퍼사이클의 결과 자가보전적 생물체가 출현했다.

핵산nucleic acids   뉴클레오티드의 중합으로 이루어지는 거대분자. 단백질과 함께 가장 중요한 세포 구성 물질로 DNA와 RNA를 포함한다. ➡ DNA, RNA, 뉴클레오티드

행성생태학Planetary ecology 범지구적 차원에서 생물과 환경의 관계를 연구하는 생태학의 한 분과. 최근에는 다른 행성의 생물을 연구하는 분야로까지 발전하고 있다.

형질도입transduction 박테리아의 유전자가 파지에 통합되어 한 박테리아에서 다른 박테리아로 전달되는 현상. ▶ 파지

현화식물flowering plants 종자를 형성하는 유관속식물의 총칭. 피자식물과 나자식물 등이 모두 포함되지만 고사리 같은 양치식물은 제외된다.

주

1 W. Kaufman, 1980, *Discovering the Mind*, Vol. 3, Freud versus Adler and Jung (McGraw-Hill, New York), p. 467에서 인용.

2 Forum, *Harper's Magazine*, Vol. 280, No. 1679(April 1990), pp. 37-38 참조.

3 J. L. Hall, Z. Ramanis and D. J. L. Luck, Basal Body/centriolar DNA: molecular genetic studies in *Chlamydomonas*, *Cell* 59(1989), pp. 121-132 참조. 1989년 그들이 최초로 논문을 발표한 이후, 비록 형광현미경으로 중심체-키네토솜의 근저를 관찰한 결과이기는 하지만, 그들은 이제 이 DNA가 핵막의 내부에 있으면서 방추사에 매달려서 마치 스스로 '운동성'을 지닌 염색체처럼 유사분열할 때 이동한다고 결론내렸다. John L. Hall and David J. L. Luck(1995, *Proceedings of the National Academy of Sciences* 88, pp. 8184-8188). 이 염색체는 유전자 조사로(지금까지 파상족 운동에 영향을 미치는 적어도 19개 유전자의 DNA 암호가 밝혀졌는데) uni-link-age group이라 불린다. 이 중요한 연구에 대해 더 찾아보려

면 "Swmming Against the Current," in the New York Academy of Science's Magazine *The Sciences*, pp. 20-25, January/February 1997 issue by L. Margulis and M. F. Dolan과 *Slanted Truths: Essays on Gaia. Symbiosis and Evolution* by Lynn Margulis and Dorian Sagan(New York: Copernicus Books, Springer Verlag, 1997)을 참조.

4 D. Sagan, *Biospheres: Metamorphosis of Planet Earth*(New York: McGraw-Hill, 1990; paperback edition New York: Bantam Books) 참조.

5 L. Margulis and E. Dobb, "Untimely Requiem," review of *The End of Nature* by McKibben(New York: Random House, 1989), *The Sciences*(January/February 1990), pp. 44-49 참조.

6 M. McFall-Ngai, "Luminous Bacterial Symbiosis in Fish Evolution," Chapter 25 in L. Margulis and R. Fester, eds., *Evolution and Speciation: Symbiosis as a Source of Evolutionary Innovation* (Cambridge, Mass.: MIT Press, 1991), pp. 380-409 참조.

7 Atsatt, P., "Fungi and the Origin of Land Plants," Chapter 21, in L. Margulis and R. Fester, eds., *Evolution and Speciation: Symbiosis as a Source of Evolutionary Innovation*(Cambridge, Mass.: MIT Press, 1991), pp. 301-316 참조.

8 1929년 러시아어 원문과 프랑스어로 번역되어 출간된 이후 무려 70년 이상 지나서 1998년 블라디미르 이바노비치 베르나드스키의 명저 《생물권The Biosphere》 영어판을 만나게 되었다. 이 책은 레닌그라드에서 1926년에 처음 펴냈고, 1967년 모스크바에서 재발간되었다. 하지만 완전한 영어판은 아직 발간되지 않았다. 1998년 영어판의 발행 출판사는 Copernicus Books로 Springer Verlag(New York and Heidelberg)의 계열사이다. 영어 번역자는 David Langmuir였고 L.

Margulis가 서문을 썼고 12개국의 과학자들이 후원했다. Mark A. McMenamin과 Jacques Grinevald 교수가 주석을 달고 새롭게 참조 문헌을 정리했다.

9   T. H. Johnson, ed., *The Complete Poems of Emily Dickinson* (Boston/Toronto: Little, Brown & Co. 1890, 1960), pp. 599-600의 첫행 1440(circa 1877)과 마지막 구절(1400).

10 진핵생물eukaryotes에는 우리에게 익숙한 식물계와 동물계가 포함될 뿐 아니라, 그보다 익숙하지 않은 균계fungi와 원생생물계도 모두 포함된다. 원생생물protists은 학술용어는 아니지만 (크기가 작다는 의미로) 미생물이며 보통 단세포로 생활하는 원생생물계의 구성원을 일컫는 단어이다. 단세포성 균류는 보통 '효모yeasts'라고 한다. 원생생물계는 아메바, 섬모충류ciliates, 말라리아원충, (그리고 일반적으로 원생생물로 불리는 운동성 미생물), 규조류diatoms, 해조류seaweeds 및 조류algae, 물곰팡이water molds, 식물체에 기생하는 플라스모디움plasmodium, 기타 다른 생물계에 포함시키기 곤란한 생물들로 구성된다. 오늘날 원생생물계에 속하는 생물은 거의 20만 종에 이르며 그들은 약 50개의 생물문으로 나뉜다. 진핵생물군의 다른 세계를 진화의 순서대로 표시하면 동물계, 균계, 식물계가 된다. 동물계는 난자와 정자가 융합하여 배embryos를 발생시켜 발생한 동물들을 아우르고, 균계는 사상균molds, 버섯류, 효모, 녹병균rusts, 말불버섯puffballs 및 이들과 관련된 포자에서 발생하는 생물을 포함한다. 식물계는 이끼류, 태류liverworts, 고사리류, 구과cone를 맺거나 꽃을 피우는 종을 말하는데 이들은 보호조직으로 둘러싸인 배에서 발생된다. 다섯 번째이자 가장 먼저 진화를 시작한 생물계는 미생물계로, 전적으로 원핵생물 즉 박테리아로 구성된다(박테리아를 일컫는 여러 단어들─미생물, 원핵생물, 병원균 등─은 과학의 여러 다른 분야에서 같은 대상을 각각 연구했던 전통에서 비롯된다. 박물학, 식물학, 미생물학, 의학, 농학,

동물학 등은 미생물을 동정하고 명명하며 또 분류하는 데 극단적으로 다른 전통들을 확립하고 있다). 미생물microbes이라는 단어는 진화학이나 분류학상으로 특별한 의미가 있는 것은 아니며 주로 현미경을 통해서 볼 수 있는 생물체를 뜻하는 미생물microorganism이라는 단어와 함께 널리 사용되고 있다. 모든 원핵생물과 원생생물이나 곰팡이류 같은 많은 진핵생물도 인간의 눈으로 직접 관찰할 수 없을 정도로 작기 때문에 종종 미생물로 간주한다. microorganism과 microbe는 동의어이지만 이 책에서는 좀 더 생물학적이며 비교적 덜 의학적인 단어인 microbe를 주로 사용한다.

11 일부 생물학자들은 아직도 미토콘드리아, 엽록체, 기타 진핵세포 속의 여러 세포소기관organelles이 공생에 의해 만들어졌다는 이론을 믿지 않는다. 그러나 이 이론을 지지하지 않는 학자들의 수는 점차 감소하고 있다. 이 책에서 제시하는 증거들이 생물학자들을(그리고 일반 독자들도 함께) 설득해서 생물의 진화를 공생적 현상으로 생각하는 사람이 많아졌으면 하는 것이 저자들의 소망이다(이 책은 1980년대에 초판이 발행되었다. 그로부터 20여 년이 지난 현재 이 책에서 제시한 마굴리스의 주장은 대부분 대학교 일반생물학 교과서에 실려 있다 -옮긴이주).

12 Charles Darwin, *The Variation of Animals and Plants under Domestication*, vol. 2(New York: Organe Judd, 1868), p. 204.

13 Francis Crick, *Life Itself: Its Origin and Nature*(New York: Simon & Schuster, 1981).

14 Steven Weinberg, *The First Three Minutes*(New York: Basic Books, 1977).

15 생물의 건조 중량의 나머지 1퍼센트는 더 희귀하지만 역시 필수적인 원소인 아연, 칼륨, 나트륨, 망간, 마그네슘, 칼슘, 철, 코발트, 구리, 셀레늄 등으로 구성된다.

16 '자가보전'과 '생명의 기원'의 관계는 것은 다음을 참조. G. R. Fleischaker, "Origins of Life: An Operational Definition" in *Origins of Life and Evolution of Biosphere*, vol. 20(Dordrecht, Netherlands: Kluwer Academic Publishers, 1990), pp. 127-137.

17 1979년 캘리포니아 대학 산타바바라 분교의 스탠리 M. 어래믹은 약 34억 년 정도 된 오스트레일리아 워러우나 암층Warrawooma Formation에서 특별히 잘 보존된 필라멘트 형태의 다세포적 미소구조물multicellular microstructures을 발견했다. 만약 이 화석이 주위의 암석과 연령이 같다면, 이 발견은 우리가 알고 있던 것보다 훨씬 오래전에 더욱 복잡한 구조물이 존재했음을 증명하는 것이다. 그런데 이 화석들이 발견되었던 지층은 생성 연대가 각기 다른 여러 광물들로 구성된 퇴적암층이어서 방사능 연대 측정이 불가능했다. 이럴 경우에는 주변의 화성암들을 조사하여 퇴적암의 생성 시기를 추정할 수밖에 없게 된다. 1991년 마침내 오스트레일리아산 미생물화석의 연대 측정이 그대로 확정되었다.

18 자연에 존재하는 탄소는 화학적으로 같지만 물리적으로는 다른 몇 가지 형태가 있다. 그 차이는 탄소원자 핵에 있는 중성자의 수에서 나오는데 우리 주위의 탄소들은 대부분 안정된 C^{12}의 형태이다. C^{13}도 안정된 탄소이지만 그 양은 전체 탄소의 1퍼센트 미만이며 불안정한 탄소인 C^{14}는 그보다 더욱 희귀하다. 광합성 과정에서 생물은 C^{12}를 선호하기 때문에 생물체에는 C^{12}와 C^{13}의 비율이 특이하게 나타난다. 이런 이유 때문에 어떤 지역의 탄소 광물이 광합성에서 기원하는지 알려면 그 물질의 탄소 구성비를 측정하게 된다.

19 박테리아의 성장을 계산하는 공식은 2^n이며 이때 n은 세대수를 의미한다. 박테리아는 한 시간에 세 번 분열할 수 있으므로 한 마리의 박테리아가 2일 후에는 3세대/시간×48시간=2,144개가 된다.

20 포자spore는 오랜 가뭄이나 기타 불리한 환경 조건에서 생존하기 위한

수단이다. 포자가 형성될 때는 먼저 세포 속의 유전물질과 단백질 합성물질을 단단한 껍질로 둘러싸고 이어서 다른 부분들은 분해되어버린다. 일단 형성된 포자는 주위 환경이 좋아질 때까지 발아하지 않는다. 박테리아 포자는 휴지 상태로 수십 년 동안 살아 있을 수 있다고 보고되었다. 비록 인간의 수명이 짧아서 증명할 수는 없지만 건조한 포자가 수백 년 심지어 수천 년 동안 생존할 가능성은 매우 크다.

21 MacLyn McCarty, *The Transforming Principle: Discovering that Genes Are Made of DNA* (New York: W. W. Norton, 1985) 참조.
22 Sorin Sonea and Maurice Panisset, *The New Bacteriology* (Boston: Jones and Bartlett, 1983), p. 22 참조.
23 생물은 주위 환경에서 만들어져 그 환경을 이용할 뿐만 아니라, 대기 중의 기체 조성을(화학평형의 법칙에 위반하여) 조절한다는 이론을 '가이아 가설Gaia hypothesis'이라고 한다. E. Lovelock, *Ages of Gaia* (New York: W. W. Norton, 1988) 참조(이 책은 국내에서 번역본이 절판되었지만 역시 같은 저자의 저서 《가이아Gaia》 번역본은 구할 수 있다-옮긴이주).
24 Sonea and Panisset, p. 85 참조.
25 Frederik Turner, "Cultivating the American Garden," *Harper's Magazine*, August, 1985, pp. 45-52에서 인용. 더 자세한 설명은 *Earth's Earliest Biosphere: Its Origin and Evolution*, ed. William Schopf (Princeton, N. J.: Princeton Univ. Press, 1983) 참조. Schopf는 초기 생명체의 상황에 대해 기술적인 설명과 함께 조금 다른 관점을 제시한다. 처음 생명이 탄생했을 때부터 약 10억 년 전 진핵세포가 나타날 때까지 사람들이 곧잘 간과하는 시기에 대해서는 Lynn Margulis, *Early Life* (Boston: Jones and Barlett, 1982) 참조.
26 James Lovelock, *Gaia: A New Look at Life on Earth* (New York: Oxford Univ. Press, 1979), p. 69에서 인용.

27 Chet Raymo, *Biography of a Planet*(Englewood Cliffs, N.J.: Prentice Hall, 1984), p. 72에서 인용.

28 W. H. F. Doolittle and Carmen Sapienza, "Selfish genes: the phenotype paradigm and genome evolution", *Nature* 284(April 17, 1980), pp. 601-603에서 인용.

29 사람의 각 염색체에는 약 1미터의 DNA 가닥이 있고, 한 세포에는 46개의 염색체가 존재한다. 사람의 몸은 약 1,012개의 세포로 구성되어 있으므로 전체 염색체의 길이는 모두 46만조 미터에 이른다. 이에 비해서 지구에서 달까지의 거리는 단지 23만 9,000마일에 불과하다.

30 당사자와 직접 통화. 더 자세한 내용은 R. Klein and A. Conquist, "A consideration of the evolutionary and taxonomic significance of some biochemical micromorphological and physiological characters in the Thallophytes," *Quarterly Review of Biology* 42(1967), pp.105-296 참조.

31 전광우 박사의 업적에 대해 좀 더 자세한 내용을 알려면 "Amoeba and X-bacteria: Symbiont Acquisition and Possible Species Change" in *Symbiosis as a Source of Evolutionary Innovation, Speciation and Morphogenesis*, eds. Lynn Margulis and Rene Fester(Cambridge, Mass.: MIT Press, 1991)에서 전 박사가 직접 쓴 장을 참조.

32 액슬로드의 넌제로-섬 게임 연구모임 학회에 대한 자세한 내용은 Robert M. Axelrod, *The Evolution of Cooperation*(New York: Basic Books, 1984)를 참조.

33 테르모플라스마 박테리아는 약 5퍼센트의 산소가 있는 공기 중에서 가장 잘 성장한다. 산소 농도를 점차 높여주면 현재의 대기 중 산소 농도인 20퍼센트에 이르기 훨씬 이전에 모두 사멸한다.

34 어떤 진핵생물은 다른 생물체 내부의 혐기성 상태에서 공생적으로 생

활하며 따라서 자신의 미토콘드리아를 잃고 있다(그러나 그들의 구조와 생식 특성은 명백하게 진핵생물적이며 미토콘드리아 없이 진화를 거듭한 원핵생물의 것은 아니다). 또 어떤 진핵생물은 미토콘드리아를 잃은 대신 미토콘드리아의 대리인격인 새로운 공생 박테리아를 소유하기도 한다. 그러나 그런 대리 미토콘드리아는 본래의 미토콘드리아와 똑같을 수 없다. 그들은 미토콘드리아의 생존에 필요한 산소 농도보다 훨씬 낮은 농도에서 기능을 발휘한다. 다만 그 기능은 본질적으로 미토콘드리아와 동일하다. L. Margulis, L. Olendzenski and H. McKhann, *Glossary of Protoctista* (Boston: Jones & Barlett, 1994)를 참조.

35 1옹스트롬(Å)=1억 분의 1미터. 1만 옹스트롬=1미크론. 1미크론(마이크로미터, μm)=100만분의 1미터. 박테리아 세포의 지름은 보통 1미크론이다. 1,000미크론은 1밀리미터와 같고 10,000미크론은 1센티미터이다. 지름이 약 500미크론인 구(아주 미세한 모래 입자 같은)는 육안으로 관찰할 수 있다. 여러 종류의 현미경을 사용하면 미생물우주의 구성원들을 관찰할 수 있는데 그 길이는 보통 수백 미크론에서부터 DNA 나선의 두께인 0.001미크론 또는 10옹스트롬까지이다.

36 David C. Smith, "From extracellular to intracellular: the establishment of a symbiosis", *Proceedings of the Royal Society* 204(London, 1979), pp. 115-130을 참조.

37 '편모'는 박테리아의 회전 모터에 부착되어 있는 채찍 비슷한 돌출물을 주로 일컫기 때문에 진핵세포의 편모를 파상족undulipodia으로 명명하여 따로 구별하고, 편모라는 명칭은 박테리아의 이동성 돌출물에 국한해서 사용하는 것이 바람직하다. Margulis, L. and Sagan, D., *Origins of Sex*(New Haven, CT: Yale University press, 1990), L. Margulis, *Symbiosis in Cell evolution*. (Note 2 above) and Margulis, L., Corliss, J., Melkonian, D. and Chapman, D.

Handbook of Protoctista(Boston: Jones and Bartlett, 1990) 등을 참조(위에서 *Origins of Sex*는 "섹스란 무엇인가"라는 제목으로 역자의 번역본이 나와 있다-옮긴이주).

38　Charles Darwin, *"The Origin of Species by Means of Natural Selection or the Preservation of Favored Races in the Struggle of Life*, first edition 1859, Penguin Classic edition 1968, reprinted 1981 (Harmondsworth, Middlesex, England: Penguin, Limited), J. W. Burrows, editor, p. 453을 참조.

39　M. A. Sleigh, "Origin and evolution of flagellar movement," *Cell Motility* 5(1985), pp. 137-73 참조. 이 잡지에는 "Fundamental Problems of Movement of Cilia, Eukaryotic Flagella and Related Systems"라는 제목으로 개최된 U.S.-Japan Cooperative Science Program 세미나 발표 논문집도 들어 있다.

40　영국의 해부학자 D. Wheatley는 이 문제만을 다룬 *The Centriole: A Central Enigma*(Amsterdam, New York, and Oxford: Elsevier Biomedical Press, 1983)을 저술했다. 이 책에서 그는 세포생물학과 관련된 문헌들을 탁월하게 검토했지만 제목이 던져준 수수께끼는 여전히 풀지 못했다.

41　Albert Einstein, "Letter to Jacques Hadamard," in Jacques Hadamard, *The Psychology of Invention in the Mathematical Field* (Princeton, N. J.: Princeton Univ. Press, 1958), p. 82에서 인용.

42　John von Neumann, *The Computer and the Brain*(New Haven: Yale Univ. Press, 1958) p. 82에서 인용.

43　Alan Moorehead, *Darwin and the Beagle*(New York and Evanston, Ill.: Herper and Row, 1969), pp. 259-261에서 인용.

44　"The Damned Human race" in Mark Twain, *Letters from the Earth*, ed. Bernardo DeVoto(1938; rp. New York: Harper&Row

Publishers, 1962), pp. 215-216에서 인용.

45 마이크로코스모스 확장에 대해 관심이 있는 독자들에게는 Calder의 책 *Time Scale: An Atlas of the 4th Dimension*(New York: Viking Press, 1983)을 추천한다. 지구에서 생물이 어떻게 진화했는지를 설명할 수 있는 포괄적인 이론이 최근에야 발전했다. 지구 역사는 여러 관점에서 볼 수 있고, 이에 대한 과학적 논쟁과 발견은 끊임없이 진행 중이다. 칼더는 자신이 발전시킨 새로운 지구 생물의 역사 기술 방법론을 최초의 지도 작성 과정에 비유했다. 그의 저서는 "우주의 기원과 현재 사이에 나타난 커다란 사건들을 시간적으로 잘 정돈하려는 시도"를 보여주는 소수의 책들 중 하나이다. 그는 역사란 사건의 발생 연도, 토기의 발달, 왕 이름의 나열 등을 모두 합친 것 이상이라고 주장한다. 실제로, 교과서에 나타나는 전통적인 방식의 역사 기술은 단지 빙산의 일각일 뿐이다. 진정한 역사는 선사prehistory의 역사이며 우리의 살아 있는 유산을 추구하는 역사이다. 이 주제에 대해 더 자세히 찾아보려면 Chet Raymo, *Biography of a Planet*(Englewood Cliffs, N.J.: Prentice Hall, 1984)과 Lynn Margulis and Dorian Sagan, *What is Life?*를 참조할 것. 이 두 책은 최초 생물이 탄생한 30억 년 전부터 이후 생물의 진화 과정에 대해 잘 안내해준다(후자는 국내에서도 번역 출간되었다-옮긴이주).

46 William Irwin Thompson, "On Food-Sharing, Communion, and Human Culture", a sermon delivered at the Cathedral Church of St. John the Divine, November 1, 1981을 참조.

47 우리 시대의 가장 사려 깊은 사회비평가 중 한 사람인 Thompson은 *The Time Falling Bodies Take to Light*(New York: St. Martin's Press, 1981; reissued in 1996)을 집필했다. 이 흥미로운 책에서 그는 우리 인류의 신화 창조 경향성을 검토했는데 심각하게 받아들일 만한 결론을 제시했다.

48 John R. Platt, "The Acceleration of Evolution," *The Futurist*, February, 1981.
49 누군가의 관찰이 과학적 진실이 되기까지 필요한 유별난 사회적 경로에 대한 놀라운 분석은 Ludvik Fleck's *The Genesis and Development of a Scientific fact*, originally written in German in 1936. 유려한 번역에 주석이 첨가된 영어 번역본은 1979년 University of Chicago Press가 문고판으로 발간했다.
50 이 이야기는 *The Science Fiction Hall of Fame*, Vol. 1, ed. Robert Silverberg(Garden City, N. Y.: Doubleday, 1970), pp. 87-111에서 찾아볼 수 있다.
51 Christopher Evans, *The MicroMillenium*(New York: Washington Square Press, 1981), pp. 112-121. 이 책은 컴퓨터의 미래를 중장기적으로 예측하고 있다.
52 Nobert Wiener, *Cybernetics: Or Control and Communication in the Animal and the Machine*(Cambridge, Mass.: MIT Press, 1961), p. 176 참조.
53 가이아 이론의 명명자, 주창자, 비판자, 비방자 등에 대한 생생한 논의를 찾아보려면 *Gaia in Action: Science of the Living Earth*, edited by P.Bunyard(Edinburgh: Floris Books, 1996)을 찾아볼 것.
54 Richard Dawkins, *The Extended Phenotype*(San Francisco: W. H. Freeman, 1982), p. 236 참조.

찾아보기

ㄱ

가이아 13~14, 17, 20~22, 366~368, 371~372, 378, 380
개방 생태계 319
간균 179, 363
간상세포 203~204, 280
갉작이 박테리아 175
감수분열적 성 213~214, 216, 220~222, 226~228, 256, 260, 341
계통파충류 279, 282
고니움 236~237
고자기학 53
광합성 박테리아 132, 136~137, 139~141, 264, 281

ㄴ

남조류 박테리아 132~133 141, 250
네메시스 273~274
네오디니움 320
니오터니 289, 293~295
노이만, 요한 폰 206, 359~360
넌제로섬 게임 165~167
뉴클레오티드 62~65, 69, 71, 209, 321, 345, 349

ㄷ

다윈, 찰스 9, 22, 24, 33, 38, 42, 60, 164, 191, 247~248, 269, 285, 311~312, 316, 321, 355, 378, 385
델로비브리오 174~175
도킨스, 리처드 371, 386
동정편모류 334

ㄹ

라마르크, 안톤 드 247
라스코 동굴 133, 308, 315
러브록, 제임스 13, 120, 366~372, 375
루시 300, 312
리보스 65, 71
리프티아 60

ㅁ

마이오세 311
메뉴포트 303
매스티지아스 351
맥각곰팡이 262
메소디니움 루브룸 352
모네라계 154

무성생식 216, 222, 225
무성포자 261
무스테리안 석기 308
미생물융단 140, 141, 149, 174, 179, 244, 250
미세소관 38~39, 188, 190~191, 195~200, 204~205, 207, 221, 233, 234, 255, 256
미소생물 32
미토콘드리아 25, 36~37, 39, 144, 148, 153, 155, 159, 168, 171~180, 188, 199, 202, 209, 227, 243, 264, 271, 315, 342, 344
믹소트리카 194~195
밀러, 스탠리 61

ㅂ

반수체 217, 219~220, 222, 225~226, 351
배세포 201~202, 215, 217
배수 염색체 226
버제스 사암층 249
부름 빙하기 302
뿌리혹박테리아 239

ㅅ

사피엔자, 카르멘 156
산안드레아 단층 54
산화환원전위 147
삼인산화물 62
생명의 순간발생설 64
생명의 외계진입설 64
생물권 7, 10, 13, 17, 21, 26, 40~43, 112, 120, 131, 134, 146~147, 149, 180, 207~208, 226, 258, 272, 274, 317, 329~333, 337~338, 344, 354~356, 360~362, 364~369, 371, 372, 374~375, 379~382
생체발광 143

생합성 145
술폴로부스 178
섬모 38, 189~190, 194~195, 201
섬모충류 38, 190, 194, 201, 223, 235, 352
섬유사 197
세이모우리아 279, 282
세포공생 이론 159, 385, 387
세포 채찍 15
세포핵 분열 350
셀룰로스 39, 195, 238
숙주 박테리아 175~178
스테로이드 177~178
스트렙토마이신 174
스트로마톨라이트 140~141, 179
스티콜론치 207
스펜서, 허버트 164~165
스피로헤타 15, 119, 188~189, 191~196, 198~200, 203~206, 209~210, 221, 224, 234, 243, 264, 272, 315, 319, 338, 353~354
시스모제니시스 70
시안박테리아 25, 132, 134~135, 137, 139, 141~142, 144~146, 148~149, 158~159, 172, 180, 182, 234, 238
시안화물 52
시안화수소 65
시카도필리케일 240
신경소관 204
씨앗고사리 240~241, 277~278, 334

ㅇ

아우렐리아 종 225, 227
아인슈타인, 알베르트 205
RNA 바이러스 63
알타미라 동굴 308
애크리타치 153~156

양성생식 216~217, 220
양자 모터 125
오르트 위성운 274
오스트랄로피테신 297, 299~300, 310, 334
오스트랄로피테쿠스 297, 303
오스트랄로피테쿠스 로부스투스 297, 298
오스트랄로피테쿠스 아파렌시스 300, 310
오실라토리아 림네티카 135
와인버그, 스티븐 49
원추세포 203~204
원핵생물 34~36, 111, 115, 122, 154, 167, 171, 176, 213, 321, 380
원핵생물 초계 154
원핵세포 127, 148, 153, 157~158, 160, 168, 179
유공충 258
유글레나 180, 182
유성생식 115, 121, 214~215, 220, 222, 224~225
유스테노프테론 276~277
유전자 풀 35
이수아 암층 136
이중나선 구조 114
익티오스테가 277

ㅈ

자가보전 70~72, 337, 354, 359, 363, 365, 367~368, 378
자연적 변이 345
적응방사 279
제로섬 게임 165
제2생물권 319
제2의 자궁 293
죄수의 딜레마 166
주자극성 박테리아 320

줄무늬 철광층 137
진핵생물 34,~35, 116, 120~122, 148, 153~156, 178, 182, 190, 196
진핵생물 초계 154
질소고정박테리아 125, 145

ㅊ

척삭동물 253,~254, 298, 274
체세포분열 198, 218, 221
초생물 36, 123, 143, 167, 207, 343, 367, 371
초편모충류 221, 224
총기류 276
축족충류 188
층공충 250,~251

ㅋ

콘볼루타 로스코펜시스 352
콩과식물 39
크로모님 116
크로모박테리움 139
크롬버그 암층 91
크립토조아 141
클래미도모나스 159, 181, 234, 236
키네토솜 15, 190, 193
키노그나투스 282

ㅌ

테르모플라스마 177~178, 256
튜불린 단백질 190~191, 196, 204, 206
트랜스포손 117
트리코님파 209

트레포네마 스피로헤타 195

ㅍ

파상운동 193, 195, 251
파상족 15, 168, 189~191, 193~196, 198~204, 210, 213, 216, 245
판게아 240, 273
페니실린 118~119, 163, 261
펜타솜 253
포르피리디움 182
포배 236, 254
프로클로론 181~182, 360
프로파지 117
플라스미드 117, 345
플라이스토세 301, 302, 310, 313
플라이오세 301, 311
피자식물 242

ㅎ

하이퍼사이클 66, 69, 71~72
핵산 61, 63, 113, 134, 145, 200, 215, 321
현화식물 241~242
혐기성 박테리아 18, 127, 141, 143, 145, 157
호기성 박테리아 141~142, 153, 157, 173, 209~210, 330
호모 사피엔스 14, 298, 309, 314, 334, 336, 344, 349
호모 사피엔스 네안데르탈렌시스 298, 311
호모 사피엔스 사피엔스 12, 16, 21~22, 298, 311~313, 315, 322
호모 에렉투스 298, 310~311, 313~314, 335
호모 포토신테티쿠스 351~353
호모 하빌리스 298, 313~314